计算机技术
开发与应用丛书

Java项目实战

深入理解大型互联网企业通用技术

基础篇

廖志伟 ◎ 编著

清华大学出版社

北京

内 容 简 介

本书的主题围绕理论及实战展开，旨在为读者提供一种系统、深入地学习和应用通用性较强的技术点的方法。

本书共 10 章，每章专注于一个特定的技术点，包括 Spring Cloud Alibaba Nacos、Dubbo、ZooKeeper、Spring Cloud Security OAuth 2、Spring Cloud Gateway、Spring Cloud Skywalking、Spring Cloud Alibaba Sentinel、Apache ShardingSphere、Elasticsearch＋Logstash＋Kibana 和 RocketMQ 等。每章都在深度解析各项技术的核心知识点的基础上提供了丰富的示例代码、详细的情节描述及图文结合的教学辅助材料。

本书的目标读者是有一定 Java 开发经验的读者，特别是那些希望深入了解这些技术点，并希望通过实践应用来加强自己的理论知识和项目经验的开发者。本书设计的经典案例对于工作多年的开发者也颇有参考价值，同时也适合作为培训机构相关专业的教学参考书。本书兼具深度、广度和实用性，将为读者提供一个全面系统地学习和应用这些技术点的理想选择，使读者能够更好地掌握和应用这些技术点来解决实际问题。

图书在版编目(CIP)数据

Java 项目实战：深入理解大型互联网企业通用技术. 基础篇/廖志伟编著. —北京：清华大学出版社，2024.3

（计算机技术开发与应用丛书）

ISBN 978-7-302-65851-1

Ⅰ. ①J… Ⅱ. ①廖… Ⅲ. ①JAVA 语言－程序设计 Ⅳ. ①TP312.8

中国国家版本馆 CIP 数据核字(2024)第 061159 号

责任编辑：赵佳霓
封面设计：吴　刚
责任校对：时翠兰
责任印制：宋　林

出版发行：清华大学出版社
　　　网　　　址：https://www.tup.com.cn, https://www.wqxuetang.com
　　　地　　　址：北京清华大学学研大厦 A 座　　　邮　　编：100084
　　　社 总 机：010-83470000　　　邮　　购：010-62786544
　　　投稿与读者服务：010-62776969, c-service@tup.tsinghua.edu.cn
　　　质量反馈：010-62772015, zhiliang@tup.tsinghua.edu.cn
　　　课件下载：https://www.tup.com.cn, 010-83470236
印　装　者：北京同文印刷有限责任公司
经　　　销：全国新华书店
开　　　本：186mm×240mm　　　印　　张：21　　　字　　数：474 千字
版　　　次：2024 年 4 月第 1 版　　　印　　次：2024 年 4 月第 1 次印刷
印　　　数：1～2000
定　　　价：79.00 元

产品编号：101586-01

前 言
PREFACE

为了满足各种不同类型应用的需求,Java 开发工程师需要熟练掌握多种技术。这些技术涉及的技术栈较多,需要花费大量的时间和精力进行深入学习和应用。开发人员需要具备极大的耐心和毅力来克服这些技术学习和应用中存在的挑战。然而,其中一些技术的通用性并不高,各家公司使用的技术方案也不尽相同,这导致开发人员深入研究一门技术后,发现在其他公司可能并不适用,因此需要重新学习和研究其他技术。

通过市场调研,笔者发现 Spring Cloud Alibaba Nacos、Dubbo、ZooKeeper、Spring Cloud Security OAuth 2、Spring Cloud Gateway、Spring Cloud Skywalking、Spring Cloud Alibaba Sentinel、Apache ShardingSphere、Elasticsearch+Logstash+Kibana 和 RocketMQ 等技术具有流通性和通用性。这些技术在开源社区中已趋成熟并得到广泛使用,拥有较大的开发者社区和用户基础。同时,这些技术在相应领域内具有完善的功能,能够满足开发者在项目中的多种需求。这些技术在长期的实践和优化过程中,已经得到广泛验证,因此具有较高的可靠性和稳定性。此外,这些技术都提供了友好的文档和示例,易于开发者快速上手和使用。

本书的目的在于深入底层,了解技术的实现原理、使用方法和应用场景,帮助读者更好地理解技术的实际应用。本书通过丰富的案例、故事情节和实战经验等,将诸多通用性较高的技术进行深入讲解。通过撰写本书,笔者查阅了大量资料,扩大了自身的知识体系,并从中获得了很多有益的收获。

本书主要内容

第 1 章介绍 Nacos 的动态发现、健康检查、配置管理、技术选型、分布式事务、与 Eureka 的区别、底层实现原理和实战应用。

第 2 章介绍 Dubbo 的基本概念、集成、配置、注册中心、调试和监控、扩展、原理、性能优化及序列化协议、手写 Dubbo 框架。

第 3 章介绍 ZooKeeper 的结构、特性、数据模型、API、应用场景、工作原理、监控和管理。

第 4 章介绍 Spring Cloud Security OAuth 2 的授权模式、底层工作原理及 JWT 技术。

第 5 章介绍 Spring Cloud Gateway 路由与更新、负载均衡策略、过滤器、限流方式、底层工作原理、高并发下的问题及解决方案。

第 6 章介绍分布式链路追踪的背景和概念、Skywalking 的安装配置、数据采集的方式和逻辑、调用堆栈分析和故障排查。

第 7 章介绍流控组件对比介绍、限流/熔断/降级、动态规则/服务治理、流量控制方式、核心组件、Sentinel 的 4 种规则、持久化推送模式。

第 8 章介绍 Apache ShardingSphere 同类产品对比、分片策略、数据脱敏、分布式事务、数据库读写分离、数据库主从同步、数据库集群管理、跨库分页、垂直拆分和水平拆分、广播表与绑定表及底层实现原理。

第 9 章介绍 Elasticsearch＋Logstash＋Kibana 的安装与配置，以及底层实现原理。

第 10 章介绍 RocketMQ 的安装、配置、架构、基本原理及相关的高可用性、容错性、性能调优、监控方法。

资源下载提示

素材（源码）等资源：扫描目录上方的二维码下载。

阅读建议

本书是一本综合性书籍，涵盖了基础、进阶和实战应用的内容。书中既包含深入的底层知识点，也有生动的故事情节和案例分析，同时提供了详细的代码示例。本书对技术描述非常详细，还提供了适合入门读者的代码注释，帮助读者理解内容并提升信心，轻松掌握底层工作原理并快速进入实战。

阅读前，快速浏览目录和章节概览可帮助了解书籍结构、内容和重点。了解自己希望从中获得什么样的知识或经验可以指导阅读和吸收信息。建议在阅读时做笔记、思考问题、自我提问，以加深理解和吸收知识。阅读结束后，反思和总结所学内容，并尝试应用到现实生活中，有助于深化理解和应用知识。与朋友或同事分享所读内容，讨论细节并获得反馈，也有助于加深对知识的理解和吸收。

致谢

本书的完成离不开许多人的帮助和支持。在此，我要向那些给予我帮助的人们表示真挚的感谢。

衷心感谢读者对本书的支持和关注，同时欢迎对本书提出建议和意见，笔者会认真听取并持续改进。

廖志伟

2024 年 1 月

目 录
CONTENTS

本书源代码

第1章

Spring Cloud Alibaba Nacos

Nacos 是 Spring Cloud Alibaba 框架中提供的重要的服务注册与发现组件,支持多种语言、多种协议,并提供了强大的服务管理功能。本章从 Nacos 的技术选型、分布式事务、与 Eureka 的区别、底层实现原理和实战应用等多个方面进行深入介绍,旨在帮助读者更好地理解和应用 Nacos。希望能够通过本章,让读者更好地理解 Nacos,掌握其应用方法,并在实际的项目中应用到 Nacos。

1.1 动态发现/健康检查/配置管理

在微服务领域,云兮网是一家电商平台,该平台的多个微服务协同完成特定业务功能。为了保证这些微服务能够顺利协同,云兮网的开发者引入了服务注册与发现功能,并使用 Spring Cloud Alibaba 的 Nacos 组件实现。

在云兮网的微服务架构中,Nacos 扮演了至关重要的角色。某日,由于大量用户涌入,云兮网的业务系统遭遇了流量挑战,导致部分微服务性能下降。为了应对这一挑战,开发者使用了 Nacos 的服务注册与发现功能。

首先,将微服务注册至 Nacos。当服务启动时,它会将主机名、端口号、服务名称等信息发送给 Nacos。Nacos 会将这些信息存储在内存中,以便其他微服务能够迅速找到并调用目标服务。其次,当有新的微服务启动或停止时,Nacos 会自动更新其注册信息,并将这些信息同步至其他微服务。这使即便微服务拓扑结构发生变化,其他微服务仍能迅速找到正确的目标地址。此外,Nacos 还提供了健康检查功能。它会定期检查注册至 Nacos 的微服务运行状况,一旦检测到服务异常,便将其状态设置为不健康。如此,当调用不健康的服务时,其他微服务会自动返回失败结果,确保系统的稳定性。

有了 Nacos 服务注册与发现功能的支持,云兮网的开发者成功应对了流量挑战,确保系统在高并发场景下稳定运行。这个故事展示了 Nacos 服务注册与发现在微服务架构中的关键作用,以及开发者如何利用这一功能实现服务的动态发现、健康检查和配置管理。

1.2 服务治理的技术选型

在当前大型互联网企业中，系统通常由大量微服务构成，每个微服务还包括多个实例。为了确保服务的高可用性，像谷歌这样的企业使用了数以千计的独立服务进行协同工作，拥有数百万的服务器及数百个计算机集群来处理全球各地的任务。面对如此庞大且复杂的服务体系，传统的微服务管理方式可能导致资源浪费，因此，微服务架构需要通过服务注册中心对微服务实例进行统一管理和监控，以实现对服务的有效治理。

服务治理的主要功能包括以下几个方面。

（1）服务注册：服务提供者向服务注册中心提交服务名称、IP 地址等信息，以便其他服务找到并使用。

（2）服务发现：当服务消费者需要使用某个服务时，向服务注册中心查询该服务的名称和 IP 地址等信息，从而获取可供消费的服务实例清单。

（3）心跳检测：服务注册中心持续检查已注册服务的健康状况。当服务实例在注册后，定期向服务注册中心发送心跳信息，以表明其仍处于可用状态。

（4）服务剔除：若服务实例在规定时间内未发送心跳信息，服务注册中心将认为其已停止运行，并从服务注册列表中移除。

（5）服务续约：被移除的服务实例在恢复正常运行后，若再次向服务注册中心发送心跳信息，服务注册中心将重新将其纳入服务注册列表。

（6）服务下线：服务提供者可主动向服务注册中心申请下线，通知其他服务不再使用该服务。

通过服务注册中心统一管理和监控微服务实例，有助于实现对服务的有效治理，提高资源利用率，降低人力成本。

1.3 分布式事务 CAP 理论

在遥远的国度中，存在一个名为分布式王国的地方，该地方的居民具备独特的才华和勇气，共同创造了一个充满活力的世界。但是，分布式王国面临一个关键问题：如何在分布式系统中平衡数据一致性、可用性和分区容错性 3 个关键属性。为了解决这个问题，王国的居民们进行了激烈讨论：在分布式系统中，数据的复制是保持数据一致性的关键，然而，这个过程可能导致数据不一致问题，因此，居民们决定采用分区容错性策略，该策略可以确保即使某个节点出现故障，其他节点仍能提供服务。然而，在网络不可用的情况下，这种策略可能会影响可用性。

为了在网络不可用的情况下仍能保持服务的可用性，居民们决定引入一致性哈希技术，该技术可以通过一致性哈希算法将请求分配到正常工作的节点上，从而保证服务的可用性。在实际应用中，分布式王国的居民们发现，这 3 个关键属性需要根据具体需求进行平衡。为了确保数据一致性,需要牺牲部分可用性,例如延迟响应。

为了保证服务的可用性,需要牺牲部分数据一致性,例如接收过期的数据。最终,分布式王国的居民们找到了一种平衡这 3 个关键属性的方法,该方法被称为分布式事务 CAP 理论。通过该理论,分布式王国的居民们能够在保证数据一致性和服务可用性的同时,充分利用分区容错性的优势。

在分布式事务的 CAP 理论中,CP(一致性、分区容错性)和 AP(可用性、分区容错性)是两个重要概念。CP 表示一个服务在多个节点间需保持数据一致性,以防止复制过程中数据不一致性的发生,而 AP 强调系统在面临分区容错性(网络故障)时,能够在非故障节点上快速响应合理请求。分布式王国的故事已成为互联网世界中一段"流传千古"的传奇,该故事提醒人们始终要学会在这 3 个关键属性之间进行权衡,以实现更高的系统性能和可靠性。

1.4　Eureka 与 Nacos 的区别

当前主流的服务治理方案主要有 Eureka 和 Nacos 两种。Eureka 采用 AP 原则构建注册中心,实现完全去中心化,即没有主、从节点之分。只要有一台 Eureka 节点正常运行,整个微服务系统便能正常通信。Eureka 节点定期向注册中心发送心跳信号,若一段时间内未收到心跳信号,则该节点将被剔除。此外,Eureka 节点还会定时从注册中心拉取服务信息。如果服务提供者未主动拉取,则注册中心将不会主动推送服务信息。

Nacos 注册中心会定期主动向消费者推送服务信息,以确保数据实时性。Nacos 节点向注册中心发送心跳信号,但频率比 Eureka 更高。在 Nacos 1.0 版本中,采用了 AP 和 CP 混合的方式,底层使用了 Raft 协议来解决数据一致性问题。在默认设置下,AP 策略确保了服务的可用性,网络分区允许新的服务实例注册,但如果集群中存在非临时实例,则会自动切换到 CP 模式。一旦网络分区产生抖动,新的服务实例将被禁止注册。

Nacos 和 Eureka 都是 Spring Cloud 生态系统中的服务发现组件。与 Eureka 相比,Nacos 具有以下优势:

(1) Nacos 支持更多的服务发现场景,包括配置管理和服务元数据管理,使用户可以更好地管理分布式系统的服务和配置。

(2) Nacos 采用长轮询机制实现数据变更同步,支持动态配置推送和拉取,可以在不影响服务运行的情况下动态修改配置,从而降低配置变更带来的风险。相比之下,Eureka 需要重启才能实现代码的改动,重启频率较高。

注意:长轮询是一种客户端向服务器端发起轮询请求的机制。在服务器端配置未发生变更的情况下,连接将一直保持打开状态,直至服务器端配置发生更新或连接超时。Nacos 动态更新配置机制则是指客户端从服务器端获取配置变更信息,并将本地配置信息与服务器端配置进行比较。一旦发现差异,表示服务器端配置已更新,此时将更新后的配置同步至本

地。当客户端拥有大量配置时，为减少网络通信数据量，会将配置分片处理，每次最多从服务器端获取 3000 个配置项进行比较。

（3）Nacos 支持服务的健康检查，并可根据健康状况动态调整服务实例权重，以提高系统的可用性。此外，Nacos 还提供多种路由策略，方便用户进行服务间流量分配。

（4）Nacos 支持多数据中心的部署，从而实现了跨地域的服务发现和配置共享，具有更好的可扩展性和高可用性。

（5）尽管 Nacos 的发展时间较短，但得益于 Spring Cloud 生态的支持，其社区活跃度较高，并拥有更多的开发者和资源投入到其开发和维护中。

因此，在选择 Eureka 和 Nacos 时，需要综合考虑项目需求、社区支持及可用资源等因素，以便为项目选择适合的服务治理解决方案。

1.5　底层实现原理

本节将介绍 Spring Cloud Alibaba Nacos 的底层实现原理，包括服务注册与发现、客户端调用、服务器端集群同步、心跳与健康检查、配置管理、数据一致性、负载均衡、命名空间等内容。在理解这些核心概念的基础上，深入了解 Nacos 的工作原理和实现细节，以帮助读者更好地利用 Nacos。

1.5.1　服务注册与发现

微服务启动后，其 Nacos 客户端会向 Nacos 服务器报告该服务的相关信息，包括服务名、IP 地址和端口等。Nacos 服务器接收心跳包以表示该服务实例的存在，并将其存储在服务注册表中，该注册表是一个键值数据库，用于存储服务实例的元数据。当一个服务启动时，它会调用 registerInstance 方法，向服务注册中心（ServiceRegistry）注册自己的服务实例信息，这些信息包括服务名、IP 地址、端口号等。服务注册中心会把这些信息存储到本地缓存中，并向命名服务（NamingService）发起注册请求。接着，服务注册中心会将服务实例信息发送到 Nacos 注册中心，Nacos 注册中心会将这些信息存储到数据库中，并把注册响应发送回服务注册中心。最后，服务注册中心更新本地缓存中的服务实例信息，并向客户端发送注册成功的响应。这个过程确保微服务能够被其他服务或客户端发现和调用。

1.5.2　客户端调用

当 Nacos 客户端需要调用其他服务时，它需要获取已经在 Nacos 注册中心注册的服务实例。为了实现该功能，Nacos 客户端首先会调用 ServiceRegistry 的 getAllInstances 方法，从本地缓存中获取所有已注册的服务实例。如果缓存中没有数据，则 ServiceRegistry 会向 ConfigService 发起请求，请求查询服务实例。ConfigService 接收到请求后，会从数据库和缓存中检索所有已注册的服务实例，并将检索到的服务实例信息发送给 ServiceRegistry。ServiceRegistry 接收到 ConfigService 返回的服务实例信息后，将其存储到本地缓存并将结果返给 Nacos 客户端。最后，Nacos 客户端会使用负载均衡算法选择一个服务实例进行直接调用。这个过程保证了 Nacos 客户端可以获取所有已注册的服务实例，并且可以根据负载均衡算法选择最适合的服务实例进行调用。

1.5.3　服务器端集群同步

Nacos 服务器端定期从服务注册表中获取已注册的服务实例信息，并通过同步机制确保其与其他 Nacos 服务器端节点的数据一致。在 Nacos 集群中，采用基于 Raft 协议的选举算法，选举出一个 Leader 节点来协调整个集群的工作。数据存储使用 MySQL 或 MariaDB 数据库，并通过数据同步的方式将最新的服务注册信息、配置变更等信息同步至其他节点。针对多个 Nacos 服务器端集群，Nacos 提供跨集群同步功能，以确保在各个集群间的配置信息一致性。Push 模式指当配置信息发生变化时，主集群主动将变更推送到从集群。Pull 模式则指从集群在一定时间隔内向主集群拉取配置信息变更。

1.5.4　心跳与健康检查

为了保证服务的可用性，Nacos 客户端会定期向 Nacos 服务器端发送心跳包以确认服务的运行状态。当服务实例向 ServiceRegistry 发送心跳请求时，ServiceRegistry 将心跳请求信息封装并发送给 ConfigService。ConfigService 接收到心跳请求后，调用 checkAndPutHeartBeat 方法进行处理。checkAndPutHeartBeat 方法会检查服务实例的心跳间隔是否合理，如果不合理，则会发送警告消息和记录超时服务实例。此外，checkAndPutHeartBeat 方法还会将服务实例的心跳信息更新至数据库和缓存，以供其他组件（如 ServiceRegistry）获取服务实例的最新状态。

如果 Nacos 服务器端在规定时间内未收到某个服务的心跳请求，则将认为该服务需要下线，并从服务注册表中删除该实例。当服务实例恢复正常后，Nacos 服务器端会将其重新注册到服务注册表。此外，Nacos 服务器端还会定期对服务实例进行健康检查，如调用 HTTP API 或查询数据库以检查服务实例的健康状况。NacosServer 通过调用 NamingService 的 checkService 方法进行健康检查。

1.5.5　配置管理

在一个古老的王国里，曾有一位智者名叫 Nacos，他拥有强大的魔法力量，能够有效地管理整个王国的配置信息。王国的各个角落的居民都依赖于他的魔法力量来维护和更新他们的系统。Nacos 利用他的魔法力量创造了一块强大的魔法石，名为 Nacos 配置中心。这个配置中心可以负责整个王国的应用配置信息管理。Nacos 的客户端是针对 Nacos 配置中心服务的忠实拥护者，Nacos 客户端的职责是将应用的配置信息发布给 Nacos 服务器端，以便其他的服务实例获取和使用。

当服务实例需要获取配置信息时，它会向 Nacos 服务器端发出 HTTP 请求，Nacos 服务器端接收到请求后，会立即将配置信息返回客户端，并将其存储在内存中。这使服务实例可以随时获取最新的配置信息，从而确保它们能够以最佳状态运行。

当配置信息发生变化时，Nacos 服务器端会向所有监听该配置项的 Nacos 客户端发送变更通知。收到通知的客户端会立即将 Nacos 服务器端最新的配置信息更新至本地。这样，无论服务实例何时重启，它们都能够从 Nacos 服务器端获取最新的配置信息，从而始终与王国的运行要求保持一致。

Nacos 作为配置中心，通过 ConfigService 实现集中管理、动态更新及分布式环境下的数据一致性。当客户端为每个配置文件创建监听器时，如果该配置文件发生变化，则监听器将自动通知客户端进行相应的配置更新。Nacos 服务器端将配置变更通知发送给所有监听该配置项的 Nacos 客户端。客户端则使用 HTTP API 向 ConfigService 发送配置请求，ConfigService 会根据请求中的信息进行配置更新操作，同时使用数据库和缓存来存储配置信息以保证数据的一致性。这样，Nacos 能够提高企业的应用开发和运维效率。

1.5.6　数据一致性

在神秘的江湖世界中，存在一个武侠门派，名为 Nacos。该门派以其独特的技术和团队协作精神而闻名于世。Nacos 门派将 Raft 算法作为其核心，创造出了一种名为"一致性服务注册与发现"的技术，使所有加入门派的侠客都能在整个江湖中保持高度的协调和一致。每个 Nacos 门派成员都配备有 Raft 模块，该模块扮演着他们的心脏，负责处理来自各个方向的请求。当侠客收到来自客户端的请求时，Raft 模块将请求分发给 Raft 协议中的 Leader 节点。Leader 节点负责处理请求，并将其写入本地磁盘，然后将数据同步给其他侠客。在这个过程中，Nacos 门派的每个侠客都非常重要，他们都有责任保证整个门派的数据一致性。这种强大的协作精神使 Nacos 门派在江湖上的地位日益提高，然而，江湖并不总是平静的。Nacos 门派的某个侠客突然病倒了，这使他无法再处理来自客户端的请求。在这个关键时刻，Raft 协议发挥了重要作用。它自动选举出新的 Leader 节点，并将这个侠客的数据同步到其他侠客的 Raft 模块中。这样，虽然有一个侠客暂时无法处理请求，但整个 Nacos 门派的数据一致性并未受到影响。Nacos 门派的 Raft 协议类似于一套精密的钟表，即使在面对问题时也能保持准确的运转。该系统不仅保证了侠客们的数据一致性，还为 Nacos 门派的发展提供了强大的动力。

在江湖中，Nacos 门派声名远播。许多年轻的侠客希望能够加入这个神秘的门派，学习他们独特的技术，探索更广阔的江湖世界，然而，Nacos 门派的选拔并不容易。门派的掌门人 Nacos 先生（以其所创建的 Nacos 门派命名）是一位严格的师傅，他对弟子们的技术和团队精神都有着极高的要求。在每个新加入的弟子面前，Nacos 先生都会讲述他们的核心技术，即 Raft 算法。他强调道："Raft 是门派的灵魂，它能够在困难和挑战面前保持团结，保持数据的一致性。"弟子们深深地被 Raft 的魅力所吸引，他们开始研究这个强大的算法，学习如何在自己的 Raft 模块中处理来自客户端的请求、如何选举出新的 Leader 节点，以及如何将数据同步到其他侠客的 Raft 模块中。随着时间的推移，弟子们开始感到压力，但他们却没有放弃。只有通过不断地学习和实践，才能真正掌握 Raft 的精髓，才能在江湖上立足。在这样的学习和训练中，Nacos 门派的弟子们逐渐形成了强烈的团队精神。他们互相学习、互相帮助,共同面对困难和挑战。在这个充满江湖风云的世界中,Nacos 门派的弟子们以 Raft 算法为核心,书写着传奇,将继续在江湖中流传,成为无数侠客心中的典范。

1.5.7 负载均衡

当客户端向 Nacos 服务器端查询可用服务实例信息时,Nacos 服务器端会返回多个可用 实例。客户端可以根据自己的负载均衡策略,如轮询、随机、最少连接等进行选择,从而调用合 适的实例。在 Nacos 中,负载均衡是通过 HTTP 客户端实现的,主要使用 Apache HttpClient 库。负载均衡的实现由 NacosDiscoveryProperties 类和 NacosClient 类两个类来完成。

NacosDiscoveryProperties 类定义了与负载均衡相关的配置参数,如负载均衡策略、重 试次数等。NacosClient 类实现了负载均衡的具体逻辑。在 NacosClient 的构造方法中,初 始化 HttpClient 对象,并调用其 doGet 方法发送请求。在请求中,携带负载均衡所需的信 息,如服务名称、请求地址等。

默认的负载均衡策略是 RandomLoadBalancer,它会根据服务名称和请求地址生成一个 随机数,并将其作为负载均衡的索引,从而实现服务的随机负载均衡。在 NacosClient 中, 根据负载均衡策略选择一个服务实例,并调用其 getInstance 方法获取该实例的信息。如果 该实例不可用,则会尝试重试,直到获取可用实例为止。

综上所述,Nacos 实现负载均衡功能的底层工作原理主要包括以下几个步骤:①初始 化 HttpClient 对象,并指定负载均衡策略;②根据服务名称和请求地址生成一个随机数,作 为负载均衡的索引;③从服务实例列表中选择一个可用的实例,并调用其 getInstance 方法 获取该实例的信息;④如果该实例不可用,则会尝试重试,直到获取可用实例为止。

1.5.8 命名空间

Spring Cloud Alibaba Nacos 是一个支持服务发现、配置管理和服务管理的平台,其中,命 名空间功能是 Nacos 中的一个重要功能,提供了多租户隔离、多环境隔离和分组隔离的实现。

通过建立不同的命名空间,可以实现不同租户、不同环境和不同模块的隔离管理。每个 命名空间都包含自己的配置和服务列表,并可以通过 API 或 Web 控制台进行管理。命名 空间之间也可以相互访问,实现数据共享,但需要注意谨慎使用,不应滥用。

综上所述,Spring Cloud Alibaba Nacos 命名空间功能是一个灵活、可扩展的功能,可以 用于管理不同应用程序、模块和环境之间的配置和服务,具有很高的实用性。

1.6 实战应用

进行 Nacos 部署时,有多种可供选择的途径。用户可根据实际需求与场景,从 Nacos 的中文官网(https://nacos.io/zh-cn/)下载安装包并进行安装,或通过 Docker 容器以命令 行拉取镜像并启动 Nacos。在企业级应用中,一般采用 Docker 容器进行部署,因此接下来 将详细介绍如何使用 Docker 容器进行 Nacos 的配置与部署。

1.6.1　安装

搜索 Nacos 可以使用的镜像，代码如下：

```
docker search nacos
```

拉取镜像，代码如下：

```
docker pull nacos/nacos-server
```

运行 Nacos 并配置 MySQL，代码如下：

```
//第 1 章/1.6.1 通过 Docker 运行 Nacos 并配置 MySQL
docker run --restart always -d -p 对外暴露端口:8848 -p 对外暴露端口:9848 -p 对外暴
露端口:9849 \
--name nacos \
--env MODE=standalone \
--env SPRING_DATASOURCE_PLATFORM=mysql \
--env MYSQL_SERVICE_HOST=Mysql 连接 IP 地址 \
--env MYSQL_SERVICE_PORT=Mysql 端口 \
--env MYSQL_SERVICE_DB_NAME=nacos \
--env MYSQL_SERVICE_USER=Mysql 用户名 \
--env MYSQL_SERVICE_PASSWORD=Mysql 密码 \
nacos/nacos-server:latest
```

注意：--restart always 表示重启 docker 时也重启 nacos 容器。

　　-d 表示让容器后台运行，并且打印容器 id。

　　-p 表示容器端口绑定到主机端口，尽量让对外暴露的端口和默认端口不一致。

　　--name 表示容器名称。

　　--env 表示定义镜像的环境变量。

1.6.2　配置

在 MySQL 数据库中创建名为 nacos_config 的数据库，然后根据 Nacos 官方提供的数据库建库脚本，创建相应的表结构，如图 1-1 所示。

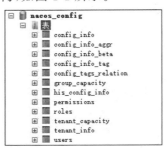

图 1-1　nacos_config 库中的表

建表 SQL，代码如下：

```
//第1章/1.6.2 Nacos 的建表语句
CREATE TABLE `config_info` (
`id` bigint(20) NOT NULL AUTO_INCREMENT COMMENT 'id',
`data_id` varchar(255) NOT NULL COMMENT 'data_id',
`group_id` varchar(128) DEFAULT NULL,
`content` longtext NOT NULL COMMENT 'content',
`md5` varchar(32) DEFAULT NULL COMMENT 'md5',
`gmt_create` datetime NOT NULL DEFAULT '2010-05-05 00:00:00' COMMENT '创建时间',
`gmt_modified` datetime NOT NULL DEFAULT '2010-05-05 00:00:00' COMMENT '修改时间',
`src_user` text COMMENT 'source user',
`src_ip` varchar(20) DEFAULT NULL COMMENT 'source ip',
`app_name` varchar(128) DEFAULT NULL,
`tenant_id` varchar(128) DEFAULT '' COMMENT '租户字段',
`c_desc` varchar(256) DEFAULT NULL,
`c_use` varchar(64) DEFAULT NULL,
`effect` varchar(64) DEFAULT NULL,
`type` varchar(64) DEFAULT NULL,
`c_schema` text,
`encrypted_data_key` text NOT NULL COMMENT '密钥',
PRIMARY KEY (`id`),
UNIQUE KEY `uk_configinfo_datagrouptenant` (`data_id`,`group_id`,`tenant_id`)
) ENGINE=InnoDB DEFAULT CHARSET=utf8 COLLATE=utf8_bin COMMENT='config_info';
CREATE TABLE `config_info_aggr` (
`id` bigint(20) NOT NULL AUTO_INCREMENT COMMENT 'id',
`data_id` varchar(255) NOT NULL COMMENT 'data_id',
`group_id` varchar(128) NOT NULL COMMENT 'group_id',
`datum_id` varchar(255) NOT NULL COMMENT 'datum_id',
`content` longtext NOT NULL COMMENT '内容',
`gmt_modified` datetime NOT NULL COMMENT '修改时间',
`app_name` varchar(128) DEFAULT NULL,
`tenant_id` varchar(128) DEFAULT '' COMMENT '租户字段',
PRIMARY KEY (`id`),
UNIQUE KEY `uk_configinfoaggr_datagrouptenantdatum` (`data_id`,`group_id`,`tenant_id`,`datum_id`)
) ENGINE=InnoDB DEFAULT CHARSET=utf8 COLLATE=utf8_bin COMMENT='增加租户字段';
CREATE TABLE `config_info_beta` (
`id` bigint(20) NOT NULL AUTO_INCREMENT COMMENT 'id',
`data_id` varchar(255) NOT NULL COMMENT 'data_id',
`group_id` varchar(128) NOT NULL COMMENT 'group_id',
`app_name` varchar(128) DEFAULT NULL COMMENT 'app_name',
`content` longtext NOT NULL COMMENT 'content',
`beta_ips` varchar(1024) DEFAULT NULL COMMENT 'betaIps',
`md5` varchar(32) DEFAULT NULL COMMENT 'md5',
`gmt_create` datetime NOT NULL DEFAULT '2010-05-05 00:00:00' COMMENT '创建时间',
`gmt_modified` datetime NOT NULL DEFAULT '2010-05-05 00:00:00' COMMENT '修改时间',
`src_user` text COMMENT 'source user',
`src_ip` varchar(20) DEFAULT NULL COMMENT 'source ip',
```

```
`tenant_id` varchar(128) DEFAULT '' COMMENT '租户字段',
`encrypted_data_key` text NOT NULL COMMENT '密钥',
PRIMARY KEY (`id`),
UNIQUE KEY `uk_configinfobeta_datagrouptenant` (`data_id`,`group_id`,`tenant_id`)
) ENGINE= InnoDB DEFAULT CHARSET= utf8 COLLATE= utf8_bin COMMENT= 'config_info_
beta';
CREATE TABLE `config_info_tag` (
`id` bigint(20) NOT NULL AUTO_INCREMENT COMMENT 'id',
`data_id` varchar(255) NOT NULL COMMENT 'data_id',
`group_id` varchar(128) NOT NULL COMMENT 'group_id',
`tenant_id` varchar(128) DEFAULT '' COMMENT 'tenant_id',
`tag_id` varchar(128) NOT NULL COMMENT 'tag_id',
`app_name` varchar(128) DEFAULT NULL COMMENT 'app_name',
`content` longtext NOT NULL COMMENT 'content',
`md5` varchar(32) DEFAULT NULL COMMENT 'md5',
`gmt_create` datetime NOT NULL DEFAULT '2010-05-05 00:00:00' COMMENT '创建时间',
`gmt_modified` datetime NOT NULL DEFAULT '2010-05-05 00:00:00' COMMENT '修改时间',
`src_user` text COMMENT 'source user',
`src_ip` varchar(20) DEFAULT NULL COMMENT 'source ip',
PRIMARY KEY (`id`),
UNIQUE KEY `uk_configinfotag_datagrouptenanttag` (`data_id`,`group_id`,`tenant
_id`,`tag_id`)
) ENGINE=InnoDB DEFAULT CHARSET=utf8 COLLATE=utf8_bin COMMENT='config_info_tag';
CREATE TABLE `config_tags_relation` (
`id` bigint(20) NOT NULL COMMENT 'id',
`tag_name` varchar(128) NOT NULL COMMENT 'tag_name',
`tag_type` varchar(64) DEFAULT NULL COMMENT 'tag_type',
`data_id` varchar(255) NOT NULL COMMENT 'data_id',
`group_id` varchar(128) NOT NULL COMMENT 'group_id',
`tenant_id` varchar(128) DEFAULT '' COMMENT 'tenant_id',
`nid` bigint(20) NOT NULL AUTO_INCREMENT,
PRIMARY KEY (`nid`),
UNIQUE KEY `uk_configtagrelation_configidtag` (`id`,`tag_name`,`tag_type`),
KEY `idx_tenant_id` (`tenant_id`)
) ENGINE= InnoDB DEFAULT CHARSET= utf8 COLLATE= utf8_bin COMMENT= 'config_tag_
relation';
CREATE TABLE `group_capacity` (
`id` bigint(20) unsigned NOT NULL AUTO_INCREMENT COMMENT '主键 ID',
`group_id` varchar(128) NOT NULL DEFAULT '' COMMENT 'Group ID,空字符表示整个集群',
`quota` int(10) unsigned NOT NULL DEFAULT '0' COMMENT '配额,0表示使用默认值',
`usage` int(10) unsigned NOT NULL DEFAULT '0' COMMENT '使用量',
`max_size` int(10) unsigned NOT NULL DEFAULT '0' COMMENT '单个配置大小上限,单位为字
节,0表示使用默认值',
`max_aggr_count` int(10) unsigned NOT NULL DEFAULT '0' COMMENT '聚合子配置最大个
数,0表示使用默认值',
`max_aggr_size` int(10) unsigned NOT NULL DEFAULT '0' COMMENT '单个聚合数据的子配
置大小上限,单位为字节,0表示使用默认值',
`max_history_count` int(10) unsigned NOT NULL DEFAULT '0' COMMENT '最大变更历史数量',
`gmt_create` datetime NOT NULL DEFAULT '2010-05-05 00:00:00' COMMENT '创建时间',
```

```
`gmt_modified` datetime NOT NULL DEFAULT '2010-05-05 00:00:00' COMMENT '修改时间',
PRIMARY KEY (`id`),
UNIQUE KEY `uk_group_id` (`group_id`)
) ENGINE=InnoDB DEFAULT CHARSET=utf8 COLLATE=utf8_bin COMMENT='集群、各 Group 容
量信息表';
CREATE TABLE `his_config_info` (
`id` bigint(64) unsigned NOT NULL,
`nid` bigint(20) unsigned NOT NULL AUTO_INCREMENT,
`data_id` varchar(255) NOT NULL,
`group_id` varchar(128) NOT NULL,
`app_name` varchar(128) DEFAULT NULL COMMENT 'app_name',
`content` longtext NOT NULL,
`md5` varchar(32) DEFAULT NULL,
`gmt_create` datetime NOT NULL DEFAULT '2010-05-05 00:00:00',
`gmt_modified` datetime NOT NULL DEFAULT '2010-05-05 00:00:00',
`src_user` text,
`src_ip` varchar(20) DEFAULT NULL,
`op_type` char(10) DEFAULT NULL,
`tenant_id` varchar(128) DEFAULT '' COMMENT '租户字段',
`encrypted_data_key` text NOT NULL COMMENT '密钥',
PRIMARY KEY (`nid`),
KEY `idx_gmt_create` (`gmt_create`),
KEY `idx_gmt_modified` (`gmt_modified`),
KEY `idx_did` (`data_id`)
) ENGINE=InnoDB DEFAULT CHARSET=utf8 COLLATE=utf8_bin COMMENT='多租户改造';
CREATE TABLE `tenant_capacity` (
`id` bigint(20) unsigned NOT NULL AUTO_INCREMENT COMMENT '主键 ID',
`tenant_id` varchar(128) NOT NULL DEFAULT '' COMMENT 'Tenant ID',
`quota` int(10) unsigned NOT NULL DEFAULT '0' COMMENT '配额,0 表示使用默认值',
`usage` int(10) unsigned NOT NULL DEFAULT '0' COMMENT '使用量',
`max_size` int(10) unsigned NOT NULL DEFAULT '0' COMMENT '单个配置大小上限,单位为字
节,0 表示使用默认值',
`max_aggr_count` int(10) unsigned NOT NULL DEFAULT '0' COMMENT '聚合子配置最大个数',
`max_aggr_size` int(10) unsigned NOT NULL DEFAULT '0' COMMENT '单个聚合数据的子配
置大小上限,单位为字节,0 表示使用默认值',
`max_history_count` int(10) unsigned NOT NULL DEFAULT '0' COMMENT '最大变更历史数量',
`gmt_create` datetime NOT NULL DEFAULT '2010-05-05 00:00:00' COMMENT '创建时间',
`gmt_modified` datetime NOT NULL DEFAULT '2010-05-05 00:00:00' COMMENT '修改时间',
PRIMARY KEY (`id`),
UNIQUE KEY `uk_tenant_id` (`tenant_id`)
) ENGINE=InnoDB DEFAULT CHARSET=utf8 COLLATE=utf8_bin COMMENT='租户容量信息表';
CREATE TABLE `tenant_info` (
`id` bigint(20) NOT NULL AUTO_INCREMENT COMMENT 'id',
`kp` varchar(128) NOT NULL COMMENT 'kp',
`tenant_id` varchar(128) default '' COMMENT 'tenant_id',
`tenant_name` varchar(128) default '' COMMENT 'tenant_name',
`tenant_desc` varchar(256) DEFAULT NULL COMMENT 'tenant_desc',
`create_source` varchar(32) DEFAULT NULL COMMENT 'create_source',
`gmt_create` bigint(20) NOT NULL COMMENT '创建时间',
```

```
`gmt_modified` bigint(20) NOT NULL COMMENT '修改时间',
PRIMARY KEY (`id`),
UNIQUE KEY `uk_tenant_info_kptenantid` (`kp`,`tenant_id`),
KEY `idx_tenant_id` (`tenant_id`)
) ENGINE=InnoDB DEFAULT CHARSET=utf8 COLLATE=utf8_bin COMMENT='tenant_info';
CREATE TABLE users (
username varchar(50) NOT NULL PRIMARY KEY,
password varchar(500) NOT NULL,
enabled boolean NOT NULL
);
CREATE TABLE roles (
username varchar(50) NOT NULL,
role varchar(50) NOT NULL,
constraint uk_username_role UNIQUE (username,role)
);
CREATE TABLE permissions (
role varchar(50) NOT NULL,
resource varchar(512) NOT NULL,
action varchar(8) NOT NULL,
constraint uk_role_permission UNIQUE (role,resource,action)
);
INSERT INTO users (username, password, enabled) VALUES (' nacos ', ' $2a $10
$EuWPZHzz32dJN7jexM34MOeYirDdFAZm2kuWj7VEOJhhZkDrxfvUu', TRUE);
INSERT INTO roles (username, role) VALUES ('nacos', 'ROLE_ADMIN');
```

默认用户名为 nacos，密码亦为 nacos。在生产环境下，建议删除默认用户，并根据实际
需求创建新用户以满足安全和权限管理的需求。访问地址：对应的 Nacos 服务暴露端口/
nacos。如访问地址：http://192.168.122.128:8848/nacos，如图 1-2 所示。

1.6.3　使用

向 Nacos 客户端添加依赖，在 pom.xml 文件中添加如下示例，代码如下：

```
//第1章/1.6.3 Nacos 依赖
<!--Alibaba Nacos 在服务注册中心实现服务的注册与发现 -->
<dependency>
<groupId>com.alibaba.cloud</groupId>
<artifactId>spring-cloud-starter-alibaba-nacos-discovery</artifactId>
</dependency>
<!--Alibaba Nacos 在配置中心实现配置的动态刷新 -->
<dependency>
<groupId>com.alibaba.cloud</groupId>
<artifactId>spring-cloud-starter-alibaba-nacos-config</artifactId>
</dependency>
```

创建 Bootstrap.yml 文件，添加项目配置，代码如下：

图 1-2 Nacos 的配置管理页面

```
//第 1 章/1.6.3 Nacos 的项目配置
#Bootstrap.yml 优先级比 application.yml 优先级高
spring:
#prefix-{spring.profile.active}.${file-extension}
#Nacos 会先根据当前环境去拼接配置名称,然后查找相应配置文件
#示例:{spring. application. name}-{spring. profiles. active}-{spring. cloud.
nacos.config.file-extension}
#获取值:nacos-autoconfig-service-dev.yml
profiles:
#开发环境 dev,测试环境 test,生产环境 prod
active: dev
application:
#配置应用的名称,用于获取配置
name: nacos-config
cloud:
nacos:
discovery:
#服务注册地址
server-addr: ip:端口
config:
#Nacos 配置中心地址
server-addr: ip:端口
#配置中心的命名空间 id
```

```
namespace: 命名空间 id
#配置分组,默认没有也可以
group: DEFAULT_GROUP
#配置文件后缀,用于拼接配置文件名称,目前只支持 yaml 和 properties
file-extension: yaml
#配置自动刷新
refresh-enabled: true
#配置文件的前缀,默认为 application.name 的值,如果配置了 prefix,就取 prefix 的值
#prefix: nacos-autoconfig-service-${spring.profile.active}
#配置编码
encode: UTF-8
#MySQL 连接配置
username: 连接 MySQL 用户名
password: 连接 MySQL 密码
```

在启动类上添加注解@EnableDiscoveryClient 开启服务注册发现的功能就可以实现快速将 Nacos 集成到项目中。

1.6.4　版本

在选择 SpringCloud 和 SpringCloudAlibaba、Spring Boot 版本时,应注意以下几点。

1. SpringCloud 版本

新版本通常更安全,因为它包含最新的修复和改进。

当对稳定性有较高要求或不愿承担新版本可能带来的风险时,可选择较旧的稳定版本。

当使用大版本时,需考虑与其他依赖项的兼容性问题。

2. SpringCloudAlibaba 版本

选择与 SpringCloud 版本兼容性良好的 SpringCloudAlibaba 版本。通常,SpringCloudAlibaba 版本应与 SpringCloud 大版本相匹配。例如,如果使用 SpringCloudHoxton.RELEASE,则应选择 SpringCloudAlibaba2.2.0.RELEASE 或更高版本。考虑新功能和潜在影响,权衡其与新版本之间的关系。

3. SpringBoot 版本

在选择 SpringCloudHoxton.RELEASE 和 SpringCloudAlibaba2.2.0.RELEASE 时,需选择 SpringBoot2.2.X.RELEASE。

4. 版本更新

尽管最新版本通常是首选,但稳定性也是需要考虑的因素。新的功能可能不够稳定,或者可能会引入未知的错误。在这种情况下,选择一个较旧但更加稳定的版本会更为安全。

5. 文档和支持

选择版本时需考虑文档质量和在线支持的可用性。缺乏足够文档或支持可能导致问题难以解决。

6. 社区活跃度

对于新项目,选择活跃社区更有帮助。活跃社区通常提供更好的文档、更多问题解决方

案及用户反馈。

7. 稳定性和兼容性

在选择 SpringCloud 和 SpringCloudAlibaba 版本时,要考虑与现有环境和技术栈的兼容性。例如,如果系统已基于特定版本程序运行,则选择与该版本兼容的 SpringCloud 和 SpringCloudAlibaba 版本可能更好。

综上所述,在选择合适的 SpringCloud 和 SpringCloudAlibaba 版本时,应综合考虑上述因素。建议查阅 SpringCloud、SpringCloudAlibaba、SpringBoot 版本之间的对比,见表 1-1,做出明智决策。

表 1-1   SpringCloud、SpringCloudAlibaba、SpringBoot 版本之间的对比

SpringCloud	SpringCloudAlibaba	SpringBoot
Hoxton.SR8	2.2.4.RELEASE	2.3.2.RELEASE
Greenwich.SR6	2.1.3.RELEASE	2.1.13.RELEASE
Hoxton.SR3	2.2.1.RELEASE	2.2.5.RELEASE
Hoxton.RELEASE	2.2.0.RELEASE	2.2.X.RELEASE
Greenwich	2.1.2.RELEASE	2.1.X.RELEASE
Finchley	2.0.3.RELEASE	2.0.X.RELEASE
Edgware	1.5.1.RELEASE(停止维护)	1.5.X.RELEASE

此表格展示了各种 SpringCloud 版本及其对应的 SpringCloudAlibaba 版本和 SpringBoot 版本。需要注意,Edgware 版本已经停止维护,建议升级到其他更高版本。

1.6.5   Nacos-config 实现配置的动态变更

在同一个系统中,有不同的服务器实例需要一个中央控制点管理这些实例的配置。传统上,需要手动更新配置文件,但这种方式不便利且容易出错,因此,配置中心应运而生。Nacos-config 是一个优秀的配置中心管理工具。本节介绍 Nacos-config 的基本概念和使用方法,并演示如何使用它实现配置的动态变更。

1. 基本概念

Nacos Config 是一个功能强大的分布式配置中心,旨在提供有效的配置管理和服务发现功能。该产品涵盖多种基本概念:

(1) 配置(Configuration)是 Nacos Config 的核心概念,它指的是应用程序的配置信息,以键-值对的形式存储在 Nacos 服务器上。

(2) 命名空间(Namespace)是将不同环境下的配置信息划分为不同的命名空间。这种方式可以帮助用户更好地管理配置信息,例如,将开发、测试、生产环境分别放在不同的命名空间下。

(3) 分组(Group)是将同一服务的配置信息分为一个组。通过分组,可以更好地管理和

维护相关的配置信息。

（4）配置集（Config Set）是以配置集的形式存储在 Nacos Config 中的配置信息。一个配置集可以包含多个配置项。

（5）配置项（Config Item）是配置集中的每项配置信息，包括 Key（键）和 Value（值）。

（6）持久化服务（Persistence Service）是指 Nacos Config 支持多种配置信息存储方式，包括 MySQL、Oracle 等关系数据库、文件系统、Nacos Server 等。

（7）动态监听（Dynamic Listening）是指 Nacos Config 可以接收应用程序的变化，并动态地更新配置信息，实现实时的配置更新能力。

（8）配置发布（Configuration Publishing）是指通过 Nacos Config 发布一个新的配置项时，会将该配置项同步到所有订阅该配置项的应用中。

（9）配置获取（Configuration Retrieval）是指应用通过 Nacos Config 获取配置信息时可以采用拉模式或者推模式。

（10）配置管理（Configuration Management）是指 Nacos Config 提供了可视化的配置管理界面，方便管理员配置和管理各种配置信息。Nacos Config 的配置管理功能为用户提供了方便和高效的配置管理服务。

2．架构

Nacos-config 是一个阿里巴巴开源的配置中心，它能够实现对配置信息的统一管理和分发。它的架构由多个角色组成，包括 Config Server、Config Client、Config Tool、Storage 和 Naming Service。Config Server 是配置中心服务器，它负责配置信息的存储和分发。Config Client 是配置中心客户端，它从配置中心服务器获取配置信息。Config Tool 是配置中心工具，提供各种配置管理功能，如配置的发布、回滚、修改、删除等。Storage 用于存储配置信息，包括配置的 Key 和 Value。Naming Service 是服务注册中心，用于注册服务信息并提供服务的发现功能。

3．核心功能

Nacos-config 是一个强大的开源分布式配置管理平台，主要由 Config Server 和 Config Client 核心架构组成。它采用 Key-Value 数据模型进行存储，支持多种数据类型的配置。与 Naming Service 紧密相关，通过 Naming Service 实现服务的注册和发现，实现服务动态地获取最新的配置信息。Nacos-config 的架构具备高可用性和可扩展性，可以通过集群方式进行部署，实现高效的配置信息分发和管理。

Nacos-config 的核心功能包括配置中心管理、动态配置刷新、配置推送、元数据管理及安全控制等方面。配置中心管理提供了一套完整的解决方案，可通过 Web 界面或 API 管理多个环境、多个应用程序的配置信息，支持按照不同环境和应用程序进行管理，以及配置版本管理和回滚等功能。动态配置刷新支持动态配置的更新和刷新，以及时通知应用程序并重新加载最新配置信息，避免了应用程序重启的不必要麻烦。配置推送支持自动将配置信息主动推送到各个节点，避免了手动操作的烦琐和出错。元数据管理提供了元数据管理功能，可通过 API 管理节点的元数据信息，包括主机名、IP 地址、端口号等。安全控制提供了安全控制机制,可对不同的用户进行不同的访问控制,保障应用程序的配置信息安全。同时,Nacos-config 采用可扩展的插件机制,可方便地扩展和集成第三方安全认证和加密模块。

4. 使用 Nacos-config

Nacos-config 是一个流行的分布式配置管理平台,可以帮助云原生应用来实现统一的配置管理服务。它提供了集中管理、动态更新等功能。本节将介绍 Nacos-config 的使用方法,帮助读者更加深入地理解和使用该工具。

1) 引入 Nacos-config 依赖

在 pom.xml 文件中添加依赖,代码如下:

```
<dependency>
 <groupId>com.alibaba.cloud</groupId>
 <artifactId>spring-cloud-starter-alibaba-nacos-config</artifactId>
</dependency>
```

2) 在 Nacos 配置中心添加配置

首先创建命名空间,命名为 dev,表示开发环境,命名空间 ID 为 a2329ccd-c736-4b34-afcf-f7ad0d73753b,如图 1-3 所示。

图 1-3　Nacos 创建命名空间

在配置列表中创建了 4 个配置文件。

配置 1:

Data ID: config01.properties

Group: DEFAULT_GROUP

Properties 配置内容: user.age=18

配置 2:

Data ID: config02.properties

Group: REFRESH_GROUP

Properties 配置内容: user.name=18

配置 3:

Data ID：config03.yaml

Group：DEFAULT_GROUP

Properties 配置内容：user.education＝18

配置 4：

Data ID：config04.yaml

Group：REFRESH_GROUP

Properties 配置内容：user.nation＝18

创建后配置列表如图 1-4 所示。

图 1-4　Nacos 配置列表

3）添加配置中心地址

在 Bootstrap.properties 配置文件中添加配置中心地址，代码如下：

```
//第 1 章/1.6.5 Nacos 配置文件
#Bootstrap.yml 优先级比 application.yml 优先级高
spring:
  profiles:
    #配置文件的前缀，默认为 application.name 的值，如果配置了 prefix，就取 prefix 的值
    #开发环境 dev，测试环境 test，生产环境 prod
    #Nacos 会先根据当前环境去拼接配置名称，然后查找相应配置文件，示例如下 {spring.
application.name}-{spring.profiles.active}-{spring.cloud.nacos.config.file-
extension}，获取值：nacos-config-dev.yml
    active: dev
  application:
    #配置应用的名称，用于获取配置
    name: nacos-config
```

```
cloud:
  nacos:
    discovery:
      #服务注册地址
      server-addr: http://192.168.122.128:8848
    config:
      #Nacos配置中心地址
      server-addr: http://192.168.122.128:8848
      #配置中心的命名空间ID
      namespace: a2329ccd-c736-4b34-afcf-f7ad0d73753b
      extensionConfigs[0]:
        #配置文件全称
        data-id: config01.properties
        #配置分组,默认为DEFAULT_GROUP
        group: DEFAULT_GROUP
        #支持动态刷新,默认值为false
        refresh: true
      extensionConfigs[1]:
        data-id: config02.properties
        group: REFRESH_GROUP
        refresh: true
      sharedConfigs[0]:
        data-id: config03.yaml
        group: DEFAULT_GROUP
        refresh: true
      sharedConfigs[1]:
        data-id: config04.yaml
        group: REFRESH_GROUP
        refresh: true
      #配置分组,默认为DEFAULT_GROUP
      group: DEFAULT_GROUP
      #配置文件后缀,用于拼接配置文件名称,目前只支持yaml和properties
      file-extension: yaml
      #配置自动刷新
      refresh-enabled: true
      #配置编码
      encode: UTF-8
      #用户名
      username: nacos
      #密码
      password: nacos
```

4）测试配置中心的配置是否正常工作

在启动类的main()方法中获取配置信息,代码如下:

```
//第1章/1.6.5 Nacos启动类获取配置信息
import org.springframework.boot.SpringApplication;
import org.springframework.boot.autoconfigure.SpringBootApplication;
import org.springframework.cloud.client.discovery.EnableDiscoveryClient;
```

```java
import org.springframework.context.ConfigurableApplicationContext;
@EnableDiscoveryClient
@SpringBootApplication
public class SpringCloudAlibabaNacosDemoApplication {
    public static void main(String[] args) throws InterruptedException{
        ConfigurableApplicationContext applicationContext = SpringApplication.
run(SpringCloudAlibabaNacosDemoApplication.class, args);
        //配置的动态更新(基于长轮询机制实现配置动态变更)
        while(true) {
            //当动态配置刷新时,会更新到 Enviroment 中,因此这里每隔一秒从 Enviroment
//中获取配置
            String userName =applicationContext.getEnvironment().getProperty
("user.name");
            String userAge =applicationContext.getEnvironment().getProperty
("user.age");
            String education =applicationContext.getEnvironment().getProperty
("user.education");
            String nation =applicationContext.getEnvironment().getProperty
("user.nation");
            System.out.println("user name :" +userName +";user age: " +userAge +";
user education: " +education +";user nation: " +nation);
        }
    }
}
```

启动项目,观察控制台日志是否打印,如图 1-5 所示。

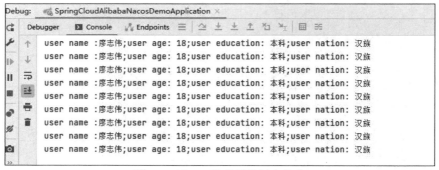

图 1-5　Nacos 启动后控制台日志

上述配置使用了命名空间、分组、共享配置、扩展配置。命名空间(namespace)区别环境和租户：如开发、测试、预发布、生产环境及不同租户。分组(group)区分不同应用：在同一环境下,不同应用的配置根据 Group 进行区分。共享配置(shared-configs)则能使各应用共享同一配置。通过扩展配置(extension-config),可在特定范围内(如单个应用上)覆盖某共享 DataId 的特定属性。DataId 包含 3 部分信息：服务名、分组名和命名空间,用于标识配置或服务实例的唯一标识。

5. Nacos 相关配置

本节将介绍 Nacos-config 的相关配置,帮助读者更加深入地理解和使用该工具,如何创建配置、如何管理配置、如何监控配置变化,使开发者可以更加方便地管理应用的配置,帮助读者在实际应用中更好地使用该工具。通过阅读本节内容,读者可快速理解 Nacos 相关配置,并在实际应用中灵活运用。

1)配置多环境

针对企业级应用,必须针对不同环境进行不同配置信息的配备。例如,要为开发环境配置数据库连接池,而在测试环境中则需要使用另一个数据库连接池。使用 Nacos 的 profile 粒度配置功能,可以将不同环境的配置信息存储在不同的命名空间中。

实现该功能的步骤如下。

步骤 1:在 Nacos 控制台中创建不同的命名空间,分别命名为 dev、test、prod 等。

步骤 2:在 Nacos 控制台中创建不同环境的配置列表,例如,dev 环境的配置列表名为 dev-config、test 环境的配置列表名为 test-config 等。

注意事项:

(1)必须正确区分不同的环境并创建相应的配置列表。

(2)确保微服务正确配置与之对应的环境配置列表。

2)微服务隔离

在同一台服务器上部署多个微服务时,需要避免配置信息冲突。为此,可以使用 Nacos 的自定义命名空间配置功能。具体地,为每个微服务创建独立命名空间,并存储配置信息以实现微服务间配置隔离,具体步骤如下。

步骤 1:在 Nacos 控制台中,为每个部门或团队创建独立命名空间,例如,创建名为 dev-team、test-team 的独立命名空间。

步骤 2:在 Nacos 控制台中,为每个命名空间创建对应的配置列表。例如,为 dev-team 命名空间创建名为 dev-config 的配置列表。

需要注意以下事项:

(1)必须正确地识别部门或团队并为其创建相应的配置列表。

(2)必须确保微服务正确配置命名空间对应的配置列表,以实现配置隔离。

3)自定义 Group

在企业级应用中,可能存在多个团队或功能模块负责开发和维护不同的功能。为了实现更细粒度的配置管理,可以利用 Nacos 的自定义 Group 配置功能。

具体步骤如下。

步骤 1:在 Nacos 控制台中为每个功能模块或团队创建独立的 Group。例如,可以为名为 Demo 的功能模块创建名为 demo-group 的 Group。

步骤 2:在 Nacos 控制台中,为每个 Group 创建对应的配置列表。例如,可以为 demo-group 创建名为 demo-config 的配置列表。

在进行以上步骤时,需要注意以下几点:

（1）需要正确区分各个功能模块或团队，并为其创建对应的 Group 和配置列表。

（2）需要确保微服务已经正确配置了对应 Group 的配置列表。

4）自定义 DataId

为了为特定配置项设置不同的配置信息，例如数据库连接池参数，可以利用 Nacos 的自定义扩展 DataId 配置功能实现，具体步骤如下。

步骤 1：在 Nacos 控制台上为每个配置项创建自定义 DataId。例如，可以为数据库连接信息创建一个名为 dataId_connection_properties 的自定义 DataId。

步骤 2：在 Nacos 控制台上为自定义 DataId 创建配置列表。例如，可以为 dataId_connection_properties 创建一个名为 connection_properties 的配置列表。

5）配置优先级

为确保关键配置在生产环境中始终正确，建议使用 Nacos 的配置优先级功能。具体操作步骤如下：

（1）在 Nacos 控制台上，为每个配置项设置相应的优先级。例如，对于关键数据库连接信息，应设置高优先级。

（2）在 Nacos 控制台上，将对应的配置项发布到相应的命名空间和 Group。

需要注意以下事项：

（1）必须正确设置每个配置项的优先级，以确保关键配置始终正确。

（2）在使用过程中，需保证所有微服务都正确配置了对应配置项的优先级。

6）动态更新配置

为了在微服务架构中从不同配置中心（如 Nacos）获取配置信息，需要采用@RefreshScope 注解来确保始终使用最新配置。

实现的步骤如下：

（1）在需要动态刷新的配置项上添加 RefreshScope 注解，并在 Nacos 控制台上进行配置。

（2）在需要动态刷新配置的微服务中，使用@RefreshScope 注解的 refresh 方法来刷新配置。

需要注意以下事项：

（1）必须正确添加 RefreshScope 注解，并在需要动态刷新的微服务中使用@RefreshScope 注解的 refresh 方法。

（2）在实际使用中，需要确保应用能够正确地处理配置变更的异常情况。

Dubbo

Dubbo 是阿里巴巴开发的高性能分布式服务框架,支持 RPC 通信模型、多种协议和注册中心(如 Dubbo 协议、HTTP、Hessian 协议、ZooKeeper、Redis 等),简化了分布式服务调用,提高了效率和透明度,并提供负载均衡、容错、动态路由、服务降级等多种功能,适用于大规模高并发分布式系统开发。

本章旨在深入探讨 Dubbo 框架的基本概念、原理、性能优化、扩展点及各种重要的配置方式,让读者对 Dubbo 有一个全面的认识,并且能够快速上手应用。同时,还将介绍如何在 Spring Boot 项目中无缝集成 Dubbo 框架及如何使用 Dubbo 进行调试和监控。最后,为了方便读者更好地掌握 Dubbo 框架,还将手把手教你如何手写一个 Dubbo 框架。本章分为 10 节,围绕 Dubbo 的基本概念、集成、配置、注册中心、调试和监控、扩展、原理、性能优化及序列化协议、手写 Dubbo 框架方面进行深入探讨。在阅读本章的过程中,希望读者能够保持一颗好奇心和探索精神,不断拓展自己的知识领域,提升自己的技术实力。

2.1 Dubbo 的基本概念

Dubbo 是一种常见的 RPC 框架,有着重要的应用价值。它提供服务注册和发现、负载均衡、容错处理、服务协议等多种功能,使开发人员能像调用本地方法一样调用远程服务,方便业务逻辑的开发。

以下是 Dubbo 的基本概念和组件:

首先,提供者(Provider)是指提供服务的应用程序,用于接受消费者(Consumer)的请求并提供服务;其次,Consumer 是指使用远程服务的应用程序,用于向 Provider 发送请求并获取服务。注册中心(Registry)是一个中心化的服务地址管理和服务发现机制,用于提供注册、发现、订阅和通知服务地址等功能。协议(Protocol)是 Dubbo 的通信协议,支持多种协议,例如 Dubbo、rmi、Hessian 和 HTTP 等。路由(Router)是 Dubbo 支持的多种路由策略,用于决定消费者访问哪些提供者服务,包括随机、一致性哈希、权重等。

总之,Dubbo 是一种强大的远程调用,在分布式应用系统中具有重要的应用价值。通过它的基本概念和组件的介绍,可以更深入地了解 Dubbo 的工作原理和实现,为开发复杂的分布式应用程序提供帮助。

下面是一个简单的 Dubbo 示例程序。

首先需要定义服务接口，代码如下：

```
public interface HelloService {
    String sayHello(String name);
}
```

然后提供者实现服务接口并暴露服务，代码如下：

```
//第 2 章/2.1 提供者实现服务接口并暴露服务
//定义 HelloServiceImpl 类实现 HelloService 接口
public class HelloServiceImpl implements HelloService {
    //实现接口中的 sayHello 方法
    public String sayHello(String name) {
        return "Hello, " +name +"!";
    }
}
//ProviderMain 类为主程序
public class ProviderMain {
    public static void main(String[] args) throws Exception {
        //创建 HelloServiceImpl 对象作为服务实现
        HelloService helloService =new HelloServiceImpl();
        //创建 Dubbo 协议配置对象并将协议名称设置为 dubbo
        ProtocolConfig protocolConfig =new ProtocolConfig();
        protocolConfig.setName("dubbo");
        //创建服务注册中心配置对象并将注册中心地址设置为 zookeeper://127.0.0.1:2181
        RegistryConfig registryConfig =new RegistryConfig();
        registryConfig.setAddress("zookeeper://127.0.0.1:2181");
        //发布服务配置
        ServiceConfig<HelloService>serviceConfig =new ServiceConfig<>();
        //设置服务接口
        serviceConfig.setInterface(HelloService.class);
        //设置服务实现
        serviceConfig.setRef(helloService);
        //设置协议配置
        serviceConfig.setProtocol(protocolConfig);
        //设置注册中心配置
        serviceConfig.setRegistry(registryConfig);
        //发布服务
        serviceConfig.export();
        //阻塞主程序,使服务一直处于运行状态
        System.in.read();
    }
}
```

消费者调用服务，代码如下：

```
//第 2 章/2.1 消费者调用服务
public class ConsumerMain {
    public static void main(String[] args) {
        //创建一个 Dubbo 协议配置类实例
        ProtocolConfig protocolConfig =new ProtocolConfig();
        //将该实例的协议名设置为"Dubbo"
        protocolConfig.setName("dubbo");
        //创建一个服务注册中心配置类实例
        RegistryConfig registryConfig =new RegistryConfig();
        //将该实例的地址设置为 ZooKeeper 的地址:"127.0.0.1:2181"
        registryConfig.setAddress("zookeeper://127.0.0.1:2181");
        //创建一个 HelloService 服务的引用配置类实例
        ReferenceConfig<HelloService>referenceConfig =new ReferenceConfig<>();
        //将该实例的接口设置为 HelloService
        referenceConfig.setInterface(HelloService.class);
        //将该实例的协议设置为前面创建的 Dubbo 协议配置类的实例
        referenceConfig.setProtocol(protocolConfig);
        //将该实例的注册中心设置为前面创建的服务注册中心配置类的实例
        referenceConfig.setRegistry(registryConfig);
        //获取 HelloService 服务的代理对象
        HelloService helloService =referenceConfig.get();
        //调用 HelloService 服务的 sayHello()方法,并传入"world"作为参数
        String result =helloService.sayHello("world");
        //在控制台上输出调用结果
        System.out.println(result);
    }
}
```

在这个示例中,提供者暴露了 HelloService 服务,同时服务提供者将服务地址注册到服务注册中心,而消费者则通过服务注册中心获取提供者的地址,并使用 Dubbo 协议进行服务调用。

2.2　Dubbo 与 Spring Boot 的集成

Dubbo 与 Spring Boot 的集成方式有两种:注解和 XML 配置。

2.2.1　注解配置方式

在 Spring Boot 启动类上添加@EnableDubbo 注解开启 Dubbo 自动配置,然后使用@DubboService 注解标注服务提供者类,@DubboReference 注解标注的服务消费者类即可实现 Dubbo 服务的注册与调用。

在启动类上添加注解,代码如下:

```
//第 2 章/2.2.1 在启动类上添加注解
@SpringBootApplication
```

```
@EnableDubbo
public class Application {
    public static void main(String[] args) {
        SpringApplication.run(Application.class, args);
    }
}
```

服务提供者，代码如下：

```
//第 2 章/2.2.1 服务提供者
@Service
@DubboService
public class HelloServiceImpl implements HelloService {
    @Override
    public String sayHello(String name) {
        return "Hello, " +name +"!";
    }
}
```

服务消费者，代码如下：

```
//第 2 章/2.2.1 服务消费者
@RestController
public class HelloController {
    @Reference
    private HelloService helloService;
    @GetMapping("/hello")
    public String sayHello(@RequestParam String name) {
        return helloService.sayHello(name);
    }
}
```

2.2.2 XML 配置方式

在 Spring Boot 的 application.properties 文件中添加 Dubbo 的相关配置，然后在 Dubbo 服务提供者和消费者的 XML 配置文件中分别配置服务的接口和实现类，以及消费者的引用。

application.properties 配置，代码如下：

```
#Dubbo 服务注册中心地址
dubbo.registry.address=zookeeper://localhost:2181
#Dubbo 服务消费者重试次数
dubbo.consumer.retries=3
#Dubbo 服务提供者服务协议、端口等配置
dubbo.protocol.name=dubbo
dubbo.protocol.port=20880
```

服务提供者 XML 配置，代码如下：

```
<!--Dubbo 服务接口 -->
<dubbo:service interface="com.example.dubbo.api.HelloService"
               ref="helloService"
               protocol="dubbo"/>
<!--Dubbo 服务实现类 -->
<bean id="helloService" class="com.example.dubbo.provider.HelloServiceImpl"/>
```

服务消费者 XML 配置，代码如下：

```
<!--Dubbo 服务引用 -->
<dubbo:reference id="helloService" interface="com.example.dubbo.api.HelloService"/>
<!--服务消费者使用服务 -->
<bean id="helloController" class="com.example.dubbo.consumer.HelloController">
    <property name="helloService" ref="helloService"/>
</bean>
```

以上是 Dubbo 与 Spring Boot 的集成方式，包括注解和 XML 配置两种方式的示例代码。

2.3　Dubbo 的配置方式

Dubbo 是一个轻量级、高性能的 RPC 框架。该框架提供了大量可配置的参数，以下是其中常见的参数及其含义。

（1）Timeout（超时时间）：每次请求的等待时间，超时后会抛出异常，在默认情况下为 1000ms。

（2）Retries（重试次数）：服务调用失败后的重试次数，不包括第 1 次调用。框架在默认情况下不进行重试。

（3）Loadbalance（负载均衡）：用于选择服务提供者来执行远程方法调用的算法。

（4）Cluster（集群容错）：处理服务提供者宕机或网络异常等情况，以保证服务的可用性。

（5）线程池配置：Dubbo 支持固定大小线程池和缓存线程池两种模式。由于缓存线程池通常具有更好的性能和扩展性，因此 Dubbo 默认使用缓存线程池。如果使用固定大小线程池，则需要指定线程数量（threads）；如果使用缓存线程池，则需要指定最大线程数（threads）、空闲线程数（idles）及队列大小（queues）等参数。

（6）Port（端口号）：用于指定当前服务的端口号，可用于多服务部署时的区分。

（7）Serialization（序列化方式）：用于指定 Dubbo 协议的数据序列化方式。Dubbo 支持多种序列化方式，例如 HessianJSON 和 Protobuf 等。

（8）注册中心：Dubbo 支持多种注册中心，例如 ZooKeeper、Redis 等。需要指定注册中心的地址（address）及其他相关配置参数。

总体来讲，Dubbo 框架提供了大量可配置参数，以满足不同场景下的需求。使用时应根据具体情况进行参数配置。

下面是一个示例 XML 配置文件，代码如下：

```
//第 2 章/2.3 dubbo 的 XML 配置文件
<?xml version="1.0" encoding="UTF-8"?>
<!--定义<dubbo:service>标签,对应 Dubbo 服务的发布-->
<dubbo:service interface="com.example.demo.DemoService"
    ref="demoService" timeout="5000" retries="3" loadbalance="roundrobin"
    cluster="failover">
    <!--定义<dubbo:method>标签,对应具体的服务方法-->
    <dubbo:method name="sayHello" timeout="5000" retries="3"
        loadbalance="roundrobin" />
    <!--定义<dubbo:parameter>标签,设置服务的线程池类型和线程池线程数量-->
    <dubbo:parameter key="threadpool" value="fixed" />
    <dubbo:parameter key="threads" value="100" />
</dubbo:service>
```

在这个示例中，定义了一个 Dubbo 服务，并设置了以下参数。

接口：com.example.demo.DemoService

引用：demoService

超时时间：5000ms

重试次数：3 次

负载均衡算法：轮询

集群容错策略：故障转移

方法名：sayHello

方法超时时间：5000ms

方法重试次数：3 次

方法负载均衡算法：轮询

线程池类型：fixed

线程数：100 个

注意：这只是一个简单的示例，实际情况下需要根据具体业务需求来对 Dubbo 进行配置。

2.4　Dubbo 的注册中心架构和各种注册中心的特点

Dubbo 框架提供多种具备不同特点的注册中心，其中包括 ZooKeeper、Redis、Multicast 等。

（1）ZooKeeper 作为 Apache 开源项目之一，是一种分布式协调服务，也是 Dubbo 默认的注册中心。ZooKeeper 具有高可用性和可靠性，使用 ZAB 协议实现一致性，支持集群和多台服务器扩展。

（2）Redis 则是一种高性能的 key-value 存储系统，可以作为 Dubbo 的注册中心。

Redis 是内存数据库,性能高且具备可扩展性,还支持主从复制和分片,提供 RDB 和 AOF 两种持久化方式。

（3）Multicast 是一种基于 UDP 的组播通信方式,Dubbo 可以选用 Multicast 作为注册中心。Multicast 简单易用、高效且具备一定的可靠性。

综上所述,根据需要选择适合自己的注册中心是 Dubbo 中较为重要的操作。ZooKeeper 的可靠性高且可扩展性佳,Redis 具备高性能和可持久化等特点,而 Multicast 则具备简单易用、高效性和一定的可靠性等特点。

2.4.1　使用 ZooKeeper 作为注册中心的 Dubbo 示例

以下是使用 ZooKeeper 作为注册中心的 Dubbo 示例。

在 pom.xml 文件中添加 Dubbo 依赖和 ZooKeeper 依赖,代码如下:

```
//第 2 章/2.4.1 添加 Dubbo 依赖和 ZooKeeper 依赖
<!--声明依赖 Dubbo -->
<dependency>
    <groupId>com.alibaba</groupId><!--依赖所在的组 -->
    <artifactId>dubbo</artifactId><!--依赖的名称 -->
    <version>2.6.5</version><!--依赖的版本号 -->
</dependency>
<!--声明依赖 ZooKeeper-->
<dependency>
    <groupId>org.apache.zookeeper</groupId>
    <artifactId>zookeeper</artifactId>
    <version>3.4.14</version>
</dependency>
```

在 Dubbo 服务提供者的配置文件 dubbo-provider.xml 中配置 ZooKeeper 注册中心,代码如下:

```
<!--Dubbo 应用名 -->
<dubbo:application name="dubbo-provider" />
<!--注册中心配置,使用 ZooKeeper 作为注册中心 -->
<dubbo:registry protocol="zookeeper" address="zookeeper://localhost:2181"/>
<!--协议配置,使用 Dubbo 协议,监听 20880 端口 -->
<dubbo:protocol name="dubbo" port="20880" />
<!--服务配置,将 DemoService 接口的实现类注入服务中 -->
<dubbo:service interface="com.example.service.DemoService" ref="demoServiceImpl" />
<!--DemoServiceImpl 的实例 -->
<bean id="demoServiceImpl" class="com.example.service.impl.DemoServiceImpl" />
```

在 Dubbo 服务消费者的配置文件 dubbo-consumer.xml 中配置 ZooKeeper 注册中心,代码如下:

```
<!--将应用名称定义为"dubbo-consumer"-->
<dubbo:application name="dubbo-consumer" />
```

```
<!--定义注册中心协议为"ZooKeeper",地址为"localhost:2181"-->
<dubbo:registry protocol="zookeeper" address="zookeeper://localhost:2181"/>
<!--将引用的服务接口定义为"com.example.service.DemoService",id为"demoService"-->
<dubbo:reference id="demoService" interface="com.example.service.DemoService" />
```

在启动服务之前，需要启动 ZooKeeper 服务器。可以从 ZooKeeper 的官网（http://zookeeper.apache.org/releases.html）下载 ZooKeeper，并运行 bin 目录下的 zkServer.sh 脚本启动 ZooKeeper。默认端口号为 2181。

启动 Dubbo 服务提供者和消费者即可，代码如下：

```
//第 2 章/2.4.1启动 Dubbo 服务提供者和消费者
//提供者
public class Provider {
    public static void main(String[] args) throws Exception {
        //加载配置文件
        ClassPathXmlApplicationContext context =new
ClassPathXmlApplicationContext("dubbo-provider.xml");
        //启动容器
        context.start();
        //等待输入,防止 JVM 关闭
        System.in.read();
    }
}
//消费者
public class Consumer {
    public static void main(String[] args) throws Exception {
        //加载配置文件
        ClassPathXmlApplicationContext context =new
ClassPathXmlApplicationContext("dubbo-consumer.xml");
        //启动容器
        context.start();
        //获取远程服务代理
        DemoService demoService =(DemoService)context.getBean("demoService");
        //调用远程方法
        System.out.println(demoService.sayHello("Dubbo"));
    }
}
```

在这个示例中，Dubbo 服务提供者将自己注册到 ZooKeeper 的地址为 localhost:2181 的注册中心上，Dubbo 服务消费者从 ZooKeeper 注册中心上获取 Dubbo 服务提供者的地址。通过 ZooKeeper 作为 Dubbo 的注册中心，服务提供者和服务消费者可以方便地发现和访问彼此。

2.4.2 使用 Redis 作为注册中心的 Dubbo 代码示例

以下是使用 Redis 作为 Dubbo 注册中心的 Java 代码示例。

引入 Redis 依赖，代码如下：

```
//第 2 章/2.4.2 引入 Redis 依赖
<dependency>
    <groupId>com.alibaba</groupId>
    <artifactId>dubbo-registry-redis</artifactId>
    <version>${dubbo.version}</version>
</dependency>
```

配置 Dubbo 注册中心,代码如下:

```
//第 2 章/2.4.2 配置 Dubbo 注册中心
/**
 * 定义一个名为 registryConfig 的@Bean,用于配置注册中心
 */
@Bean
public RegistryConfig registryConfig() {
    RegistryConfig registryConfig =new RegistryConfig();
    //将注册中心地址设置为 redis 的默认地址和端口号
    registryConfig.setAddress("redis://127.0.0.1:6379");
    //将注册中心的协议设置为 redis
    registryConfig.setTransporter("redis");
    //返回配置好的注册中心对象
    return registryConfig;
}
```

配置 Dubbo 服务提供者,代码如下:

```
//第 2 章/2.4.2 配置 Dubbo 服务提供者
//添加了@Bean 注解,表示该方法将返回一个 Spring Bean 对象
public ProviderConfig providerConfig() {
    //创建一个 ProviderConfig 对象
    ProviderConfig providerConfig =new ProviderConfig();
    //将 ProviderConfig 对象的超时时间设置为 5000ms
    providerConfig.setTimeout(5000);
    //返回创建的 ProviderConfig 对象,该对象将被注册为一个 Spring Bean
    return providerConfig;
}
```

配置 Dubbo 服务消费者,代码如下:

```
//第 2 章/2.4.2 配置 Dubbo 服务消费者
/**
 * 创建一个名为 consumerConfig 的 bean 对象
 */
@Bean
public ConsumerConfig consumerConfig() {
    //创建一个 ConsumerConfig 对象
    ConsumerConfig consumerConfig =new ConsumerConfig();
    //将超时时间设置为 5000ms
    consumerConfig.setTimeout(5000);
```

```
    //返回创建好的 ConsumerConfig 对象
    return consumerConfig;
}
```

配置 Dubbo 协议，代码如下：

```
//第 2 章/2.4.2 配置 Dubbo 协议
/**
 * 创建 ProtocolConfig 实例并进行配置。ProtocolConfig 是 Dubbo 中的一种配置，用于指
 * 定 Dubbo 服务的协议相关参数
 */
@Bean
public ProtocolConfig protocolConfig() {
    //创建 ProtocolConfig 实例
    ProtocolConfig protocolConfig = new ProtocolConfig();
    //将协议名称设置为 dubbo
    protocolConfig.setName("dubbo");
    //将端口号设置为 20880
    protocolConfig.setPort(20880);
    //将最大线程数设置为 200
    protocolConfig.setThreads(200);
    //返回创建好的 ProtocolConfig 实例
    return protocolConfig;
}
```

配置 Dubbo 服务，代码如下：

```
//第 2 章/2.4.2 配置 Dubbo 服务
/**
 * @Bean 注解表示该方法将被 Spring 容器管理，并且可以在其他组件中被注入和使用
 */
public ServiceConfig<TestService> serviceConfig() {
    //创建 ServiceConfig 对象，并且使用泛型将服务类型指定为 TestService
    ServiceConfig<TestService> serviceConfig = new ServiceConfig<>();
    //将服务接口设置为 TestService
    serviceConfig.setInterface(TestService.class);
    //将服务实现类设置为 TestServiceImpl
    serviceConfig.setRef(new TestServiceImpl());
    //将服务注册中心配置设置为 registryConfig()方法返回的对象
    serviceConfig.setRegistry(registryConfig());
    //将服务提供者配置设置为 providerConfig()方法返回的对象
    serviceConfig.setProvider(providerConfig());
    //将服务协议配置设置为 protocolConfig()方法返回的对象
    serviceConfig.setProtocol(protocolConfig());
    //返回 ServiceConfig 对象
    return serviceConfig;
}
```

配置 Dubbo 引用，代码如下：

```
//第 2 章/2.4.2 配置 Dubbo 引用
/**
 * 定义一个 Spring Bean,类型为 ReferenceConfig<TestService>
 * ReferenceConfig 用于定义 Dubbo 服务的消费者配置
 */
@Bean
public ReferenceConfig<TestService>referenceConfig() {
    //创建一个 ReferenceConfig 实例
    ReferenceConfig<TestService>referenceConfig =new ReferenceConfig<>();
    //设置该实例的接口类型
    referenceConfig.setInterface(TestService.class);
    //设置该实例的注册中心配置
    referenceConfig.setRegistry(registryConfig());
    //设置该实例的消费者配置
    referenceConfig.setConsumer(consumerConfig());
    //返回该实例
    return referenceConfig;
}
```

以上代码仅为示例,实际使用应根据具体需求进行配置。

2.4.3　使用 Multicast 作为注册中心的 Dubbo 代码示例

下面是使用 Multicast 作为注册中心的 Dubbo 代码示例。

首先,在 pom.xml 文件中增加依赖,代码如下:

```
//第 2 章/2.4.3 添加 Multicast 依赖
<dependencies>
    <!--Dubbo 核心库 -->
    <dependency>
        <groupId>com.alibaba</groupId>
        <artifactId>dubbo</artifactId>
        <version>x.x.x</version>
    </dependency>
    <!--Dubbo 注册中心库,使用 Multicast 协议 -->
    <dependency>
        <groupId>com.alibaba</groupId>
        <artifactId>dubbo-registry-multicast</artifactId>
        <version>x.x.x</version>
    </dependency>
</dependencies>
```

其中,x.x.x 代表 Dubbo 和 dubbo-registry-multicast 的版本号。

在 Dubbo 的配置文件中,设置 Multicast 的属性,代码如下:

```
<dubbo:registry address="multicast://224.5.6.7:1234" />
```

其中,224.5.6.7 代表 Multicast 的地址,1234 代表 Multicast 的端口号。

在 Dubbo 中的服务提供者和服务消费者中添加注解,代码如下:

```
//第 2 章/2.4.3 添加注解@Reference
//引入 Dubbo 的 Service 注解,用于指定该类是一个 Dubbo 服务的提供方
import com.alibaba.dubbo.config.annotation.Service;
//引入 Dubbo 的 Reference 注解,用于指定该类是一个 Dubbo 服务的消费方
import com.alibaba.dubbo.config.annotation.Reference;
//声明 ProviderServiceImpl 类是一个 Dubbo 服务提供方
@Service
public class ProviderServiceImpl implements ProviderService {
    //实现 ProviderService 接口中的 sayHello 方法,返回"Hello " +name
    @Override
    public String sayHello(String name) {
        return "Hello " +name;
    }
}
//引入 ProviderService 接口,用于在消费方引用 ProviderServiceImpl
@Reference
private ProviderService providerService;
```

其中,@Service 注解表示这是一个 Dubbo 的服务提供者,@Reference 注解表示这是一个
Dubbo 的服务消费者。

使用以上代码示例,就可以使用 Multicast 作为 Dubbo 的注册中心了。注意,在使用
Multicast 时,需要确保网络环境支持 Multicast 协议,否则可能会出现注册失败的情况。

2.5 Dubbo 的调试和监控

Dubbo 提供了很多调试和监控方式,包括以下几种。

（1）日志监控：Dubbo 支持各种日志框架,可以通过日志来监控服务间的通信和调用
情况。

（2）统计监控：Dubbo 内置了统计监控模块,可以通过设置统计周期和采样时间来收
集服务负载、响应时间、调用次数等信息。

（3）远程调试：Dubbo 提供了远程调用接口,这样就可以通过调用接口进行服务调试。

（4）Telnet 命令调试：Dubbo 提供了一系列的 Telnet 命令,可以通过 Telnet 命令行获
取服务状态、动态修改配置等。

（5）Spring Boot Actuator：Dubbo 提供了 Spring Boot Actuator 监控支持,可以通过
Spring Boot Actuator 来查看 Dubbo 的运行状态、服务性能等信息。

下面是一个示例代码,展示如何通过 Dubbo 的统计监控来监控服务负载和响应时间,
代码如下：

```
//第 2 章/2.5 在 Provider 端开启统计监控
@Service(timeout =5000)
@org.apache.dubbo.config.annotation.Service(version ="1.0.0")
public class UserServiceImpl implements UserService {
```

```java
    @Override
    public User findById(int id) {
        //获取统计信息
        RpcContext context =RpcContext.getContext();
        long start =context.getStartTime();
        String methodName =context.getMethodName();
        String remoteAddress =context.getRemoteAddressString();
        //业务逻辑
        User user =new User(id, "test");
        //统计信息
        RpcStatus.beginCount(remoteAddress, methodName);
        RpcStatus.endCount(remoteAddress, methodName, System.currentTimeMillis()
-start, true);
        return user;
    }
}
//在 Consumer 端获取统计信息
@Service
public class ConsumerService {
    @Autowired
    private UserService userService;
    public User findById(int id) {
        long start =System.currentTimeMillis();
        User user =userService.findById(id);
        int elapsed = (int) (System.currentTimeMillis() -start);
        //输出统计信息
        RpcStatus rpcStatus = RpcStatus. getStatus (userService. getClass (),
"findById", new Class<?>[]{int.class});
        System.out.println("serviceName: " +rpcStatus.getServiceName());
        System.out.println("methodName: " +rpcStatus.getMethodName());
        System.out.println("total: " +rpcStatus.getTotal());
        System.out.println("success: " +rpcStatus.getSuccess());
        System.out.println("elapsed: " +elapsed);
        return user;
    }
}
```

2.6　Dubbo 的扩展点

Dubbo 是目前较为流行的分布式服务框架,其提供了一系列的扩展点,可以为应用提供更多的可定制化功能。以下是一些常用的扩展点及其使用示例。

2.6.1　Filter 扩展点

Filter 扩展点可以用来实现服务器端或客户端的拦截器,可以在请求调用前或调用后进行处理,代码如下:

```java
//第2章/2.6.1 Filter扩展点
//在 Dubbo 中,@Activate 用于标记一个组件是否启用,并指定启用的条件和顺序
//group 属性表示需要启用的组,这里需要同时启用 SERVER_KEY 和 CONSUMER 组的过滤器
//order 属性表示启用顺序,数字越小越先启用,这里的 -10000 表示最先启用
@Activate(group ={Constants.SERVER_KEY, Constants.CONSUMER}, order =-10000)
public class CustomFilter implements Filter {
    @Override
    public Result invoke (Invoker<?> invoker, Invocation invocation) throws
RpcException {
        //执行自定义逻辑
        //例如实现对请求参数的加密或者校验等处理
        //这里只是一个示例,没有具体实现
        //继续执行后续的过滤器和目标方法
        return invoker.invoke(invocation);
    }
}
```

2.6.2 Cluster 扩展点

Cluster 扩展点可以用来实现 Dubbo 服务的容错机制,目前提供了多个实现,如
failover、failfast 等,代码如下:

```java
//第2章/2.6.2 Cluster扩展点
//激活 Cluster 扩展点,指定消费者分组
@Activate(group =Constants.CONSUMER)
public class CustomCluster implements Cluster {
    @Override
    public <T>Invoker<T>join(Directory<T>directory) throws RpcException {
        //自定义逻辑
        //创建一个自定义的 Invoker,传入目录信息
        return new CustomInvoker<>(directory);
    }
}
```

2.6.3 LoadBalance 扩展点

LoadBalance 扩展点可以用来实现 Dubbo 服务的负载均衡策略,目前提供了多个实现,
如 roundrobin、leastactive 等,代码如下:

```java
//第2章/2.6.3 LoadBalance扩展点
/**
 * 自定义负载均衡实现类
 */
@Activate(group =Constants.CONSUMER) //在消费者端生效,将分组设置为常量
Constants.CONSUMER
public class CustomLoadBalance implements LoadBalance {
    @Override
```

```
public <T>Invoker<T>select(List<Invoker<T>>invokers, URL url, Invocation
invocation) throws RpcException {
    //自定义负载均衡逻辑
    //这里只是简单地选取第1个Invoker
    return invokers.get(0);
    }
}
```

2.6.4　Protocol 扩展点

Protocol 扩展点可以用来实现 Dubbo 服务的协议，Dubbo 目前支持多种协议，如 Dubbo、HTTP 等，代码如下：

```
//第2章/2.6.4 Protocol 扩展点
//使用注解@Activate激活服务提供者,将该协议添加到服务提供者中
@Activate(group =Constants.PROVIDER)
public class CustomProtocol implements Protocol {
    //获取默认端口号
    @Override
    public int getDefaultPort() {
        return 8888;
    }
    //服务暴露,实现自定义逻辑,返回自定义暴露器
    @Override
    public <T>Exporter<T>export(Invoker<T>invoker) throws RpcException {
        //自定义的暴露逻辑
        return new CustomExporter<>(invoker);
    }
    //服务引用,实现自定义逻辑,返回自定义调用器
    @Override
    public <T>Invoker<T>refer(Class<T>type, URL url) throws RpcException {
        //自定义的引用逻辑
        return new CustomInvoker<>(type, url);
    }
    //销毁服务,执行相关的清理操作
    @Override
    public void destroy() {
        //执行清理操作
    }
}
```

以上代码示例只是一些简单的示例，可以根据实际需求进行修改和扩展。Dubbo 是目前较为流行的分布式服务框架，其提供了一系列的扩展点，可以为应用提供更多的可定制化功能。

2.7　Dubbo 的原理

Dubbo 是一个分布式服务框架，它的底层包含了多个模块，包括服务注册与发现、通信、负载均衡等。

Dubbo 的底层原理如下。

（1）线程模型：Dubbo 的线程模型是基于线程池实现的，服务提供者和消费者都通过线程池来处理请求和响应，其中，服务提供者的线程池大小可以配置，而消费者的线程池大小则被固定为 200 个线程。

（2）序列化方式：Dubbo 支持多种序列化方式，例如 Java 原生序列化、Hessian、PB、JSON、Dubbo 等，其中，Hessian 是默认的序列化方式，因为它的序列化速度比较快，而且序列化后的数据体积比较小。如果需要使用其他序列化方式，则可以通过配置方式实现。

（3）通信机制：Dubbo 的通信机制基于 Netty 实现，采用了长连接进行通信。在服务注册与发现阶段，Dubbo 使用了 ZooKeeper 进行服务注册和发现，而在服务调用阶段则通过 Netty 进行通信。

线程池的配置，代码如下：

```
<dubbo:protocol name="dubbo" dispatcher="all" threadpool="fixed"
threads="100" />
```

序列化方式的配置，代码如下：

```
<dubbo:protocol name="dubbo" serialization="hessian2" />
```

通信机制的配置，代码如下：

```
<dubbo:protocol name="dubbo" server="netty" />
<dubbo:registry address="zookeeper://127.0.0.1:2181" />
```

本节首先介绍 Dubbo 的底层原理，接着通过一个小故事进一步深入理解 Dubbo 底层的工作运行原理。

昔日，一座繁华之都，其中汇聚了诸多技艺精湛的木匠，各有所长，例如雕刻、家具制作等。为了方便居民寻找合适的木匠，这些木匠们成立了一个木匠协会。协会负责收集木匠们的服务信息，并在城市中心的公告板上展示。这样，当居民需要木匠服务时，便能轻松地找到所需的木匠。

有一天，一个名叫小明的居民需要定制一套家具，他决定去公告板上看一看哪些木匠可以提供服务。公告板上详细列出了每位木匠的专长、服务时间和联系方式。小明发现了一位擅长制作椅子的木匠，他叫小李。小明决定聘请小李为他制作家具。

在与小李进行沟通后，小明告诉他需要制作一把椅子。小李根据小明的要求，为他提供了一张椅子的设计图。随后，小李开始为小明制作椅子。在制作过程中，小李会定期地向小明汇报进度,确保小明了解椅子的制作进展。

几天后,小明收到了小李发来的椅子制作完成的消息。他对小李的手艺非常满意,并将这条消息告诉了其他居民。从此,小明和其他居民都知道了小李的服务质量,纷纷选择他来制作家具,而小李也因其精湛技艺和优质服务,在木匠协会中受到越来越多的好评。

在这个故事中,木匠协会便是 Dubbo 的注册中心,负责收集木匠的服务信息并展示在公告板上,而小明和其他居民则是 Dubbo 的消费者,通过查询公告板找到自己需要的木匠。Dubbo 还利用负载均衡和服务治理来保证系统的高可用性和稳定性,例如通过轮询或权重调整等策略将请求分配给木匠,并在木匠遇到问题时自动选择其他木匠提供服务。高效的通信协议和序列化方式则确保了数据的高效传输和低延迟,从而让小明能够迅速地得到他需要的椅子。

2.8　Dubbo 的性能优化

Dubbo 的性能优化方案如下:

(1) Dubbo 提供多种负载均衡算法,如随机、轮询、最小活跃数等。选择负载均衡算法应该根据实际情况进行权衡和选择。例如,如果服务提供者数量较少,则可以选择随机算法;如果服务提供者数量较多,并且服务提供者性能差异较大,则可以选择最小活跃数算法。

(2) Dubbo 提供了 3 种线程池:fixed、cached、limited,其中 fixed 线程池是默认选项。如果系统对线程数有限制,则可以选择 limited 线程池;如果系统对资源有限制,则可以选择 cached 线程池。此外,还需要根据实际情况合理地调整线程数,以充分利用系统资源。

(3) Dubbo 支持多种序列化算法,如 Hessian、PB、Java Built-in、JSON 等。选择序列化算法时,需要考虑序列化效率、序列化后数据的大小、跨语言支持等因素。例如,如果需要支持跨语言调用,则可以选择 JSON 或 Protobuf 序列化算法;如果需要序列化效率高,则可以选择 Hessian 序列化算法。

负载均衡,代码如下:

```
<dubbo:reference id="userService" interface="com.example.UserService"
loadbalance="leastactive" />
```

线程池调整,代码如下:

```
<!--使用 limited 线程池 -->
<dubbo:protocol name="dubbo" dispatcher="limited" />
<!--调整 fixed 线程池大小 -->
<dubbo:protocol name="dubbo" threadpool="fixed" threads="100" />
```

序列化算法优化,代码如下:

```
<!--使用 Hessian 序列化算法 -->
<dubbo:protocol name="dubbo" serialization="hessian2" />
<!--使用 JSON 序列化算法 -->
```

```
<dubbo:protocol name="dubbo" serialization="json" />
```

2.9　Dubbo 的序列化协议

Dubbo 支持以下序列化协议。

（1）Hessian2：基于二进制协议，序列化后的数据体积小，序列化和反序列化速度快，但对于一些复杂对象，如 Map、List 等无法保证顺序一致。

（2）Java 序列化：基于 Java 序列化协议，实现简单，但序列化后的数据体积大且速度较慢。

（3）JSON：基于文本协议，序列化后的数据易于阅读和调试，但对于一些复杂对象，如 Map、List 等无法保证顺序一致。

（4）FST：基于二进制协议，序列化和反序列化速度非常快，但对于一些复杂对象，如 Map、List 等无法保证顺序一致。

（5）Kryo：基于二进制协议，序列化和反序列化速度快，但需要提前注册对象类型，不便于使用。

（6）PB(Protocol Buffers)协议：使用 proto 编译器，自动进行序列化和反序列化，速度非常快，应该比 XML 和 JSON 快上 20～100 倍；它的数据压缩效果好，也就是说它序列化后的数据量体积小。因为体积小，传输起来对带宽和速度上会有优化。Dubbo 框架默认采用 Hessian 和 Java 原生序列化协议，但是通过配置可以启用 PB 序列化协议，以提高系统性能并减少网络传输数据量。

（7）Dubbo 缺省协议采用单长连接和 NIO 异步通信，适用于数据量较小和发送 Service 调用，不适合传输大数据量的服务。建议传入/传出参数数据包小于 100KB，适用场景：常规远程服务方法调用。连接方式为长连接，传输协议为 TCP，序列化方式为 Hessian 二进制序列化。

（8）RMI 协议采用阻塞式短连接和 JDK 标准序列化方式，可传输数据大小混合的传入/传出参数，就能实现文档传输。适用场景：与原生 RMI 服务互操作的常规远程服务方法调用。连线方式为短连接，传输协议为 TCP，序列化方式为 Java 标准二进制序列化。

（9）HTTP 基于 HTTP 表单的远程调用协议，适合传入/传出参数数据包大小混合，提供者比消费者个数多，可用于浏览器 JS 使用的服务。不支持传输文件。适用场景：需应用程序和浏览器 JS 同时使用的服务。连接方式为短连接，传输协议为 HTTP，序列化方式为 JSON。

可以在 Dubbo 的配置中通过设置 serialization 属性来指定使用的序列化协议。

2.10　手写一个 Dubbo 框架

Dubbo 框架是一种性能卓越的分布式 RPC 框架，可用于实现服务发现、负载均衡、容错等功能。手写一个 Dubbo 框架的代码比较复杂，需要涉及网络通信、序列化、反序列化等多个方面,下面给出简单的示例代码。

2.10.1 简单的 Dubbo 框架

定义服务接口,代码如下:

```
package com.example.dubbo;
public interface HelloService {
    String sayHello(String name);
}
```

实现服务提供者,代码如下:

```
//第 2 章/2.10.1 实现服务提供者
//定义一个公共类 HelloServiceImpl 实现接口 HelloService
public class HelloServiceImpl implements HelloService {
    //实现接口中的方法 sayHello,传入一个名字参数 name
    @Override
    public String sayHello(String name) {
        //返回字符串 "Hello " 和传入的名字 name 拼接起来的结果
        return "Hello " +name;
    }
}
```

实现服务注册中心,代码如下:

```
//第 2 章/2.10.1 实现服务注册中心
//导入必要的类库
import java.util.HashMap;
import java.util.Map;
//定义注册中心类
public class RegistryCenter {
    //定义静态 map 来存储服务对象
    private static Map<String, Object>services =new HashMap<>();
    //注册服务方法,将服务对象放入 map 中
    public static void register(String serviceName, Object service) {
        services.put(serviceName, service);
    }
    //获取服务方法,从 map 中获取服务对象
    public static Object getService(String serviceName) {
        return services.get(serviceName);
    }
}
```

实现服务消费者,代码如下:

```
//第 2 章/2.10.1 实现服务消费者
//该类是一个消费者,用于调用远程服务
import java.io.IOException;
```

```java
import java.io.ObjectInputStream;
import java.io.ObjectOutputStream;
import java.net.Socket;
public class Consumer {
    public static void main(String[] args) throws IOException,
ClassNotFoundException {
        //需要调用的服务名称
        String serviceName ="com.example.dubbo.HelloService";
        //连接远程服务的地址和端口号
        Socket socket =new Socket("localhost", 8080);
        //通过输出流发送参数和方法信息
        ObjectOutputStream oos =new ObjectOutputStream(socket.getOutputStream());
        //发送服务名称
        oos.writeUTF(serviceName);
        //发送调用的方法名称
        oos.writeUTF("sayHello");
        //发送参数类型
        Class[] parameterTypes =new Class[]{String.class};
        oos.writeObject(parameterTypes);
        //发送参数
        Object[] arguments =new Object[]{"Dubbo"};
        oos.writeObject(arguments);
        //接收远程调用的结果
        ObjectInputStream ois =new ObjectInputStream(socket.getInputStream());
        Object result =ois.readObject();
        //输出结果
        System.out.println(result);
    }
}
```

实现服务提供者，代码如下：

```java
//第 2 章/2.10.1 实现服务提供者
//这是一个 Dubbo 实现的 RPC 服务提供者端的代码
import java.io.IOException;
import java.io.ObjectInputStream;
import java.io.ObjectOutputStream;
import java.lang.reflect.Method;
import java.net.ServerSocket;
import java.net.Socket;
public class Provider {
    public static void main(String[] args) throws IOException,
ClassNotFoundException {
        //创建一个 ServerSocket 对象,绑定在 8080 端口上
        ServerSocket serverSocket =new ServerSocket(8080);
        while (true) {
            //接收一个客户端的 Socket 连接请求
            Socket socket =serverSocket.accept();
            //对 Socket 的输入流对象进行反序列化
```

```
        ObjectInputStream ois =new ObjectInputStream(socket.getInputStream());
        //从输入流中读取待调用服务的名称、方法名称、方法参数类型、方法参数
        String serviceName =ois.readUTF();
        String methodName =ois.readUTF();
        Class[] parameterTypes =(Class[]) ois.readObject();
        Object[] arguments =(Object[]) ois.readObject();
        //获取待调用服务对象
        Object service =RegistryCenter.getService(serviceName);
        //获取待调用的方法
        Method method =service.getClass().getMethod(methodName,
parameterTypes);
        //调用方法并获取结果
        Object result =method.invoke(service, arguments);
        //将结果序列化到 Socket 的输出流中
        ObjectOutputStream oos =new
ObjectOutputStream(socket.getOutputStream());
        oos.writeObject(result);
    }
  }
}
```

这个示例代码实现了一个简单的 Dubbo 框架,在实际使用中还需要根据需求进行扩展。

2.10.2　Dubbo 的服务发现

以下是一个简单的手写 Dubbo 服务发现功能的代码示例,代码如下:

```
//第 2 章/2.10.2 Dubbo 服务发现
//定义了服务发现接口
public interface ServiceDiscovery {
    String discover(String serviceName); //根据服务名查找可用的提供者地址
}
//实现了服务提供者发现接口,使用 ZooKeeper 来发现服务提供者
public class ZkServiceDiscovery implements ServiceDiscovery {
    private final CuratorFramework client; //ZooKeeper 客户端实例
    public ZkServiceDiscovery(String zkAddress) {
        client = CuratorFrameworkFactory.newClient(zkAddress, new RetryNTimes
(3, 1000));
        client.start(); //启动 ZooKeeper 客户端
    }
    @Override
    public String discover(String serviceName) {
    String path ="/dubbo/" +serviceName +"/providers";
        //在 ZooKeeper 中查找服务提供者地址的路径
        try {
        List<String>providers =client.getChildren().forPath(path);
            //查找服务提供者地址列表
```

```java
            if (providers.isEmpty()) { //如果没有可用的服务提供者
                throw new RuntimeException("No provider available for service " +
serviceName); //抛出异常
            }
            return providers.get(0); //返回第 1 个可用的服务提供者地址
        } catch (Exception e) {
            throw new RuntimeException ( " Failed to discover service " +
serviceName, e);
        }
    }
}
//客户端,用来调用远程服务
public class RpcClient {
    private final ServiceDiscovery serviceDiscovery;
    //服务发现实例,用于查找可用的服务提供者
    public RpcClient(ServiceDiscovery serviceDiscovery) {
        this.serviceDiscovery =serviceDiscovery;
    }
    public Object call (String serviceName, String methodName, Class <? > [ ]
parameterTypes, Object[] args) throws Exception {
        String providerAddress =serviceDiscovery.discover(serviceName);
        //查找可用的服务提供者地址
        String[] addressArray =providerAddress.split(":");
        //将服务提供者地址拆分为主机名和端口号
        String host =addressArray[0];
        int port =Integer.parseInt(addressArray[1]);

        try (Socket socket =new Socket(host, port);
            ObjectOutputStream output =new
ObjectOutputStream(socket.getOutputStream());
            ObjectInputStream input =new
ObjectInputStream(socket.getInputStream())) {
            output.writeUTF(serviceName);          //发送服务名
            output.writeUTF(methodName);           //发送方法名
            output.writeObject(parameterTypes);    //发送参数类型列表
            output.writeObject(args);              //发送参数列表
            return input.readObject();             //返回调用结果
        }
    }
}
//使用示例,查找并调用 HelloService 中的 sayHello 方法
ServiceDiscovery serviceDiscovery =new ZkServiceDiscovery("127.0.0.1:2181");
RpcClient rpcClient =new RpcClient(serviceDiscovery);
String result = (String) rpcClient.call ("com. example. service. HelloService",
"sayHello", new Class[]{String.class}, new Object[]{"Dubbo"});
System.out.println(result); //输出调用结果
```

在以上示例中,ZkServiceDiscovery 类实现了 ServiceDiscovery 接口,使用 ZooKeeper 进行服务发现,并返回服务提供者的地址。RpcClient 类作为服务调用的核心,使用

ServiceDiscovery 获取当前服务提供者的地址,利用 Socket 和序列化/反序列化技术进行远程调用。在使用示例时,需要先创建 ZkServiceDiscovery 和 RpcClient 实例,然后调用 RpcClient 的 call 方法进行远程调用,其中需要提供服务名、方法名、参数类型和参数值等信息,最终可以得到想要的调用结果。

2.10.3　Dubbo 的容错机制

Dubbo 为开发人员提供了多种容错机制,这些机制包括以下几种。

(1) Failover Cluster:尝试重试其他服务器以避免失败,是 Dubbo 默认的容错机制。

(2) Failfast Cluster:只尝试一次调用,如果失败,则立即报错。通常适用于非幂性等操作,例如添加记录。

(3) Failsafe Cluster:当遇到异常时直接忽略,通常用于写入日志等遇到不严重的失败场景。

(4) Failback Cluster:记录所有失败请求,通过定时重发实现自动恢复,通常用于消息通知操作。

(5) Forking Cluster:并行调用多个服务器,只要有一个成功就返回结果,通常用于高实时性的读操作,但可能会占用更多的服务器资源。

(6) Broadcast Cluster:向所有提供者广播调用,每个提供者逐个调用,任何一个报错则报错。在 Dubbo 2.1 之后,该机制被添加到 Dubbo 中,通常用于通知所有提供者更新缓存或日志等本地资源。

下面是一个手写的 Failover Cluster 的示例,代码如下:

```
//第 2 章/2.10.3 手写 Failover Cluster
//定义一个实现了 Cluster 接口的 FailoverCluster 类
public class FailoverCluster implements Cluster {
    //实现 Cluster 接口中定义的 invoke 方法,通过该方法调用服务提供者
    @Override
    public Result invoke (Invoker<?> invoker, Invocation invocation) throws
RpcException {
        //获取重试次数
        int retryTimes = invoker. getUrl (). getMethodParameter (invocation.
getMethodName(), "retries", 2);
        //循环调用服务提供者
        for (int i =0; i <=retryTimes; i++) {
            try {
                //调用服务提供者方法并返回结果
                return invoker.invoke(invocation);
            } catch (Exception e) {
                //如果是最后一次重试,则抛出异常
                if (i ==retryTimes) {
                    throw new RpcException(e);
                }
            }
        }
```

```
        }
        //如果调用失败,则返回 null
        return null;
    }
}
```

这个 Failover Cluster 实现了在调用服务提供者时的重试机制,如果调用失败,则会重新尝试其他节点,直到达到最大重试次数为止。注意,这里的实现还可以优化,例如添加重试间隔时间、进行异常类型判断等。

2.10.4　Dubbo 的负载均衡

Dubbo 提供了多种负载均衡策略,具体可分为以下 4 种:

（1）轮询负载均衡(Round Robin Load Balance)支持轮询和加权轮询。虽然存在响应慢的提供者累积请求的问题,但是可以分别给不同的节点设置不同的权重,例如可以使用较低的权重来避免过载的配置不太高的节点。

（2）随机负载均衡(Random Load Balance)是 Dubbo 默认的负载均衡策略,采用加权随机算法的实现方式,既可以完全随机,也可以按照权重设定随机概率。

（3）最少活跃调用数负载均衡(Least Active Load Balance)可通过记录每个服务提供者的活跃调用数,选择最少活跃调用数的服务提供者,达到单位时间内处理更多请求的效果。

（4）一致性哈希负载均衡(Consistent Hash Load Balance)采用一致性哈希算法,在相同参数的情况下请求总是被分发到同一个提供者,即使其中一台提供者出现故障,也可以通过均匀分配剩余流量,防止某台服务受到过多的影响。

定义接口,代码如下:

```
public interface LoadBalance {
    String select(List<String>urls);
}
```

实现负载均衡算法。

1. 轮询算法

Dubbo 使用轮询算法作为一种实现负载均衡的算法。该算法的工作过程包括服务器端在与客户端建立连接时,将地址列表传递给客户端。客户端使用轮询算法,按照顺序依次选择一个可用服务器端地址来发送请求。如果某个服务器端出现故障或无法响应,则会被客户端从地址列表中删除。如果所有的服务器端都出现故障或无法响应请求,客户端则会等待一定时间后再次尝试连接。

轮询算法示例,代码如下:

```
//第 2 章/2.10.4 轮询算法
/**
 * 轮询负载均衡实现类 RoundRobinLoadBalance
```

```
*/
public class RoundRobinLoadBalance implements LoadBalance {
    /**
     * 原子类,用于实现线程安全的 index 值自增,作为轮询的下标
     */
    private AtomicInteger index =new AtomicInteger(0);
    /**
     * 重写 LoadBalance 接口的 select 方法,实现轮询负载均衡算法
     * @param urls 可供选择的 url 列表
     * @return 被选中的 url
     */
    @Override
    public String select(List<String>urls) {
        int size =urls.size();
        int i =index.getAndAdd(1);          //获取当前 index 值并自增 1
        return urls.get(i%size);            //用模运算获取被选中的 url
    }
}
```

轮询算法在负载均衡方面有其优势,因为它简单直观且能够平均地将请求分配给各个服务器端;其缺点是无法根据服务器端的负载情况进行调节,可能会导致某些服务器端过载而无法响应请求,或者某些服务器端负载较轻却得不到充分利用。

2. 随机算法

Dubbo 的随机算法是一种用于负载均衡的算法。它的工作原理是当客户端发起调用请求时,Dubbo 会通过注册中心获取可用的服务提供者列表,然后它会采用随机数生成器随机选择一台服务提供者,并尝试将请求发送给该服务提供者。如果该服务提供者能够成功地处理该请求,则 Dubbo 会返回该服务提供者,否则它会重复随机选择服务提供者的过程,直到找到一个可用的服务提供者。通过这种方式,Dubbo 能够保证请求被及时地处理,并且以最高效的方式实现服务调用。

随机算法示例,代码如下:

```
//第 2 章/2.10.4 随机算法
//引入 LoadBalance 接口
public class RandomLoadBalance implements LoadBalance {
    //实现接口中的方法
    @Override
    public String select(List<String>urls) {
        //获取 urls 的大小
        int size =urls.size();
        //生成 0 到 size 的随机数
        int i =new Random().nextInt(size);
        //返回 urls 中下标为 i 的元素
        return urls.get(i);
    }
}
```

随机算法能够使每个服务提供者都有平等地被选择的机会，从而确保负载均衡。此外，该算法还能够适应于动态环境中的服务变化，每次请求时能够重新计算可用的服务提供者列表。通过随机选择提供者，Dubbo 的随机算法能够有效地避免一些服务提供者过度负载的问题，从而提高了服务的可用性。Dubbo 的随机算法是一种高效、智能且具有良好适应性的负载均衡方案。

3. 最小活跃数

Dubbo 采用最小活跃数算法作为一种负载均衡算法，该算法的实现主要包括统计每个服务提供者的活跃数及选择最小活跃数的服务提供者两方面。

具体来讲，Dubbo 记录每个服务提供者实例的请求处理数量，每当实例接收到一个请求时，计数器加 1，请求处理完成时，计数器减 1，从而得到实例的活跃数。在选择服务提供者时，Dubbo 会优先选择活跃数最小的实例，以避免将请求分配给已经繁忙的实例，从而保证系统的稳定性和可用性。

采用最小活跃数算法的负载均衡策略，可以更加有效地均衡请求负载，提高系统的吞吐量和性能表现。同时，Dubbo 还提供了多种负载均衡策略的配置，以适应不同场景下的负载均衡需求。

最小活跃数算法示例，代码如下：

```
//第 2 章/2.10.4 最小活跃数算法
/**
 * LeastActiveLoadBalance 是一个实现了 LoadBalance 接口的负载均衡算法类
 */
public class LeastActiveLoadBalance implements LoadBalance {
    /**
     * 从传入的服务提供者列表中选择一个可用的服务提供者
     * 选择规则是选取活跃数最少的服务提供者。如果有多个服务提供者的活跃数相等，则从这
     * 些服务提供者中再随机选择一个
     * @param invokers      服务提供者列表
     * @param url           URL
     * @param invocation 调用方法
     * @return 选中的可用服务提供者
     */
    public Invoker select (List < Invoker > invokers, URL url, Invocation
invocation) {
        int leastActive =-1;
        int leastCount =0;
        List<Invoker>leastInvokers =new ArrayList<Invoker>();
        for (Invoker invoker : invokers) {
            int active = RpcStatus. getStatus (invoker. getUrl (), invocation.
getMethodName()).getActive();
            //如果当前 Provider 的活跃数最小,则清空最小数列表并添加进去
            if (leastActive ==-1 || active <leastActive) {
                leastActive =active;
                leastCount =1;
```

```
                      leastInvokers.clear();
                      leastInvokers.add(invoker);
                } else if (active ==leastActive) {
                      //如果有多个 Provider 的活跃数相等,则直接将其添加进最小数列表
                      leastCount++;
                      leastInvokers.add(invoker);
                }
          }
          if (leastInvokers.size() ==1) {
                //如果只有一个最小数,则直接返回
                return leastInvokers.get(0);
          }
          //如果有多个最小数,则从中随机选择一个
          return doSelect(leastInvokers, url, invocation);
    }
}
```

本节介绍的是一种常用的负载均衡算法——LeastActiveLoadBalance 类,它的实现非常简单,使用服务提供者的活跃度来选择可用的服务提供者,以实现负载均衡。具体而言,该算法会收集每个服务提供者在最近一段时间内的调用次数、调用时间及活跃数等信息,并根据这些信息来选择服务提供者。活跃数越高,表明服务提供者的负载越重。该算法的工作原理如下:首先统计每个服务提供者的活跃数,选择活跃数最小的服务提供者作为首选服务提供者,如果有多个活跃数最小的服务提供者,则会随机选择一个作为首选服务提供者。如果在首选服务提供者上进行调用失败或超时,则会将该服务提供者的活跃数加上一个较大的值,并重新选择一个活跃数最小的服务提供者,重复上述步骤。总之,最小活跃数算法是一种灵活、高效的负载均衡算法,可以提高服务的可用性和性能,方便服务提供者的开发人员使用。

举例来讲,假设有一个服务提供者集群,集群中有 3 个服务提供者,分别为 A、B、C。当前 A 的活跃数为 2,B 的活跃数为 1,C 的活跃数为 3。LeastActiveLoadBalance 类会选择 B 作为下一个服务提供者,因为它的活跃数最小,只有 1。如果有两个服务提供者的活跃数都为 1,LeastActiveLoadBalance 类则会在它们之间进行随机选择。

Dubbo 采用最小活跃数算法来选择负载较轻的服务提供者,以提升系统的稳定性和吞吐量。这种算法还可以增加服务提供者的活跃数,从而减少对不稳定服务提供者的访问,提高系统的可用性。

4. 一致性哈希算法

Dubbo 的一致性哈希算法是一种分布式负载均衡算法,用于在选择服务提供者时实现负载均衡。该算法的工作原理十分简单而优雅。首先,将所有的服务提供者按照相同的顺序映射到一个虚拟环上,使用 CRC32 算法计算每个服务提供者的 HashCode 值,并将这些 HashCode 值映射到一个 $0\sim2^{32}$ 的环上。每当一个服务消费者需要调用一个服务时,它会根据请求的参数计算出一个哈希值,同样地,这个哈希值也被映射到虚拟环上,然后从服务提供者的列表中选择距离这个哈希值最近的服务提供者,这个服务提供者被认为是最优的,

选择它来处理请求。如果有服务提供者加入或离开集群，则只会影响到它周围的节点，其他节点的位置仍然不变，因此只有少部分请求需要重新路由到其他服务提供者。为了减少节点的加入和移除对整个环的影响，还可以使用虚拟节点，从而提高算法的稳定性和可靠性。

Dubbo 的一致性哈希算法可以通过 Dubbo 自带的 LoadBalance 实现。以下是一个示例，代码如下：

```
//第 2 章/2.10.4 一致性哈希算法
//创建一个 ConsistentHashLoadBalance 实例
ConsistentHashLoadBalance loadBalance =new ConsistentHashLoadBalance();
//设定服务提供者列表
List<Invoker<T>>invokers =new ArrayList<>();
invokers.add(invoker1);
invokers.add(invoker2);
invokers.add(invoker3);
//设定要调用的方法
Invocation invocation =new RpcInvocation();
//设置相关参数
Map<String, Object>attachments =new HashMap<>();
attachments.put(RpcConstants.HASH_KEY, "hash_key_value");
//使用一致性哈希算法选择服务提供者进行调用
Invoker < T > selectedInvoker = loadBalance. select (invokers, url, invocation,
attachments);
//调用服务提供者方法
selectedInvoker.invoke(invocation);
```

本节介绍了 Dubbo 框架中实现负载均衡的算法 ConsistentHashLoadBalance，以及如何使用一致性哈希算法进行服务提供者的选择和调用方法。虽然 Dubbo 默认使用 Java 自带的 hashCode() 方法，但也可自行实现 LoadBalance 接口并重写 select 方法以定制哈希函数。

Dubbo 中常用的负载均衡算法之一是一致性哈希算法。它的主要应用场景包括服务分组、服务节点动态扩展和流量控制等方面。一致性哈希算法通过将相同类型的服务节点分到同一个组内，然后使用一致性哈希算法对每个组进行负载均衡，以达到在一个组内分配请求的目的。当服务节点动态扩展时，使用一致性哈希算法可以保证原有节点的负载不会被破坏，同时新节点也能被合理地分配请求。此外，一致性哈希算法还可以将客户端请求的相同参数和属性映射到同一个服务节点上，从而实现流量控制，以确保每个节点的资源利用率良好。

总之，一致性哈希算法是一种非常有效的 Dubbo 负载均衡算法，它可以帮助实现多种 Dubbo 负载均衡场景，从而提高 Dubbo 系统的性能和可用性。

2.10.5 Dubbo 框架的网络通信

Dubbo 框架内的网络通信主要通过各种协议实现，包括 Dubbo 协议、HTTP 及 Hessian 协议等多种协议。特别是 Dubbo 协议，它是一种高效的二进制协议，其将数据包的大小和网络带宽之间进行优化,可以在网络带宽较低的情况下,保证高效的数据传输。这主要是由 Dubbo 协议对数据进行了高优化,同时还使用了一些压缩算法和序列化协议来进一步加快数据传输速度,因此,Dubbo 协议在分布式应用系统中被广泛应用,并受到了开发人员的青睐。在服务消费者调用服务提供者的方法时,Dubbo 框架会自动将请求通过网络传输到服务提供者,在等待服务提供者的响应结果的整个过程中,Dubbo 框架的网络通信是透明的,也就是说,服务消费者不需要关心请求的具体传输,只需关注服务提供者返回的结果。这为分布式系统的开发和维护带来了极大的便利,从而提高了效率。

Dubbo 框架作为一个流行的分布式服务框架,可以帮助开发者构建高性能、高可用的分布式应用,然而,在实际使用过程中,Dubbo 框架也存在一些挑战需要开发者注意。

首先,Dubbo 框架使用长连接来保持通信,这可以提高通信效率,但在高并发的情况下,可能会导致网络连接过多的问题。这会给系统带来压力,降低系统的稳定性。为了提高系统的并发处理能力,可以采取一系列优化措施,其中,增加机器数量是一种有效的方式,可以通过多节点部署来分摊并发压力。另外,也可以优化 Dubbo 的配置来提高性能。具体而言,可以调整 Dubbo 的线程池大小、IO 线程数量、序列化方式等参数,以满足系统的实际需求。同时,使用连接池也是一种有效的优化方式,可以对每个服务提供者采用连接池来管理网络连接,提高连接的复用率,从而提高系统的并发处理能力。

其次,Dubbo 框架的负载均衡策略默认为随机方式,这意味着客户端有可能会频繁地访问同一个服务器端节点。如果该节点出现故障,则将会导致该服务不可用。为了解决这个问题,可采用 Dubbo 提供的集群、容错和路由机制。这些机制可以确保系统在出现故障时能够自动切换到备用节点,从而保证系统的连续性,因此,增加备用节点也是一个重要的解决方案,它可以提高系统的容错能力,并确保在主节点出现故障时能够自动切换到备用节点上。

再次,Dubbo 框架在高并发情况下,可能会出现服务器端性能下降的情况。如果没有进行服务降级处理,这些性能的下降,则可能会导致服务不可用,系统也可能存在无法承受过多的访问请求,从而导致系统崩溃,而 Dubbo 框架并没有提供默认的服务降级机制,需要开发人员自行实现。为了保障系统的稳定性和可靠性,可以采取一些措施以减少系统压力和流量,包括服务降级、限流措施及增加缓存等。服务降级指的是在系统出现异常或者超负荷时,通过一些默认返回值或者错误信息来替代实际的返回值,从而减少系统的压力。采取服务降级,可以保障系统的可用性和稳定性,避免系统崩溃或者出现其他严重问题。限流措施是一种常见的控制系统流量的手段,可以通过令牌桶算法、漏桶算法等限制请求速率或请求频率来控制系统的负载。采取限流措施,可以有效避免系统超负荷,保障系统的可用性和稳定性。增加缓存是一种常见的优化系统性能的手段,可以通过增加本地缓存或者分布式缓存来减少对后端系统的访问。采取增加缓存的措施,可以有效降低系统响应时间和延迟,提高系统的性能和可扩展性。

最后,在高并发场景下,可能会出现多个请求同时访问同一个数据源的情况,这会带来数据一致性问题。为了确保数据的一致性,可以采用一些优雅的手段来优化系统操作,其中之一是强制使用事务。在对于一些重要的操作,使用事务可以保证数据的一致性。同时,还可以采用异步处理来减少系统的压力。例如,使用消息队列来处理异步消息。另外,为了保证操作的原子性和一致性,可以使用分布式锁。在分布式系统中,可以使用 ZooKeeper 或 Redis 等分布式锁实现分布式锁功能。这是一种优雅的方法,可以确保操作的安全性和可靠性。

2.10.6　Dubbo 框架的序列化、反序列化

Dubbo 协议默认使用 Hessian 2 协议进行序列化和反序列化。底层工作原理是在 Dubbo 框架中定义了一个 DubboCodec,负责 Dubbo 协议编解码的组件。当使用 Dubbo 协议进行远程调用时,DubboCodec 会对请求参数和返回结果进行序列化和反序列化。在这个过程中,DubboCodec 先将数据转换成字节数组,然后使用 Hessian 2 协议对数据进行压缩和解压缩。Hessian 2 协议是一种轻量级的二进制协议,它能较快地将 Java 对象序列化成二进制流,并在反序列化过程中快速将二进制流转换为 Java 对象。Hessian 2 是基于 HTTP 的一种轻量级二进制协议,它可以将数据序列化后的大小大大减小,从而提高传输效率,因此,在 Dubbo 协议中使用 Hessian 2 协议进行序列化和反序列化可以有效地减少网络传输中的数据量,提高网络传输的效率和性能。以下是 DubboCodec 示例,代码如下:

```
//第 2 章/2.10.6 DubboCodec
/**
 * Dubbo 协议编解码器,用于将请求参数或返回结果序列化成字节数组
 * 或者将接收的字节数组解码成请求参数或返回结果
 */
public class DubboCodec {
    /**
     * 方法:encode
     * 功能:将请求参数或返回结果序列化为字节数组
     * 参数:message 待序列化的请求参数或返回结果
     * 返回值:字节数组,序列化后的数据
     */
    public Byte[] encode(Object message) {
        //使用 Hessian 2 协议对数据进行压缩
        Byte[] compressedData =compressData(serializeData(message));
        return compressedData;
    }
    /**
     * 方法:decode
     * 功能:将接收的字节数组反序列化为请求参数或返回结果
     * 参数:data 接收的字节数组
     * 返回值:请求参数或返回结果
     */
    public Object decode(Byte[] data) {
        //使用 Hessian 2 协议对数据进行解压缩
        Byte[] decompressedData =decompressData(data);
```

```java
        return deserializeData(decompressedData);
    }
    /**
     * 方法:serializeData
     * 功能:将请求参数或返回结果转换为字节数组
     * 参数:message 待转换的请求参数或返回结果
     * 返回值:字节数组,转换后的数据
     */
    private Byte[] serializeData(Object message) {
        //使用 Java 默认序列化方式将对象转换为字节数组
        ByteArrayOutputStream baos = new ByteArrayOutputStream();
        try {
            ObjectOutputStream oos = new ObjectOutputStream(baos);
            oos.writeObject(message);
            oos.flush();
            oos.close();
        } catch (IOException e) {
            e.printStackTrace();
        }
        return baos.toByteArray();
    }
    /**
     * 方法:deserializeData
     * 功能:将字节数组转换为请求参数或返回结果
     * 参数:data 待转换的字节数组
     * 返回值:请求参数或返回结果
     */
    private Object deserializeData(Byte[] data) {
        //使用 Java 默认反序列化方式将字节数组转换为对象
        Object result = null;
        try {
            ByteArrayInputStream bais = new ByteArrayInputStream(data);
            ObjectInputStream ois = new ObjectInputStream(bais);
            result = ois.readObject();
            ois.close();
        } catch (IOException | ClassNotFoundException e) {
            e.printStackTrace();
        }
        return result;
    }
    /**
     * 方法:compressData
     * 功能:使用 Hessian 2 协议对数据进行压缩
     * 参数:data 待压缩的数据
     * 返回值:字节数组,压缩后的数据
     */
    private Byte[] compressData(Byte[] data) {
        //使用 Hessian 2 协议对数据进行压缩
        ByteArrayOutputStream baos = new ByteArrayOutputStream();
```

```
Hessian2Output output = new Hessian2Output(baos);
    try {
        output.writeObject(data);
        output.flush();
        output.close();
    } catch (IOException e) {
        e.printStackTrace();
    }
    return baos.toByteArray();
}
/**
 * 方法:decompressData
 * 功能:使用 Hessian 2 协议对数据进行解压缩
 * 参数:data 待解压缩的数据
 * 返回值:字节数组,解压缩后的数据
 */
private Byte[] decompressData(Byte[] data) {
    //使用 Hessian 2 协议对数据进行解压缩
    ByteArrayInputStream bais = new ByteArrayInputStream(data);
    Hessian2Input input = new Hessian2Input(bais);
    Byte[] result = null;
    try {
        result = (Byte[]) input.readObject();
        input.close();
    } catch (IOException e) {
        e.printStackTrace();
    }
    return result;
}
}
```

2.10.7　高并发环境下 Dubbo 可能会出现的问题

（1）集群容错问题：Dubbo 提供了丰富的容错机制,但如果没有配置好容错策略,则有可能导致整个系统崩溃。当某个服务提供者发生故障时,Dubbo 需要及时调用另外一个可用的服务提供者,避免服务不可用。

解决方案：Dubbo 提供了多种方式的集群容错策略,如 Failover、Failfast、Failsafe、Failback、Forking 等,建议配合使用多个容错策略,可以根据实际情况选择合适的策略。保证系统具有较好的容错能力。同时,可以通过配置一些重试次数和重试间隔的参数,防止因网络波动导致的服务调用失败。

（2）负载均衡问题：在分布式环境下,多个服务提供者会同时提供相同的服务,需要进行负载均衡以保证服务的高可用性和性能。

解决方案：Dubbo 提供了多种负载均衡策略,如随机、轮询和最小活跃数等,用户可根据实际需求选择适当的策略。

（3）服务调用超时问题：在高并发情况下,服务提供者可能会因为一些原因导致服务响应时间很长,或者完全不响应,这会影响整个系统的性能和稳定性。

解决方案:Dubbo 提供了超时控制功能,可以设置每个服务的超时时间,当服务响应时间超过指定时间时,Dubbo 会自动终止调用并抛出异常,避免整个系统被卡住。

(4) 服务限流问题:当系统流量过大时,服务提供者可能会被过多的请求压垮,导致服务不可用。

解决方案:Dubbo 提供了限流功能,可以设置每个服务的最大并发数、QPS 等限制,当超过限制时,Dubbo 会自动拒绝请求,避免系统被压垮。

(5) 服务注册和发现问题:Dubbo 通过 ZooKeeper 进行服务注册和发现,如果 ZooKeeper 集群不稳定或网络不良好,则会导致服务提供者无法正常注册,消费者也无法正常发现服务。

解决方法:建议使用 ZooKeeper 集群,多个节点互相备份,防止单点故障。可以使用 ZooKeeper 的 watch 机制,监听节点变化,以及时发现并处理服务提供者和消费者的变化。

总之,在高并发的分布式环境下,使用 Dubbo 需要根据实际情况选择合适的集群容错策略、负载均衡策略、超时控制和限流策略,以保证系统的高可用性和性能。

ZooKeeper

ZooKeeper 是用于构建高可靠、高性能分布式系统的分布式协调服务。它提供了简单的集中式的管理方式，使分布式应用程序能够彼此协同工作、共享资源。ZooKeeper 可以用于维护分布式应用程序的配置信息、命名服务、分布式、分布式队列等。另外，它还具有高可用性、可扩展性，以及出色的性能表现，一直以来都是热门开源项目。

本章将会帮助读者全面理解 ZooKeeper 的结构、特性、数据模型、API、应用场景、工作原理、监控和管理等方面的内容。从 Docker 环境下的安装和配置开始，逐步深入探究 ZooKeeper 的各方面，最后深入剖析高并发环境下 ZooKeeper 可能会遇到的问题。希望本章能够让读者对 ZooKeeper 的研究和应用提供帮助。

3.1　ZooKeeper 概述

ZooKeeper 是一个专为处理分布式系统数据管理和协调问题设计的服务。其提供了 4 个核心功能：命名服务、配置管理、分布式锁和分布式队列。命名服务是 ZooKeeper 的基本功能，它能够用于节点注册、查询和删除。配置管理使分布式系统能够存储和管理配置信息，同时允许动态地进行修改。分布式锁作为一种基于锁机制的方法，可以确保分布式系统的数据同步和一致性。分布式队列则能够用于协调分布式系统中的任务执行。这些功能的组合，为应用程序提供了一个可靠的协调和管理分布式应用的解决方案。

ZooKeeper 包含 5 个关键组成部分：数据模型、客户端 API、服务器集群、选举算法和通信协议。ZooKeeper 的数据模型采用树形结构，每个节点都能存储字符串数据。应用程序可以通过 ZooKeeper 提供的客户端 API 访问和操作数据。ZooKeeper 的服务器集群由多台服务器组成，每台服务器都运行着 ZooKeeper 的服务进程。ZooKeeper 使用了一种基于 Paxos 算法改进的选举算法来选举领导者。通信协议则是基于 TCP 的通信协议，以实现分布式系统中的数据共享和协调。这些组件共同构成了 ZooKeeper，为分布式系统提供了可靠的数据共享和协调机制。

这里提供一个示例，展示如何使用 ZooKeeper 实现配置管理、同步和分布式锁，代码如下：

```java
//第 3 章/3.1 使用 ZooKeeper 实现配置管理、同步和分布式锁
import org.apache.zookeeper.WatchedEvent;
import org.apache.zookeeper.Watcher;
import org.apache.zookeeper.ZooKeeper;
import org.apache.zookeeper.CreateMode;
import org.apache.zookeeper.KeeperException;
import org.apache.zookeeper.data.Stat;
import java.io.IOException;
import java.util.List;
import java.util.concurrent.CountDownLatch;
public class ZookeeperExample implements Watcher {
    private static final int SESSION_TIMEOUT =5000;
    private static final String ZOOKEEPER_ADDRESS ="localhost:2181";
    private static final String ZNODE_PATH ="/config";
    private static final String LOCK_PATH ="/lock";
    private ZooKeeper zooKeeper;
    private CountDownLatch latch;
    public ZookeeperExample() throws IOException {
        this.zooKeeper =new ZooKeeper(ZOOKEEPER_ADDRESS, SESSION_TIMEOUT, this);
        this.latch =new CountDownLatch(1);
        try {
            //等待连接成功
            this.latch.await();
        } catch (InterruptedException e) {
            System.err.println("Connection interrupted: " +e.getMessage());
        }
    }
    @Override
    public void process(WatchedEvent event) {
        if (event.getState() ==Event.KeeperState.SyncConnected) {
            //连接成功
            latch.countDown();
        }
    }
public void createZnode(String data) throws KeeperException,
InterruptedException {
    //创建节点 String path, Byte[] data, List<ACL>acl, CreateMode createMode
    this. zooKeeper. create (ZNODE _PATH, data. getBytes (), null, CreateMode.
PERSISTENT);
}
    public String getZnodeData() throws KeeperException, InterruptedException {
        //获取节点数据
        Byte[] data =this.zooKeeper.getData(ZNODE_PATH, null, null);
        return new String(data);
    }
     public void updateZnodeData (String data) throws KeeperException,
InterruptedException {
        //更新节点数据
        this.zooKeeper.setData(ZNODE_PATH, data.getBytes(), -1);
```

```
        }
    public void deleteZnode() throws KeeperException, InterruptedException {
        //删除节点
        this.zooKeeper.delete(ZNODE_PATH, -1);
    }
public String createLock() throws KeeperException, InterruptedException {
    //创建分布式锁节点并返回节点路径
    return this.zooKeeper.create(LOCK_PATH, null, null, CreateMode.EPHEMERAL_
SEQUENTIAL);
}
    public void deleteLock (String lockPath) throws KeeperException,
InterruptedException {
        //删除分布式锁节点
        this.zooKeeper.delete(lockPath, -1);
    }
    public List < String > getChildren (String path) throws KeeperException,
InterruptedException {
        //获取子节点列表
        return this.zooKeeper.getChildren(path, false);
    }
    public void closeConnection() throws InterruptedException {
        //关闭连接
        this.zooKeeper.close();
    }
}
```

在上述示例中，使用 ZooKeeper 连接可以实现分布式系统的配置管理、同步和分布式锁。可通过调用简单的方法实现这些操作，例如使用 createZnode 方法创建一个配置节点，使用 getZnodeData 方法获取节点数据，使用 updateZnodeData 方法更新数据，使用 deleteZnode 方法删除节点。此外，可以使用 createLock 方法创建分布式锁节点，并使用 deleteLock 方法删除该节点。使用 getChildren 方法可以获取指定节点的子节点列表。这些基础操作可以协调分布式系统中的数据管理和同步，确保数据的一致性。同时，这些操作简单易懂，易于实现和维护，可以有效地提高系统的效率和可靠性，并降低运维成本。

3.2 Docker 环境下安装与配置 ZooKeeper

在 Docker 环境下安装与配置 ZooKeeper，可以按照以下步骤进行。

（1）拉取 ZooKeeper 的 Docker 镜像，代码如下：

```
docker pull wurstmeister/zookeeper
```

（2）运行 ZooKeeper 容器，代码如下：

```
docker run -dit --restart=always --log-driver json-file --log-opt max-size=
100m --log-opt max-file=2  --name zookeeper \
```

```
-p 2181:2181 \
-v /etc/localtime:/etc/localtime \
-t wurstmeister/zookeeper
```

其中,--name 指定容器的名称;-p 将本地的 2181 端口映射到容器的 2181 端口;-d 将容器设置为后台运行。

现在,ZooKeeper 服务已经成功安装和配置,并在 Docker 容器中运行。可以使用 zookeeper-shell.sh 脚本来连接到 ZooKeeper 服务并执行操作。例如,可以使用以下命令连接到 ZooKeeper 服务,代码如下:

```
docker exec -it some-zookeeper zkCli.sh -server 127.0.0.1:2182
```

3.3 ZooKeeper 特性

ZooKeeper 通过集群部署、数据副本、选举机制、客户端连接池等机制实现高可用性、高可靠性、高性能、易于使用、可扩展性等特性。

(1)集群部署:ZooKeeper 支持将服务节点分布在不同的机器上,通过多节点部署提高了系统的可用性和负载能力。

(2)数据副本:ZooKeeper 将数据复制到多个节点上,确保了数据的可靠性和冗余备份,当一些节点发生故障时,其他节点仍可以提供服务。

(3)选举机制:ZooKeeper 通过选举机制,选择一个节点作为 leader,可以保证系统在 leader 发生故障的情况下,能够快速选择一个新的 leader,避免系统陷入不可用状态。

(4)客户端连接池:ZooKeeper 使用客户端连接池,减少了客户端连接的创建和断开的开销,提高了系统的性能。

(5)可扩展性:ZooKeeper 使用了分层结构,可以通过增加节点的方式扩展集群能力,同时支持多个 ZooKeeper 集群之间的互联,保证了系统的可扩展性。

3.3.1 集群部署

ZooKeeper 是一种分布式服务,它在不同的机器上运行节点,每个节点都可以接受客户端的请求并将它们分配给其他节点进行处理。ZooKeeper 使用基于领导者的算法来管理节点之间的通信,该算法确保数据的一致性和可用性。这种算法是公认的最佳方案之一,以它的高效性、稳定性和容错性著称。通过这种算法,ZooKeeper 可以在分布式系统中有序地进行数据协调和同步,实现高效的数据传输和节点通信,提高系统的性能和可靠性。

如果要在集群模式下运行 ZooKeeper,则需要在不同的机器上启动多个 ZooKeeper 服务器,并使用 ZooKeeper 客户端连接到这些服务器。可以使用 Apache ZooKeeper 提供的启动脚本来启动多个服务器。例如,如果想在一个由三台机器组成的集群上运行 ZooKeeper,则可以使用以下命令启动服务器,代码如下:

```
bin/zkServer.sh start conf/zoo.cfg
```

其中，zoo.cfg 是包含 ZooKeeper 配置的文件，该文件指定了服务器的 IP 地址和端口号。任何 ZooKeeper 客户端连接到指定 IP 和端口的任何服务器都可以与 ZooKeeper 集群通信。在 zoo.cfg 配置文件中，需要设置 tickTime、dataDir、clientPort、initLimit 和 syncLimit 等参数。此外，还需要通过 server.x 指定 ZooKeeper 集群中每个服务器的 IP 地址和端口号。这个 x 值是服务器的编号，从 1 开始递增。

例如，假设需要在三台机器上启动 ZooKeeper 服务器，可以按以下方式进行配置，代码如下：

```
//第 3 章/3.3.1 集群部署配置
#定义 ZooKeeper 中每个 Tick 的时间长度为 2s
tickTime=2000
#指定 ZooKeeper 数据目录的位置
dataDir=/var/lib/zookeeper
#将 ZooKeeper 客户端连接的端口号指定为 2181
clientPort=2181
#将 ZooKeeper 集群的初始化限制指定为 10 个 Tick，即 20s
initLimit=10
#将 ZooKeeper 集群的同步限制指定为 5 个 Tick，即 10s
syncLimit=5
#指定 ZooKeeper 集群中的服务器，每行一个，格式为"服务器 ID=服务器 IP 地址:服务器之间通
信端口号:选举端口号"
#下面指定了 3 个服务器，ID 分别为 1、2、3，通信端口号为 2888，选举端口号为 3888
server.1=192.168.1.1:2888:3888
server.2=192.168.1.2:2888:3888
server.3=192.168.1.3:2888:3888
```

在此配置中，server.1、server.2 和 server.3 分别表示三台机器的 IP 地址和端口号，2888 和 3888 是用于 ZooKeeper 服务器之间通信的端口号。这些配置可以根据需要进行调整。

在 ZooKeeper 的集群模式下，数据会被复制到所有服务器上，并通过领导者选举算法选举一台服务器作为领导者。领导者负责管理数据的更新和复制，并确保数据的一致性和可用性。其他服务器则作为从属服务器，处理来自客户端的请求，并从领导者复制数据，以保持与领导者一致。这种分布式架构可提高 ZooKeeper 的可伸缩性和容错性，使其能够应对大规模的数据处理需求。

3.3.2　访问控制列表

当多个应用程序同时访问 ZooKeeper 时，为了保证安全性和可靠性，需要对访问权限进行限制。这时，就需要用到 ACL（访问控制列表）。

ACL 规定了哪些客户端可以访问 ZooKeeper 中的哪些节点，包括 4 种权限类型：CREATE、READ、WRITE 和 DELETE。ACL 的格式为 scheme：id：permission，其中 scheme 是身份验证方案，id 指定了一个客户端或一组客户端的标识符，permission 规定了

该用户或用户组所拥有的权限。常用的 ACL 格式有 world：anyone、auth：user：密码和 ip：IP 地址。

ACL 的作用范围可以是单独的节点，也可以是整个 ZooKeeper 树，如果想要设置整棵树的 ACL，则需要使用递归选项。需要注意的是，一旦 ACL 设置完成就不能再删除或修改该节点的 ACL 了。如果需要修改，则只能先删除该节点再重新设置 ACL。

ZooKeeper 不仅支持基本的权限控制机制，还能够实现更为复杂的 ACL（访问控制列表）策略。这些策略包括以下几种。

1. IP ACL

通过基于客户端 IP 地址的限制，能够有效地防止恶意攻击和防火墙。此策略可以帮助确保访问 ZooKeeper 的权限得到控制。以下是 ZooKeeper 的 IP ACL 策略示例，代码如下：

```java
//第 3 章/3.3.2 IP ACL 策略
import java.io.IOException;
import java.util.ArrayList;
import java.util.List;
import org.apache.zookeeper.CreateMode;
import org.apache.zookeeper.KeeperException;
import org.apache.zookeeper.ZooDefs;
import org.apache.zookeeper.ZooKeeper;
import org.apache.zookeeper.data.ACL;
import org.apache.zookeeper.data.Id;
import org.apache.zookeeper.server.auth.DigestAuthenticationProvider;
public class ZooKeeperIPACLTest {
    //定义 ZooKeeper 服务所在的主机和端口号
    private static final String HOST ="localhost";
    private static final int PORT =2181;
    //定义连接超时时间
    private static final int TIMEOUT =5000;
    //定义认证方式和用户密码
    private static final String AUTH_TYPE ="digest";
    private static final String USER_PASS ="admin:admin";
    public static void main(String[] args) throws Exception {
        //连接 ZooKeeper 服务器
        ZooKeeper zk =connect();
        //设置 IP ACL
        List<ACL>acls =new ArrayList<ACL>();
        //创建一个 IP ACL,只允许 IP 为 127.0.0.1 的客户端访问
        acls.add(new ACL(ZooDefs.Perms.ALL, new Id("ip", "127.0.0.1")));
        //创建一个没有权限限制的 znode,名称为/world,内容为 hello
        zk.create("/world", "hello".getBytes(), acls, CreateMode.PERSISTENT);
        //使用 Digest Authentication 添加 ACL
        zk.addAuthInfo(AUTH_TYPE, USER_PASS.getBytes());
        //清空 acls,为创建新的 ACL 做准备
        acls.clear();
        //创建一个 Digest ACL,只允许用户名为 admin,密码为 admin 的客户端访问
```

```
        acls.add(new ACL(ZooDefs.Perms.ALL, new Id(AUTH_TYPE,
DigestAuthenticationProvider.generateDigest(USER_PASS))));
        //创建一个没有权限限制的 znode,名称为/hello,内容为 world
        zk.create("/hello", "world".getBytes(), acls, CreateMode.PERSISTENT);
        //关闭 ZooKeeper 连接
        zk.close();
    }
    //连接 ZooKeeper 服务器的方法
    private static ZooKeeper connect() throws IOException,
InterruptedException {
        ZooKeeper zk = new ZooKeeper(HOST + ":" + PORT, TIMEOUT, null);
        while (zk.getState() != ZooKeeper.States.CONNECTED) {
            Thread.sleep(TIMEOUT);
        }
        return zk;
    }
}
```

在以上的示例中,使用了 Java 客户端 API 连接到 ZooKeeper 服务器,并创建了 znode,设置了 IP ACL 和 Digest ACL。首先,创建了一个 IP ACL,只允许 IP 为 127.0.0.1 的客户端访问。其次,创建了一个没有权限限制的 znode,然后使用 Digest Authentication 方式添加了认证信息,并创建了一个 Digest ACL,只允许用户名为 admin 且密码为 admin 的客户端访问。最后,关闭了与 ZooKeeper 服务器的连接,以保证安全性和稳定性。

2. SASL ACL

通过 SASL(简单认证和安全层)实现认证和授权,并支持使用 LDAP、Kerberos 等外部身份验证机制。该策略提供各种安全选项,为客户端提供了更高的安全性。以下是 ZooKeeper 的 SASL ACL 策略示例,代码如下:

```
//第 3 章/3.3.2 SASL ACL 策略
//创建连接
String connectionString = "localhost:2181";
int sessionTimeout = 5000;
Watcher watcher = new Watcher() {
    public void process(WatchedEvent event) {
        System.out.println("Event received: " + event.getType());
    }
};
ZooKeeper zooKeeper = new ZooKeeper(connectionString, sessionTimeout, watcher);
//设置 SASL ACL 策略
String scheme = "sasl";
String id = "zookeeper";
String pwd = "password";
ACL acl = new ACL(ZooDefs.Perms.ALL, new Id(scheme, id + ":" + pwd));
List<ACL> acls = new ArrayList<>();
acls.add(acl);
zooKeeper.addAuthInfo(scheme, (id + ":" + pwd).getBytes());
```

```
String path ="/test";
zooKeeper.create(path, "data".getBytes(), acls, CreateMode.PERSISTENT);
//认证并访问节点
zooKeeper.addAuthInfo(scheme, (id +":" +pwd).getBytes());
Byte[] data =zooKeeper.getData(path, false, null);
System.out.println("Data: " +new String(data));
```

在上述代码中,首先,创建了一个 ZooKeeper 客户端。其次,使用 ACL 类创建了一个仅允许 ZooKeeper 用户访问的 ACL 对象,并将其加入节点的 ACL 列表,再次,使用 addAuthInfo 方法向客户端添加 SASL 验证信息,以便在访问节点时进行身份验证。最后,调用 getData 方法获取节点上的数据。

3. 隔离客户端

ZooKeeper 集群中的某些节点可以被隔离到特定的子树中,只有特定的客户端可以访问这些节点。这样,可以更加严格地控制访问权限,保证数据的安全性。以下是 ZooKeeper 的隔离客户端策略示例,代码如下:

```
//第 3 章/3.3.2 隔离客户端策略
import org.apache.zookeeper.ZooDefs;
import org.apache.zookeeper.ZooKeeper;
public class ZooKeeperACLExample {
    private static final String HOST ="localhost:2181";
    private static final int SESSION_TIMEOUT =5000;
    public static void main(String[] args) throws Exception {
        ZooKeeper zooKeeper =new ZooKeeper(HOST, SESSION_TIMEOUT, null);
        //创建一个 znode,并设置权限控制
        zooKeeper.create("/test", "data".getBytes(), ZooDefs.Ids.CREATOR_ALL_
ACL, null);
        //获取 znode 的数据,并输出
        Byte[] data =zooKeeper.getData("/test", null, null);
        System.out.println(new String(data));
        //关闭 ZooKeeper 连接
        zooKeeper.close();
    }
}
```

在以上代码中,创建了一个名为/test 的 znode 并设置了其访问控制列表(ACL)。默认的 ACL 为 ZooDefs.Ids.OPEN_ACL_UNSAFE,它允许任何客户端都可以对该 znode 进行读写操作,但是,为了实现更严格的访问控制,使用了 ZooDefs.Ids.CREATOR_ALL_ACL。这个 ACL 仅允许创建该 znode 的客户端进行读写操作。接下来,使用 getData 方法读取该 znode 的数据。由于当前客户端创建了该 znode,因此它有权读取该 znode 的数据。最后,关闭了 ZooKeeper 连接。借助 ZooKeeper 的 ACL 机制,可以实现对不同 znode 的访问权限进行控制,这可用于隔离客户端。

4. 子树 ACL

可以为不同的子树设置不同的 ACL,确定哪些客户端有权限访问哪些节点。这种方式

可以对不同级别的数据实现细粒度的访问控制，避免数据泄露的风险。以下是 ZooKeeper 的子树 ACL 策略示例，代码如下：

```
//第 3 章/3.3.2 子树 ACL 策略
import org.apache.zookeeper.CreateMode;
import org.apache.zookeeper.ZooDefs;
import org.apache.zookeeper.ZooKeeper;
import org.apache.zookeeper.data.ACL;
import org.apache.zookeeper.data.Id;
import java.util.ArrayList;
import java.util.List;
public class ZooKeeperSubtreeAclExample {
  private static final String HOST = "localhost:2181";
  private static final int SESSION_TIMEOUT = 3000;
  private static final String ROOT_NODE = "/test";
  private static final String SUB_NODE_1 = "/test/node1";
  private static final String SUB_NODE_2 = "/test/node2";
  public static void main(String[] args) throws Exception {
    //创建 ZooKeeper 客户端对象
    ZooKeeper zk = new ZooKeeper(HOST, SESSION_TIMEOUT, null);
    //创建 ACL 列表
    List<ACL> aclList = new ArrayList<>();
    //创建只读 ACL 规则
    Id readOnly = new Id("world", "anyone");
    aclList.add(new ACL(ZooDefs.Perms.READ, readOnly));
    //创建只写 ACL 规则
    Id writeOnly = new Id("ip", "127.0.0.1");
    aclList.add(new ACL(ZooDefs.Perms.WRITE, writeOnly));
    //创建根节点并为其设置 ACL
    zk.create(ROOT_NODE, "".getBytes(), aclList, CreateMode.PERSISTENT);
    //创建子节点 1 并为其设置 ACL
    zk.create(SUB_NODE_1, "".getBytes(), aclList, CreateMode.PERSISTENT);
    //创建子节点 2 并为其设置 ACL
    zk.create(SUB_NODE_2, "".getBytes(), aclList, CreateMode.PERSISTENT);
    //关闭 ZooKeeper 客户端对象
    zk.close();
  }
}
```

在这个例子中，演示了如何使用 ZooKeeper 客户端对象创建一个具有子树 ACL 策略的节点树。使用了一个 ACL 列表来定义 ACL 规则，指定了权限和标识符。创建了一个根节点及它的两个子节点，并为它们设置了相同的 ACL 列表。这个 ACL 列表包含了两个规则，其中一个为只读规则，允许所有用户读取节点数据；另一个为只写规则，允许 IP 地址为127.0.0.1 的用户写入节点数据。使用这种子树 ACL 策略可以为节点树的特定子树设置不同的 ACL 规则，以保护部分节点免受恶意访问。

3.3.3　数据副本

将 ZooKeeper 数据复制到多个节点上是 ZooKeeper 的默认行为,其实现了复制协议,确保多个 ZooKeeper 节点保持数据一致性。当一些节点发生故障时,其他节点可以提供服务,这是因为 ZooKeeper 采用了 Quorum 机制。

以下是一个使用 ZooKeeper 实现 ACL 控制和数据复制的示例,代码如下:

```
//第3章/3.3.3 使用 ZooKeeper 实现 ACL 控制和数据复制
import org.apache.zookeeper.*;
import org.apache.zookeeper.data.ACL;
import org.apache.zookeeper.data.Id;
import org.apache.zookeeper.data.Stat;
import java.util.ArrayList;
import java.util.List;
public class ZooKeeperACLAndReplication {
    private static final String ZOOKEEPER_ADDRESS = "localhost:2181";
    //ZooKeeper 服务器地址
    private static final int SESSION_TIMEOUT = 5000;      //会话超时时间
    private static final String NODE_PATH = "/mydata";    //节点路径
    private static final String DATA = "example data";    //要复制的数据
    public static void main(String[] args) {
        ZooKeeper zooKeeper = null;
        try {
            //创建 ZooKeeper 连接
            zooKeeper = new ZooKeeper(ZOOKEEPER_ADDRESS, SESSION_TIMEOUT, new
Watcher() {
                public void process(WatchedEvent event) {
                }
            });
            //创建节点
            List<ACL> aclList = new ArrayList<ACL>();
            Id id = new Id("world", "anyone"); //创建所有人可读写的 ACL
            aclList.add(new ACL(ZooDefs.Perms.ALL, id));
            zooKeeper.create(NODE_PATH, DATA.getBytes(), aclList, CreateMode.
EPHEMERAL); //创建 EPHEMERAL 类型的节点
            //获取节点数据
            Byte[] data = zooKeeper.getData(NODE_PATH, false, new Stat());
            //获取节点数据,不设置 watch
            //将复制数据到其他节点
            List<String> children = zooKeeper.getChildren("/", false);
            //获取根节点下的所有子节点
            for(String child : children) {
                if(!child.equals(NODE_PATH)) { //排除自身节点
                    String childPath = "/" + child + NODE_PATH; //子节点的路径
                    zooKeeper.setData(childPath, data, -1); //向所有其他节点写入数据
                }
            }
```

```
        System.out.println("数据复制成功");
    } catch (Exception ex) {
        ex.printStackTrace();
    } finally {
        try {
            zooKeeper.close();
        } catch (Exception ignore) {}
    }
    }
}
```

上述代码展示了如何在 ZooKeeper 中实现访问控制列表（ACL）和数据复制。使用 create 方法创建了一个节点，并在创建时指定了 ACL 以限制访问。在 ACL 的构造函数中，创建了一个对象，允许任何人具有该节点的权限。通过 getData 方法获取该节点的数据，并使用 setData 方法将数据复制到节点的子节点上。值得注意的是，没有将数据复制到所有节点，而是将其复制到/下的子节点，以避免将数据复制到 ZooKeeper 系统节点中。

在实际应用中，需要根据实际需求来定义更复杂的 ACL 策略和更高效的数据复制方式。例如，可以创建更细粒度的 ACL 以控制不同用户对节点的访问权限。同时，还可以使用更高级的数据复制算法来提高效率和可靠性。总之，ZooKeeper 提供了丰富的功能和灵活性，可以帮助开发人员构建分布式应用程序。

1. ZAB 协议

ZooKeeper 是一种广泛运用的分布式服务框架，ZAB（ZooKeeper Atomic Broadcast）协议在其中发挥着重要作用，用于确保数据的一致性和可靠性。尽管在网络发生分区或领导者变更时，ZAB 协议可能产生性能问题，但它在分布式系统中的应用依然广泛，尤其在需要强一致性的环境中，其优势难以忽视。

在 ZooKeeper 的集群中，每个服务器都有可能成为领导者，但为了维护整个集群的状态一致性，需要通过领导者选举（Leader Election）机制来确定领导者。当新的领导者产生后，它需要确保自己的状态与其他服务器同步，这就需要利用 Atomic Broadcast 机制。领导者负责处理客户端的请求，并将请求广播给其他服务器。只有当大多数服务器确认收到请求后，领导者才会将请求提交到自己的本地存储，并向客户端反馈结果。这种方式可以确保所有服务器的状态保持一致，从而提高整个集群的可用性和可靠性。

ZAB 协议包含恢复模式和广播模式两种运行状态。在恢复模式下，ZooKeeper 通过一种选举算法从集群中选取一个领导者节点，并利用 ZAB 协议将领导者节点的数据同步到其他所有节点。选举算法在分布式系统中是一种常见的算法，被用于选择一个节点作为系统的主节点。ZooKeeper 的选举算法采用 Paxos 算法实现，目的是选举一个领导者节点，负责协调各个节点的状态以确保数据的一致性。

在广播模式下，当领导者节点接收到写请求时，会将请求广播到其他节点进行处理，以确保数据的一致性和可靠性。广播模式是分布式系统中的一种常见通信方式，通过在网络中广播消息，可以保证消息被所有节点接收，从而从根本上确保数据的一致性。在

ZooKeeper 中,领导者节点会将写请求广播给所有节点,其他节点会相应地处理这些请求,以确保数据的一致性和可靠性。

ZooKeeper 还提供了一些先进的数据复制算法,诸如 Fast Leader Election 和 Dynamic Reconfiguration 等。这些算法能有效提升 ZooKeeper 集群的性能和可用性,让应用能够更加高效地运行。

2. Fast Leader Election

在分布式系统中,领导者选举是一项非常关键的任务。它可以帮助各个节点在协同执行任务时避免出现数据损坏、冲突和死锁等问题。Fast Leader Election 是一种高效的选举算法,它可以在几百毫秒内完成选举过程。该算法速度快、可靠性高、容错性强,非常适用于大规模分布式系统。Fast Leader Election 采用了广播、快速同步和简单的协商机制等方法,能够有效地降低选举时间和复杂度,使选举过程更加稳定和可靠,但是,由于可能会出现节点 ID 相同的情况,算法需要重新进行协商,从而增加了选举的时间和复杂度。Fast Leader Election 的具体流程是这样的:当有节点不能正常工作时,它会向其他节点发送选举消息,告知它们自己进入了选举过程。这些消息通过节点之间的通信进行转发,直到所有节点都收到该消息。接着,在一定的等待时间后,每个节点将比较自己和其他节点的 ID,选择 ID 最大的节点作为领导者。如果有多个节点的 ID 相同,则这些节点需要再次发送消息进行协商,以确定领导者。这个过程确保在系统中只有一个节点担任领导者角色,从而保证系统的稳定性和安全性。

3. Dynamic Reconfiguration

动态重配置(Dynamic Reconfiguration)是一种在运行时对计算机系统进行配置更改的技术。它可以在不关闭系统或重启服务器的情况下增加、删除或修改硬件设备、网络连接、应用程序、服务等系统组件,从而不影响正在运行的应用程序的正常工作。这种技术有多种应用场景,如添加或移除硬件设备、更改系统设置、更新软件或服务及故障排除。实现动态重配置需要具备特定的硬件和软件支持。在进行动态重配置时,需要考虑安全性、可靠性和性能等因素,因此,在对系统进行配置修改时,需要采取必要的措施来保证系统的安全性、可靠性和性能,以确保系统的连续性和一致性。总之,动态重配置是一项非常有用的技术,可以增强系统的灵活性和可用性,但需要谨慎使用。

3.3.4　选举机制

ZooKeeper 提供了用于分布式系统协调的服务。它是一个高可用性和可扩展性的系统,可以管理大规模的分布式系统。Quorum 是 ZooKeeper 集群的核心组件,由多个节点组成一个小型集群。选举算法是 Quorum 中非常重要的一部分,它基于 Paxos 协议,所有节点都有可能成为 Leader 的候选者。选举过程中,节点相互发送选举信息并接收其他节点的选举信息。若大多数节点同意提议,则该节点将成为新的 Leader,因此,保证 Leader 节点的高可用性对于集群的稳定性非常重要。当 Leader 节点宕机时,各节点通过相互通信,找到新的 Leader。选举算法依据节点编号和 zxid 来选举新的 Leader。

在分布式应用程序中，ZooKeeper 管理多个服务器，通过提供可扩展性和高度可用性的系统实现。ZooKeeper 集群确保有一个 Leader 节点，该节点负责同步所有服务器的状态和处理客户端请求。当 Leader 节点宕机时，其他节点重新选举新的 Leader。选举过程分为选择阶段和恢复阶段两个阶段。在选择阶段，每个节点尝试成为 Leader 节点，并向其他节点发送选举信息。节点会根据节点编号和接收的信息进行选举。如果选择阶段没有足够的节点选出 Leader 或者 Leader 节点发生宕机等情况，则系统将会进入恢复阶段。恢复阶段实现了两种算法，分别是 Leader 选举算法和 Fast Leader 选举算法，其中，Leader 选举算法用于正常情况下的 Leader 选举，而 Fast Leader 选举算法则用于快速选举 Leader。

1．Leader 选举的节点状态

在 ZooKeeper 的群集中，每个节点都分为 3 种状态：Leader、Follower 和 Observer。在选择阶段，只有 Follower 节点有资格参与竞选，而 Observer 节点则只接收 ZooKeeper 事务而不参与竞选。Leader 节点的职责是维护和处理客户端请求，同时协调群集中的工作并将处理结果返回客户端。每个群集中只能有一个 Leader 节点。Follower 节点是普通节点，接收来自 Leader 节点的命令并执行，如果 Leader 节点失效，则 Follower 节点参与竞选并成为新的 Leader 节点。Observer 节点提供客户端数据读取服务，但不修改数据，并缓解 Leader 节点的读取负载，从而确保系统的可扩展性和可用性。基于 ZooKeeper 的分布式系统可以使用 Observer 节点来提高读取性能，增加系统的可用性和可扩展性。例如，在分布式购物网站中，使用 Observer 节点来提供客户端读取商品信息和库存信息的服务，从而提升用户体验和满意度。同时，Leader 和 Follower 节点专注于处理写请求，以确保数据一致性和准确性。这种方法可以提高系统的可用性和可扩展性，同时提升用户体验和满意度。

2．选举算法的实现技术

ZooKeeper 的选举算法主要依赖于 Quorum 机制和 ZAB 协议，ZAB 协议在前文中已有解释，这里不重复描述，下面主要讲解 Quorum 机制。

1）Quorum 机制

在 ZooKeeper 集群中，Quorum 机制是必要手段之一，以实现高可用性。由于分布式系统中存在网络故障、硬件故障和软件故障等，这些故障会导致节点宕机，所以需要设计一种机制来保证整个系统可用。Quorum 机制是一种常见的实现高可用性的手段，核心思想是只有当超过一半的节点处于活动状态时，集群才能正常工作。因为节点在进行数据读写操作时需要相互协调和同步，如果节点不足半数则无法进行协调和同步，会导致系统故障。在 5 个节点构成的 ZooKeeper 集群中，只要 3 个及以上的节点处于运行状态，集群才能正常工作。若少于 3 个节点处于运行状态，则整个集群将无法提供服务。

在 ZooKeeper 集群中，每个节点都有编号，编号越大，节点在集群中的地位越高，投票权也越大。节点在参与投票时，需要与其他节点建立连接并发送投票请求，每个节点都有一个投票箱，用于记录已收到的投票结果。其他节点对该请求进行投票并返给发起请求的节点。发起请求的节点会记录投票箱中的投票结果，一旦超过半数的节点投票通过，该请求就会被认为是通过的。

Quorum 机制的优点是可以快速恢复系统的正常运行,特别是当节点宕机时。当一个节点宕机时,集群中的其他节点会检测到该节点的失效,并重新进行投票。如果投票结果表明当前节点不再是集群的一部分,则集群就会删除该节点并重新选举新的主节点,从而保证了系统的高可用性。

Java 中的 ZooKeeper 客户端提供了一些方法来支持 Quorum 机制,例如使用 Session API 来检测节点的状态,根据节点状态做出相应的处理,或使用 Watcher API 来监控节点的事件,在节点出现故障时及时处理。

Apache Kafka 是一个开源的分布式消息系统,使用 Quorum 机制实现高可用性。在 Kafka 中,一个主题可以分为多个分区,每个分区可以有多个副本。每个副本都是一个 ZooKeeper 节点,它们使用 Quorum 机制进行同步和协调,确保系统的高可用性。如果一个 ZooKeeper 节点宕机,则其他节点可以重新进行投票并选举出新的主节点。这样,Kafka 系统就可以快速恢复,从而保证了系统的高可用性。

在实战案例中,可使用 Curator 框架和 ZooKeeper 实现分布式锁。Curator 提供高级 API 简化使用 ZooKeeper 的操作,其中分布式锁是 Curator 的一个重要功能。通过基于 ZooKeeper 节点版本号的实现,监控节点版本号的变化,Curator 能够实现锁的获取和释放。Curator 还使用了 Quorum 机制和 ZAB 协议确保锁的一致性和可靠性,即使在网络故障或节点故障的情况下,锁也能够正常工作。使用 Curator 和 ZooKeeper,可以轻松地实现分布式锁并保证数据的一致性和可靠性。

在实际应用场景中,ZooKeeper 的选举机制常常会遭遇"脑裂""假死"及选举时间过长的问题。

2)脑裂问题

ZooKeeper 脑裂问题是指在集群中的部分节点之间出现无法通信的情况,导致多个节点同时成为集群的主节点,从而引发数据不一致和服务不可用的情况。如果集群中的不同部分在同一时间都认为自己是活动的,就会出现脑裂症状。例如当一个 cluster 里有两个节点,它们需要选出一个 Master,当它们之间的通信完全没有问题时,就会选出其中的一个作为 Master,但是,如果它们之间的通信出现问题,则两个节点都会认为没有 Master,因此每个节点都会自己选举自己成为 Master,导致集群里出现两个 Master 的情况。

解决 ZooKeeper 脑裂问题的方法包括以下几种:

(1)使用 ZooKeeper 3.5.x 版本的新特性,如动态重配置、自动选举 Leader 等,可有效减少脑裂问题的发生。

(2)在部署 ZooKeeper 时,将节点数设置为奇数个,如 3、5、7 等,避免出现分裂的情况。

(3)使用虚拟 IP(Virtual IP)等技术,将多个 ZooKeeper 节点绑定到同一个 IP 地址上以实现高可用性和负载均衡,尽可能避免节点之间的通信故障。

(4)定期监测 ZooKeeper 集群状态,识别并处理失效节点,进行维护和修复。

(5)根据不同的场景和应用,采用不同的解决方案,如使用分布式锁、消息队列等技术来避免脑裂问题的发生。

（6）添加心跳线，即在两个 namenode 之间加入两条心跳线路，当一条断开时仍然能够接收心跳报告，从而保证集群服务正常运行。

（7）启用磁盘锁，保证集群中只有一台 namenode 获取磁盘锁，对外提供服务，避免数据错乱的情况。在 HA 上使用"智能锁"，即当 active 的 namenode 检测到了心跳线全部断开时才启动磁盘锁，正常情况下不上锁，从而保证了假死状态下仍然只有一台 namenode 的节点提供服务。

（8）设置仲裁机制，如提供一个参考的 IP 地址，当出现脑裂现象时，双方接收不到对方的心跳机制，但是能同时 ping 参考 IP，如果有一方 ping 不通，则表示该节点网络已经出现问题，则该节点需要自行退出争抢资源的行列，或者更好的方法是直接强制重启，这样能更好地释放曾经占有的共享资源，将服务的提供功能让给功能更全面的 namenode 节点。

3）假死问题

心跳超时可能是由于 Master 故障或与 ZooKeeper 间的网络问题而导致的。在这种情况下，ZooKeeper 可能会误判 Master 已经失效并通知其他节点切换，称为"假死"。实际上，Master 并未真正死亡，而是因为与 ZooKeeper 之间的网络问题而导致的误判。在这种情况下，一个 Slave 节点将成为新的 Master，而原始 Master 并未真正死亡，然而，如果部分客户端连接到新 Master，而其他客户端仍连接到原 Master，则可能会导致数据不一致问题，特别是在这两个客户端试图更新同一数据时。

ZooKeeper 假死问题通常是由于节点或集群过载、网络问题或硬件故障等原因导致的。它指的是 ZooKeeper 的某些节点或整个集群停止响应，但节点或集群的进程仍在运行。

ZooKeeper 脑裂问题是指 ZooKeeper 集群中不同节点之间出现网络分区甚至物理分离，导致节点无法通信，从而导致数据不一致或服务中断问题。通常是由于网络故障、硬件故障或错误的配置等原因导致的。

总之，ZooKeeper 假死问题和 ZooKeeper 脑裂问题都可能导致 ZooKeeper 集群出现问题，但它们的原因和表现方式略有不同。在实际应用中，需要采取不同的措施来避免这两类问题的出现，并及时处理问题以确保集群的正常运行。

ZooKeeper 假死问题是一种常见的故障，通常是由以下原因导致的。首先，网络问题可能导致 ZooKeeper 集群节点无法正常同步状态。其次，磁盘空间不足可能会导致 ZooKeeper 无法正常工作，因为 ZooKeeper 的快照和日志文件可能会占用大量磁盘空间。此外，过度负载也可能导致 ZooKeeper 无法及时响应客户端请求。最后，内存不足可能会导致 ZooKeeper 无法正常工作。

为了解决 ZooKeeper 假死问题，需要采取一些措施。首先，应检查集群节点之间的网络连接，确保它们正常，没有网络问题。其次，需要定期清理 ZooKeeper 的快照和日志文件来释放磁盘空间。另外，应该实施负载均衡策略，将客户端请求分散至不同的 ZooKeeper 节点，以降低负载。最后，增加 ZooKeeper 集群节点的内存容量可以提高其运行效率，应该考虑这一点来解决内存不足问题。通过这些措施，可以有效地解决 ZooKeeper 假死问题，确保其运行正常。

4）选举时间过长

ZooKeeper 提供了在分布式系统中用于协调和管理大规模集群的服务。在 ZooKeeper 的协调系统中，只有一个核心节点，即 Leader，能够进行写操作，而其他节点（称为追随者），只能处理读取操作。当 Leader 节点出现故障或者网络问题时，系统需要重新选择新的 Leader 节点。选择过程可能会需要一定的时间，如果这个过程过长，则可能会对服务的可用性产生负面影响。为了应对这个问题，提出了选举前提供服务的策略。这种策略意味着，在 Leader 节点出现故障或者网络问题时，所有的追随者节点都有机会参与到 Leader 节点的选举中来，每个节点都可以在一段时间内负责 Leader 节点的服务，直到新的 Leader 节点被选举出来。这种策略可以提高系统的可用性和稳定性，确保服务不会因为选举过程耗时过长而中断。一个实际的例子是在 Hadoop 分布式文件系统中使用 ZooKeeper 进行主从节点的选举和故障切换。例如，当主节点发生故障或者网络问题时，ZooKeeper 可以协助系统重新选择新的主节点，而从节点可以在短时间内接管主节点的服务，保证服务的持续性。通过这种方式，Hadoop 分布式文件系统可以实现高度的可用性和容错性。

5）优化方案

ZooKeeper 是一个分布式的协调服务，具有高可用性和容错性。在提高 ZooKeeper 可用性方面，可以采取以下措施。

（1）部署多个节点：ZooKeeper 集群中至少需要部署 3 个节点，这样才能保证高可用性和容错性。在出现节点宕机时，其他节点仍然能够维护服务。

（2）配置合理的选举超时时间：选举超时时间是指一个节点在等待其他节点的选举消息时，超过这段时间就会开始新的选举过程。需要根据实际情况，合理配置选举超时时间。

（3）限制最大投票数：为了防止某个节点独占选举，可以限制每个节点的最大投票数。在选举过程中，每个节点只能投票给少数其他节点，从而保证选举的公正性。

（4）选择合适的硬件设备：ZooKeeper 的高可用性需要依赖于稳定的硬件设备支持。在选择硬件设备时需要充分考虑其可靠性、性能和稳定性等因素。

（5）使用合适的数据存储方式：ZooKeeper 使用磁盘存储数据，因此磁盘的性能和稳定性也是影响 ZooKeeper 可用性的重要因素。在选择磁盘存储方式时需要考虑其性能和稳定性等因素。

（6）合理设置超时时间和会话时间：ZooKeeper 的超时时间和会话时间也会影响其可用性。需要根据具体场景进行合理配置，超时时间过短或会话时间过长都可能会导致系统的性能和可用性下降。

通过以上措施的实施，可以进一步提高 ZooKeeper 的可用性，保证系统服务的稳定性和高效性。

3. 多数派投票机制

ZooKeeper 通过多数派投票机制保障分布式系统的安全性与可靠性。具体而言，ZooKeeper 将分布式系统节点分为 Leader 与 Follower 两种角色，Leader 负责管理与调度整个系统，Follower 负责接收 Leader 指令并执行。若 Leader 出现故障，ZooKeeper 会自动重新选举新的 Leader。

以系统中存在 5 个节点为例，需 3 个节点参与投票以达成多数派。如 2 个节点投票支持某节点，则该节点将成为新 Leader。同时，ZooKeeper 支持 ACL（Access Control List）机制以控制节点访问与操作权限，从而确保分布式系统安全。

以下是一个简单的 Java 代码示例，演示如何使用 ZooKeeper 实现 Leader 选举，代码如下：

```java
//第 3 章/3.3.4 使用 ZooKeeper 实现 Leader 选举
import org.apache.zookeeper.*;
import org.apache.zookeeper.data.Stat;
import java.io.IOException;
public class ZookeeperLeaderElection implements Watcher {
    private static final String ZOOKEEPER_ADDRESS ="localhost:2181";
        //定义 ZooKeeper 的地址
    private static final int SESSION_TIMEOUT =3000;  //定义超时时间
    private static final String ELECTION_NODE ="/election";  //定义选举节点
    private static final String NODE_PREFIX ="/node_";  //定义节点前缀
    private ZooKeeper zooKeeper;  //创建 ZooKeeper 客户端对象
    private String currentNodePath;  //当前节点路径
    //连接 ZooKeeper
    public void connect() throws IOException, InterruptedException, KeeperException {
        this.zooKeeper = new ZooKeeper (ZOOKEEPER_ADDRESS, SESSION_TIMEOUT,
this);  //创建 ZooKeeper 客户端对象
        Stat stat =zooKeeper.exists(ELECTION_NODE, false);  //检查选举节点是否存在
        if (stat ==null) {  //如果不存在,则创建该节点
           zooKeeper.create(ELECTION_NODE, new Byte[0], ZooDefs.Ids.OPEN_ACL_
UNSAFE, CreateMode.PERSISTENT);
        }
        this.currentNodePath =zooKeeper.create(ELECTION_NODE +NODE_PREFIX, new
Byte[0], ZooDefs.Ids.OPEN_ACL_UNSAFE, CreateMode.EPHEMERAL_SEQUENTIAL);
    }
    //进行选举
    public void runForLeader() throws KeeperException, InterruptedException {
        Stat predecessorStat =null; //定义"前任"信息
        while (predecessorStat ==null) {  //如果"前任"信息为空
            String[] subNodes = zooKeeper.getChildren(ELECTION_NODE, false).
toArray(new String[0]);  //获取选举节点下所有的子节点
            String smallestNodePath =findSmallestNodePath(subNodes);
            //找到编号最小的子节点
            String predecessorNodePath =ELECTION_NODE +"/" +smallestNodePath;
            //获取"前任"节点的完整路径
            predecessorStat =zooKeeper.exists(predecessorNodePath, true);
            //检查"前任"节点是否存在
        }
    }
    //查找编号最小的子节点
    private String findSmallestNodePath(String[] subNodes) {
```

```
            String smallestNodePath =subNodes[0];
            //假设子节点数组的第 1 个节点编号最小
            for (int i =1; i <subNodes.length; i++) {   //从第 2 个节点开始比较
                if (subNodes[i].compareTo(smallestNodePath) <0) {
                //如果编号更小则更新最小节点路径
                    smallestNodePath =subNodes[i];
                }
            }
            return smallestNodePath;
        }
        //关闭客户端
        public void close() throws InterruptedException {
            this.zooKeeper.close();
        }
        @Override
        public void process(WatchedEvent event) {   //处理事件
            switch (event.getType()) {
                case None:
                    if (event.getState() ==Event.KeeperState.SyncConnected) {
    //如果连接成功
                        System.out.println("Connected to Zookeeper");   //打印连接成功信息
                    } else {   //如果连接失败
                        synchronized (zooKeeper) {   //加锁
                            zooKeeper.notifyAll();   //唤醒等待线程
                        }
                    }
                    break;
                case NodeDeleted:   //如果监听到"前任"节点被删除
                    try {
                        runForLeader();   //重新进行选举
                    } catch (KeeperException | InterruptedException e) {
                        e.printStackTrace();
                    }
                    break;
            }
        }
    public static void main(String[] args) {   //主函数
        try {
            ZookeeperLeaderElection zookeeperLeaderElection =new
    ZookeeperLeaderElection();   //创建 ZookeeperLeaderElection 对象
            zookeeperLeaderElection.connect();   //连接 ZooKeeper
            zookeeperLeaderElection.runForLeader();   //进行选举
            Thread.sleep(Long.MAX_VALUE);   //让主线程等待(避免程序退出)
            zookeeperLeaderElection.close();   //关闭客户端
        } catch (IOException | InterruptedException | KeeperException e) {
            e.printStackTrace();
        }
    }
  }
}
```

在此示例中,使用了 EPHEMERAL_SEQUENTIAL 创建临时节点,并将节点路径存储于其中。此节点名称以 NODE_PREFIX 开头,随后改为由 ZooKeeper 自动生成的序列号。ZooKeeper 根据节点序列号大小确定新的 Leader。

节点启动时,将连接至 ZooKeeper 并创建临时节点。接着,在/election 目录下寻找最小节点。若当前节点为最小,则输出信息表示已成为 Leader,否则监听上一节点状态,当其被删除后尝试再次成为 Leader。

3.3.5　客户端连接池

ZooKeeper 客户端连接的管理方式包括单连接方式、多连接方式和连接池方式,其中,单连接方式指应用程序只创建一个 ZooKeeper 连接,并使用该连接进行所有访问,虽然简单且易于管理,但一旦连接出现故障,整个应用程序都将崩溃。多连接方式指应用程序创建多个 ZooKeeper 连接,将访问分散在这些连接中,虽然可以提高可用性,但增加了管理成本和开销,也可能导致 ZooKeeper 服务器负载过重。连接池方式则利用连接池来管理 ZooKeeper 连接,既避免了单连接方式的故障问题,又降低了多连接方式的管理成本和开销。

在 ZooKeeper 客户端连接的可用性调优方面,应该采取以下几方面措施：首先,应设置超时时间来避免连接过长时间(无响应)而导致关闭。其次,应使用异步 API 提高可用性,同时也可以使用 watcher 机制,在节点状态发生变化时得到通知,以及时更新应用程序的状态。最后,应避免频繁连接 ZooKeeper 服务器,因为这可能导致服务器负载过重。可以利用连接池等方式管理连接,减少连接开销,提高 ZooKeeper 客户端连接的可用性。

连接管理是使用 ZooKeeper 客户端的重要资源,一旦管理不当,可能会导致性能下降和资源泄漏等问题。为了规避这些问题,可以使用 Apache Curator 提供的连接池技术来管理 ZooKeeper 客户端的连接。Curator 连接池可以在应用程序中维护一组 ZooKeeper 客户端连接,并将它们提供给需要的代码块。这种方法能够避免频繁地创建和销毁连接,减少网络负载和 ZooKeeper 服务的压力。在 Java 中,可以使用 CuratorFrameworkBuilder 类来创建连接池,并通过设置 maxTotal 和 maxWaitMillis 两个参数来控制连接池的大小和等待时间,代码如下：

```
//使用 CuratorFrameworkFactory 创建 CuratorFramework 客户端对象
CuratorFramework client =CuratorFrameworkFactory.builder()
    //指定连接的 ZooKeeper 服务器地址
    .connectString("localhost:2181")
    //将重试策略设置为指数补偿重试,最多重试 3 次,每次重试间隔 1000ms
    .retryPolicy(new ExponentialBackoffRetry(1000, 3))
    //将连接超时时间设置为 5000ms
    .connectionTimeoutMs(5000)
    //将会话有效期设置为 5000ms
    .sessionTimeoutMs(5000)
    //将连接超时时间设置为 5000ms
```

```
    .connectionTimeoutMs(5000)
    //构建 CuratorFramework 客户端对象
    .build();
//启动客户端
client.start();
```

在本示例中,通过默认的 Curator 连接池进行设置,即将最大连接数设置为 8,将最大等待时间设置为 1s,获得 ZooKeeper 客户端连接,然后执行所需的操作。如果需要更改这些参数,则可以在 builder()方法中使用相应的方法进行更改。

在实际应用程序中,使用 Curator 连接池可以方便地管理 ZooKeeper 连接。Curator 连接池可以自动检测连接是否可用,并在需要时重新创建连接。通过 Curator 连接池可以避免在高并发环境中频繁地创建和关闭 ZooKeeper 连接,从而提高系统的性能和稳定性。

以下示例展示了如何使用 Curator 连接池获取 ZooKeeper 客户端连接并创建一个新的 ZNode 节点,代码如下:

```
//第 3 章/3.3.5 使用 Curator 连接池获取 ZooKeeper 客户端连接并创建一个新的 ZNode 节点
//创建 CuratorFramework 实例,用于连接 ZooKeeper
CuratorFramework client = CuratorFrameworkFactory.builder()
    .connectString("localhost:2181") //ZooKeeper 连接地址及端口
    .retryPolicy(new ExponentialBackoffRetry(1000, 3))
    //重试策略:每次等待时间的增加以幂指数递增,最多重试 3 次
    .connectionTimeoutMs(5000) //连接超时时间
    .sessionTimeoutMs(5000) //会话超时时间
    .connectionTimeoutMs(5000) //连接超时时间(重复设置,似乎是个错误)
    .build(); //构建 CuratorFramework 实例
//启动 CuratorFramework
client.start();
//使用 CuratorFramework 创建新节点,并进行重试
try (RetryLoop retryLoop = client.getZookeeperClient().newRetryLoop()) {
    while (retryLoop.shouldContinue()) {
        try {
            client.create().forPath("/path/to/new/node", "data".getBytes());
//在指定路径创建新节点,并存储数据
            retryLoop.markComplete(); //标记操作完成
        } catch (KeeperException.ConnectionLossException e) {
            retryLoop.takeException(e); //出现连接异常时进行重试
        }
    }
}
```

本示例使用 try-with-resources 语句获取 ZooKeeper 客户端连接并执行操作。这种方法可以确保在结束时自动关闭连接,并且不需要编写烦琐的关闭连接代码。Curator 库使用了这种技术,并在连接失败时自动尝试重试操作,直到达到最大重试次数或操作成功为止,因此,开发人员无须担心连接问题,只需专注于业务逻辑的实现。使用 try-with-resources 语句和 Curator 库可以使代码变得更加简洁、易于维护和安全。

  Curator 提供了两种连接池，分别为 ThreadedConnectionPool 和 CuratorServiceDiscovery，其中，ThreadedConnectionPool 是一种基本的连接池，可管理多个 ZooKeeper 客户端连接实例，支持对这些实例进行分组管理，并支持动态增加和删除连接操作；而 CuratorServiceDiscovery 是一种服务发现的连接池，用于管理 ZooKeeper 中的服务注册信息，它能够实现动态发现和更新这些信息。以下是使用 Curator 连接池管理 ZooKeeper 客户端连接的案例，代码如下：

```java
//第 3 章/3.3.5 使用 Curator 连接池管理 ZooKeeper 客户端连接
//Curator 连接池类
public class CuratorConnectionPool {
        //ZooKeeper 地址
    private static final String ZK_ADDRESS ="127.0.0.1:2181";
    //最大连接数
    private static final int MAX_CONNECTIONS =10;
    //Curator 客户端实例
    private final CuratorFramework client;
    //连接池实例
    private final ThreadedConnectionPool<CuratorFramework>pool;
    //构造函数,初始化 Curator 客户端和连接池
    public CuratorConnectionPool() {
            //重试策略
        RetryPolicy retryPolicy =new ExponentialBackoffRetry(1000, 3);
        //创建 Curator 客户端实例
        client =CuratorFrameworkFactory.newClient(ZK_ADDRESS, retryPolicy);
        //启动客户端
        client.start();
        //创建连接池实例
        pool =new ThreadedConnectionPool<CuratorFramework>(client,
MAX_CONNECTIONS);
        //启动连接池
        pool.start();
    }
    //获取连接池中的 Curator 客户端实例
    public CuratorFramework getClient() throws Exception {
        return pool.borrowObject();
    }
    //释放连接池中的 Curator 客户端实例
    public void releaseClient(CuratorFramework client) {
        pool.returnObject(client);
    }
    //关闭连接池和 Curator 客户端
    public void close() {
        pool.close();
        client.close();
    }
    //主函数,测试连接池
    public static void main(String[] args) throws Exception {
```

```
                //创建连接池实例
        CuratorConnectionPool connectionPool =new CuratorConnectionPool();
        //获取连接池中的 Curator 客户端实例
        CuratorFramework client =connectionPool.getClient();
        //使用 client 进行 ZooKeeper 操作
                        //释放连接池中的 Curator 客户端实例
        connectionPool.releaseClient(client);
        //关闭连接池和 Curator 客户端
        connectionPool.close();
    }
}
```

在上述代码中,首先创建了一个 Curator 客户端连接对象,并使用 ThreadedConnectionPool 进行封装,然后从连接池中获取可用的客户端连接对象,使用完毕后再归还连接对象。最后,关闭连接池和客户端连接。这种方式可以方便地管理多个 ZooKeeper 客户端连接对象,以提高系统性能和健壮性。

3.3.6　可扩展性

使用分层结构可以将 ZooKeeper 集群分为多个层级,每个层级都有自己的 ZooKeeper 节点,从而实现集群的扩展能力。节点的增加方式可以是在同一层级下增加节点,也可以新增层级并在该层级下增加节点。以下是一个示例,演示如何使用 ZooKeeper 的分层结构和节点的增加方式,代码如下:

```
//第 3 章/3.3.6 使用 ZooKeeper 的分层结构和节点的增加方式
import org.apache.zookeeper.*;
public class ZooKeeperDemo {
    private static final int SESSION_TIMEOUT =3000; //会话超时时间
    private static final String CONNECT_STRING ="localhost:2181,localhost:2182,
localhost:2183"; //连接 ZooKeeper 服务的主机列表,多个主机使用逗号分隔
    private static final String ROOT_PATH ="/my_cluster"; //定义根节点路径
    public static void main(String[] args) throws Exception {
        //创建 ZooKeeper 客户端对象
         ZooKeeper zooKeeper = new ZooKeeper(CONNECT_STRING, SESSION_TIMEOUT,
null);
        System.out.println("ZooKeeper session established."); //输出连接成功信息
        //创建根节点
        if (zooKeeper.exists(ROOT_PATH, false) ==null) {
        //如果根节点不存在则创建根节点
            zooKeeper.create(ROOT_PATH, null, ZooDefs.Ids.OPEN_ACL_UNSAFE,
CreateMode.PERSISTENT);
        }
        //在根节点下创建子节点
        String node1Path =ROOT_PATH +"/node1";
        String node2Path =ROOT_PATH +"/node2";
        String node3Path =ROOT_PATH +"/node3";
```

```
            if (zooKeeper.exists(node1Path, false) ==null) {
            //如果子节点 1 不存在则创建子节点 1
                zooKeeper.create (node1Path, null, ZooDefs.Ids.OPEN_ACL_UNSAFE,
CreateMode.PERSISTENT);
            }
            if (zooKeeper.exists(node2Path, false) ==null) {
            //如果子节点 2 不存在则创建子节点 2
                zooKeeper.create (node2Path, null, ZooDefs.Ids.OPEN_ACL_UNSAFE,
CreateMode.PERSISTENT);
            }
            if (zooKeeper.exists(node3Path, false) ==null) {
            //如果子节点 3 不存在则创建子节点 3
                zooKeeper.create (node3Path, null, ZooDefs.Ids.OPEN_ACL_UNSAFE,
CreateMode.PERSISTENT);
            }
            zooKeeper.close(); //关闭 ZooKeeper 客户端连接
        }
}
```

在此例中，首先需与 ZooKeeper 集群建立连接。若根节点不存在，则创建之。接着在根节点下创建 3 个子节点。在此情况下，ZooKeeper 集群为一层结构，各节点均处于同一层级，不存在其他层级。如需构建多层结构的 ZooKeeper 集群或在现有层级下添加新节点，则可按需调整。

3.4 ZooKeeper 数据模型

ZooKeeper 的树形结构以类似文件系统路径的方式进行组织，各节点均可存储数据，并且每个节点具有唯一路径。以下是一个基本的示例，用于创建一个 ZooKeeper 节点并存储数据，代码如下：

```
//第 3 章/3.4 创建一个 ZooKeeper 节点并存储数据
import org.apache.zookeeper.*;
public class ZookeeperExample {
    private static final String ZOOKEEPER_ADDRESS ="localhost:2181";
    private static final int SESSION_TIMEOUT =3000;
    public static void main(String[] args) throws Exception {
        //创建一个 ZooKeeper 客户端实例
        ZooKeeper zooKeeper =new ZooKeeper(ZOOKEEPER_ADDRESS, SESSION_TIMEOUT, null);
        //创建一个节点并设置数据
        String nodePath ="/myNode";
        Byte[] data ="Hello World".getBytes();
            zooKeeper.create (nodePath, data, ZooDefs.Ids.OPEN_ACL_UNSAFE,
CreateMode.PERSISTENT);
        //读取节点的数据
        Byte[] nodeData =zooKeeper.getData(nodePath, false, null);
```

```
            System.out.println(new String(nodeData));
            //关闭 ZooKeeper 客户端实例
            zooKeeper.close();
        }
    }
```

在上述示例中，首先创建了一个 ZooKeeper 客户端实例，继而使用 create 方法创建了一个名为/myNode 的节点，并将其数据设置为 Hello World。随后，使用 getData 方法读取节点数据并在控制台输出。最后，调用 close 方法关闭 ZooKeeper 客户端实例，释放资源。

ZooKeeper 的 API 还提供了其他操作节点的方法，如删除、修改及监听节点等。这些方法皆基于类似于文件系统路径的结构进行操作。

3.5　ZooKeeper API

以下是一个简单的 Java 代码示例，演示如何使用 ZooKeeper API 创建一个 Znode 并监听其变化，代码如下：

```java
//第 3 章/3.5 使用 ZooKeeper API 创建一个 Znode 并监听其变化
import java.io.IOException;
import org.apache.zookeeper.*;
import org.apache.zookeeper.data.Stat;
public class ZookeeperClient {
    private static final String ZOOKEEPER_HOST = "localhost:2181";
    private static final int SESSION_TIMEOUT = 3000;
    private static final String ZNODE_PATH = "/test";
    public static void main(String[] args) throws IOException, InterruptedException,
KeeperException {
        //创建一个 ZooKeeper 客户端
        ZooKeeper zk = new ZooKeeper(ZOOKEEPER_HOST, SESSION_TIMEOUT, new Watcher() {
            public void process(WatchedEvent we) {
                System.out.println("Watcher fired: " + we.toString());
            }
        });
        //创建一个节点
        String createdPath = zk.create(ZNODE_PATH, "testdata".getBytes(),
ZooDefs.Ids.OPEN_ACL_UNSAFE, CreateMode.PERSISTENT);
        //从节点中读取数据
        Byte[] data = zk.getData(ZNODE_PATH, null, null);
        System.out.println("Data read from Znode: " + new String(data));
        //在 Znode 上设置数据更改监视器
        Stat stat = zk.exists(ZNODE_PATH, new Watcher() {
            public void process(WatchedEvent we) {
                System.out.println("Znode modified: " + we.toString());
            }
        });
```

```
//更新 Znode 中的数据
zk.setData(ZNODE_PATH, "newdata".getBytes(), stat.getVersion());
//Wait for a Znode modification event
Thread.sleep(5000);
//删除节点
zk.delete(ZNODE_PATH, stat.getVersion());
//关闭 ZooKeeper 客户端
zk.close();
    }
}
```

在这个例子中，首先创建了一个新的 ZooKeeper 客户端，并使用它创建了一个持久化的 Znode，然后从 Znode 中读取数据，并设置了一个监视器以侦听 Znode 的数据更改。接下来，更新 Znode 中的数据，并等待 5s，以便监视器有时间处理数据，进而更改事件。最后，删除 Znode 并关闭 ZooKeeper 客户端。注意，ZooKeeper API 的异常是被抛出而不是捕获的，因此开发人员应该在代码中实现异常处理程序。

3.6　ZooKeeper 应用场景

ZooKeeper 是一种高性能的分布式协调服务，可提供分布式锁、分布式任务调度及配置管理等功能。以下为一些使用 ZooKeeper 实现这些功能的代码示例。

3.6.1　分布式任务调度

分布式任务调度旨在将要执行的任务分配到不同的节点中，以实现任务的并行执行。在分布式系统中，任务调度器需要能够管理和调度大量任务，同时还需要具有高可用性和容错性以应对任何节点的故障，因此，使用 ZooKeeper 实现分布式任务调度可以有效地解决这些问题。

在使用 ZooKeeper 实现分布式任务调度时，需要将任务信息写入 ZooKeeper 的某个节点上。每个节点可以通过 watch 机制订阅该节点的更新事件，从而获取最新的任务信息。一旦有新任务到来，每个节点都可以竞争获取该任务并执行。此外，使用 ZooKeeper 的分布式锁机制可以保证每个任务只被一个节点获取和执行，避免了重复执行的问题。

下面介绍一个基于 ZooKeeper 的分布式任务调度的 Java 实战案例。

假设在一个分布式系统中需要定期执行一些任务，例如每天凌晨 1 点执行一个任务。为了实现这个任务调度，可采用 ZooKeeper。

首先，创建一个 ZooKeeper 客户端，并连接到 ZooKeeper 服务器，代码如下：

```
//第 3 章/3.6.1 创建一个 ZooKeeper 客户端，并连接到 ZooKeeper 服务器
import java.io.IOException;
import org.apache.zookeeper.WatchedEvent;
import org.apache.zookeeper.Watcher;
```

```
import org.apache.zookeeper.ZooKeeper;
//定义 ZooKeeper 客户端类
public class ZookeeperClient implements Watcher {
    private ZooKeeper zooKeeper;
    private String connectString;
    //构造方法
    public ZookeeperClient(String connectString) {
        this.connectString =connectString;
    }
    //连接到 ZooKeeper 服务器
    public void connect() throws IOException {
        zooKeeper =new ZooKeeper(connectString, 5000, this);
    }
    //关闭 ZooKeeper 客户端连接
    public void close() throws InterruptedException {
        zooKeeper.close();
    }
    @Override
    //实现 Watcher 接口的 process 方法,用于处理 ZooKeeper 的事件通知
    public void process(WatchedEvent event) {
        //打印接收的事件类型
        System.out.println("Received event: " +event.getType());
    }
}
```

接着,创建一个节点,并在该节点上写入任务信息,代码如下:

```
//第 3 章/3.6.1 创建一个节点,并在该节点上写入任务信息
//导入相关包
import org.apache.zookeeper.CreateMode;
import org.apache.zookeeper.KeeperException;
//定义任务调度类
public class TaskScheduler {
    //任务节点的路径
    private static final String TASK_NODE_PATH ="/tasks";
    //Zookeeper 客户端
    private ZookeeperClient zkClient;
    //构造函数初始化客户端
    public TaskScheduler(ZookeeperClient zkClient) {
        this.zkClient =zkClient;
    }
    //调度任务函数
     public void scheduleTask(String cronExpression, String taskData) throws
KeeperException, InterruptedException {
        //创建任务节点,存储任务数据
        String taskPath =zkClient.getZooKeeper().create(TASK_NODE_PATH +"/task
-", taskData.getBytes(), ZooDefs.Ids.OPEN_ACL_UNSAFE, CreateMode.PERSISTENT_
SEQUENTIAL);
        //打印任务节点路径,以供检查
```

```
        System.out.println("Created task node: " +taskPath);
    }
}
```

在每个节点中，可以创建一个 Watcher 来监听任务节点的变化，并获取最新的任务信息，代码如下：

```
//第 3 章/3.6.1 创建一个 Watcher 来监听任务节点的变化，并获取最新的任务信息
import java.util.List;
import org.apache.zookeeper.WatchedEvent;
import org.apache.zookeeper.Watcher;
import org.apache.zookeeper.ZooKeeper;
import org.apache.zookeeper.data.Stat;
public class TaskExecutor implements Watcher {
    //定义任务节点的路径
    private static final String TASK_NODE_PATH ="/tasks";
    //定义 ZooKeeper 客户端实例
    private ZooKeeper zooKeeper;
    //构造函数
    public TaskExecutor(ZooKeeper zooKeeper) {
        this.zooKeeper =zooKeeper;
    }
    //执行任务
    public void executeTasks() throws KeeperException, InterruptedException {
        //监听任务节点的更新事件
        List<String>taskNodes =zooKeeper.getChildren(TASK_NODE_PATH, this);
        for (String taskNode : taskNodes) {
            //构造任务的完整路径
            String taskPath =TASK_NODE_PATH +"/" +taskNode;
            //获取任务数据
            Byte[] taskData =zooKeeper.getData(taskPath, this, new Stat());
            //输出任务信息
            System.out.println("Received task: " +new String(taskData));
        }
    }
    @Override
    public void process(WatchedEvent event) {
        //如果任务节点的子节点发生了变化，则重新执行任务
        if (event.getType() ==Event.EventType.NodeChildrenChanged) {
            try {
                executeTasks();
            } catch (KeeperException | InterruptedException e) {
                e.printStackTrace();
            }
        }
    }
}
```

最后，在每个节点上启动一个 TaskExecutor 来执行任务，并在一个单独的线程中定期

调用 TaskScheduler 来添加新任务,代码如下:

```
//第 3 章/3.6.1 在每个节点上启动一个 TaskExecutor 来执行任务,并在一个单独的线程中定期
//调用 TaskScheduler 来添加新任务
import java.io.IOException;
import java.util.concurrent.Executors;
import java.util.concurrent.ScheduledExecutorService;
import java.util.concurrent.TimeUnit;
import org.apache.zookeeper.KeeperException;
public class Main {
    //定义 ZooKeeper 服务器地址
    private static final String ZK_SERVERS = "localhost:2181";
    public static void main(String[] args) throws IOException, KeeperException,
InterruptedException {
        //连接 ZooKeeper 服务器
        ZookeeperClient zkClient = new ZookeeperClient(ZK_SERVERS);
        zkClient.connect();
        //开始任务执行器
        TaskExecutor taskExecutor = new TaskExecutor(zkClient.getZooKeeper());
        taskExecutor.executeTasks();
        //创建任务调度器
        TaskScheduler taskScheduler = new TaskScheduler(zkClient);
        //创建定时任务执行器
        ScheduledExecutorService executorService =
Executors.newSingleThreadScheduledExecutor();
        //每天定时执行任务调度器中的 scheduleTask 方法
        executorService.scheduleAtFixedRate(() ->{
            try {
                taskScheduler.scheduleTask("0 0 1 * * ?", "Task data");
                //提交定时任务
            } catch (KeeperException | InterruptedException e) {
                e.printStackTrace();
            }
        }, 0, 1, TimeUnit.DAYS);
    }
}
```

这个案例展示了如何使用 ZooKeeper 实现分布式任务调度,并处理 ZooKeeper 节点的变化事件。通过这种方式,可以有效地实现任务的分配和执行,以提高系统的效率和可靠性。

3.6.2　分布式锁

在分布式系统中,分布式锁是一个至关重要的机制,可以保证多个节点之间的同步性和一致性。ZooKeeper 是一个非常常用的工具,可以用来实现分布式锁。下面是一个使用 ZooKeeper 实现分布式锁的 Java 示例,代码如下:

```java
//第 3 章/3.6.2 使用 ZooKeeper 实现分布式锁
/**
 * 分布式锁实现类
 */
public class DistributedLock {
    private final ZooKeeper zooKeeper;        //ZooKeeper 客户端
    private final String lockPath;            //锁目录路径
    private final String lockName;            //锁名称
    /**
     * DistributedLock 构造方法,传入 ZooKeeper 客户端,锁目录路径和锁名称
     * @param zooKeeper ZooKeeper 客户端
     * @param lockPath 锁目录路径
     * @param lockName 锁名称
     */
    public DistributedLock (ZooKeeper zooKeeper, String lockPath, String
lockName) {
        this.zooKeeper =zooKeeper;
        this.lockPath =lockPath;
        this.lockName =lockName;
    }
    /**
     * 加锁方法,使用 while 循环阻塞等待获取锁,直到获取锁为止
     * @throws KeeperException
     * @throws InterruptedException
     */
    public void lock() throws KeeperException, InterruptedException {
        while (true) {
            //获取锁目录下的子节点
            List<String>children =zooKeeper.getChildren(lockPath, false);
            //对子节点进行排序
            Collections.sort(children);
            //获取最小的子节点名称
            String minName =children.get(0);
            //获取当前节点名称
            String myName =lockName.substring(lockName.lastIndexOf("/") +1);
            //如果当前节点为最小节点,则说明获取了锁,返回
            if (minName.equals(myName)) {
                return;
            }
            //否则查找当前节点的前一个节点
            String beforeName =null;
            for (String child : children) {
                if (child.equals(myName)) {
                    break;
                }
                beforeName =child;
            }
            //监听当前节点的前一个节点,一旦前一个节点被删除,则当前节点成为第 1 个节点
            //(获取了锁)
```

```
        zooKeeper.exists(lockPath +"/" +beforeName, new LockWatcher()).get();
    }
}
/**
 * 释放锁方法,删除当前节点
 * @throws KeeperException
 * @throws InterruptedException
 */
public void unlock() throws KeeperException, InterruptedException {
    zooKeeper.delete(lockName, -1);
}
/**
 * 监听器类,实现 Watcher 接口,用于监听前一个节点是否被删除
 */
private class LockWatcher implements Watcher {
    @Override
    public void process(WatchedEvent event) {
        synchronized (this) {
            notifyAll();
        }
    }
}
}
```

在这个示例中,封装了一个 DistributedLock 类,通过构造函数传入 ZooKeeper 实例、锁的路径和锁的名称。在 lock()方法中使用 ZooKeeper 的 Watcher 机制实现了分布式锁。具体实现过程如下:

(1)获取锁路径下的所有子节点,并按升序排序。

(2)获取自己的锁名称。

(3)如果自己的锁名称是最小的,则说明已经获取了锁,可以直接返回。

(4)如果自己的锁名称不是最小的,则需要找到自己在子节点中的前一个节点,并使用 Watcher 机制监视前一个节点的状态变化。

(5)一旦前一个节点被删除,就表示自己已经获取了锁,可以返回。

(6)在 unlock()方法中,只需删除自己的锁节点便可以释放锁。

虽然在这个示例中分布式锁的实现是比较简单的,但是可以起到基本的锁定作用。在实际应用中,需要根据具体的需求进行扩展和完善。

3.6.3　配置管理

ZooKeeper 是一种非常有用的分布式协调服务,其主要作用是协调和管理分布式系统中的各种任务,尤其是在配置管理方面表现出色。通过 ZooKeeper 实现配置管理,可以对所有应用程序中的配置信息进行集中管理,例如数据库连接信息、服务器地址等,从而简化了系统的维护和管理。

使用 ZooKeeper 实现配置管理的第 1 步是创建一个 ZooKeeper 节点,用于存储配置信

息。应用程序可以从该节点中读取配置信息，并通过监听该节点的变化实现动态更新配置。如果配置信息发生改变，ZooKeeper 则可及时通知应用程序，以便应用程序能够重新加载配置信息，以确保使用最新的配置信息。

总体来讲，ZooKeeper 在分布式系统中的配置管理方面非常有用，可以帮助简化系统维护和管理。通过创建一个 ZooKeeper 节点来存储配置信息，应用程序可以从该节点中读取配置信息，并且通过监听该节点的变化实现动态更新配置。这种方法确保了配置信息在整个分布式系统中得到了统一管理和同步更新。以下是一个使用 ZooKeeper 实现配置管理的示例。

首先，在应用程序中添加 ZooKeeper 的依赖，代码如下：

```
<dependency>
    <groupId>org.apache.zookeeper</groupId>
    <artifactId>zookeeper</artifactId>
    <version>3.4.9</version>
</dependency>
```

然后初始化 ZooKeeper 客户端，代码如下：

```
//第3章/3.6.3 初始化 ZooKeeper 客户端
/**
 * ZooKeeper 客户端类，用于创建与 ZooKeeper 的连接
 */
public class ZookeeperClient {
    private ZooKeeper zookeeper; //ZooKeeper 连接对象
    /**
     * 构造函数，创建 ZooKeeper 连接
     * @param connectString ZooKeeper 服务器地址
     * @param sessionTimeout 会话超时时间
     * @param watcher 监听器对象
     * @throws IOException IO 异常
     */
    public ZookeeperClient(String connectString, int sessionTimeout, Watcher
watcher) throws IOException {
        zookeeper = new ZooKeeper(connectString, sessionTimeout, watcher);
    }
    /**
     * 关闭 ZooKeeper 客户端连接
     * @throws InterruptedException 中断异常
     */
    public void close() throws InterruptedException {
        zookeeper.close();
    }
    /**
     * 获取 ZooKeeper 连接对象
     * @return ZooKeeper 连接对象
     */
```

```
    public ZooKeeper getZookeeper() {
        return zookeeper;
    }
}
```

在应用程序中创建一个配置管理类,代码如下:

```
//第3章/3.6.3 在应用程序中创建一个配置管理类
/**
 * 配置管理器,用于读取和更新 ZooKeeper 上的配置信息
 */
public class ConfigManager {
    private ZookeeperClient zookeeperClient; //ZooKeeper 客户端
    private String configNode; //配置节点路径
    /**
     * 构造方法,初始化 ZooKeeper 客户端和配置节点路径
     * 如果配置节点不存在,则创建该节点
     * @param zookeeperClient ZooKeeper 客户端
     * @param configNode 配置节点路径
     */
    public ConfigManager(ZookeeperClient zookeeperClient, String configNode)
throws KeeperException, InterruptedException {
        this.zookeeperClient =zookeeperClient;
        this.configNode =configNode;
        if (zookeeperClient.getZookeeper().exists(configNode, false) ==null) {
            zookeeperClient.getZookeeper().create(configNode, null, ZooDefs.
Ids.OPEN_ACL_UNSAFE, CreateMode.PERSISTENT);
        }
    }
    /**
     * 更新配置信息
     * @param config 新的配置信息
     */
    public void updateConfig(String config) throws KeeperException,
InterruptedException {
        zookeeperClient.getZookeeper().setData(configNode, config.getBytes(), -1);
    }
    /**
     * 获取配置信息
     * @return 配置信息
     */
    public String getConfig() throws KeeperException, InterruptedException,
UnsupportedEncodingException {
        Byte[] data = zookeeperClient.getZookeeper().getData(configNode, new
Watcher() {
            @Override
            public void process(WatchedEvent event) {
                try {
```

```
                    zookeeperClient.getZookeeper().getData(configNode, this, null);
                } catch (Exception e) {
                    e.printStackTrace();
                }
            }
        }, null);
        return new String(data, "UTF-8");
    }
    /**
     * 关闭 ZooKeeper 客户端连接
     */
    public void close() throws InterruptedException {
        zookeeperClient.close();
    }
}
```

该类包含了更新配置和获取配置的方法，使用 ZooKeeper 的 Watcher 来监听节点变化。当节点发生变化时，Watcher 会触发回调方法，应用程序可以重新加载配置信息。

最后，在应用程序中使用配置管理类来管理配置信息，代码如下：

```
//第 3 章/3.6.3 在应用程序中使用配置管理类来管理配置信息
//引入 ZookeeperClient 类
public class App {
    public static void main(String[] args) throws Exception {
        //创建 ZookeeperClient 实例
        ZookeeperClient zookeeperClient = new ZookeeperClient("localhost:2181",
5000, null);
        //创建 ConfigManager 实例,指定 ZookeeperClient 和配置节点路径
        ConfigManager configManager = new ConfigManager(zookeeperClient, "/
config");
        //进入循环
        while (true) {
            //获取配置信息
            String config = configManager.getConfig();
            //输出配置信息
            System.out.println("Config: " + config);
            //线程等待 5s
            Thread.sleep(5000);
        }
    }
}
```

该应用程序会每隔 5s 读取一次配置信息，当配置信息发生变化时，会重新加载配置信息并输出到控制台。

3.7　ZooKeeper 工作原理

从前,这里是一个生机勃勃的小村庄,村民们共同居住于此。村庄中有一株古老而具有魔力的树木,名为 ZooKeeper。尽管 ZooKeeper 只是一棵大树,但它却拥有协调和管理村庄居民行动的超凡能力。

主要作用是对村庄居民的行动进行协调和管理。在这里,村民们要一起合作完成各种事务,例如修路、盖房等。为确保工作的完成,ZooKeeper 将任务分派到各个村民,并保证工作能够按时完成。

有一天,村庄需要修建一座桥梁。在收集到村民们的技术和工作计划后,ZooKeeper 为他们分配相应的任务,例如,木匠主要负责桥基、石匠主要负责桥梁主体、画师主要负责桥梁装饰。为了确保每个村民都清楚自己要完成的任务,减少误会和矛盾,该系统采用"事务ID"的形式对每个人的工作进行登记,以确保每个人都有明确的分工。

每隔一段时间,每个村民都会向 ZooKeeper 树汇报自己的进展情况,ZooKeeper 会根据每件事情的结果来判定每件事情的成果。当所有工作都完成时,ZooKeeper 会向当地居民传达桥梁完工的讯息,让他们知道这座桥梁建成了,可以开始庆祝了。

在本例中,ZooKeeper 树扮演了分散式系统的协调员角色。通过任务分配、事务处理和消息传递等方式,有效地帮助分散式网络中的各个节点完成任务。这正是为什么ZooKeeper 能够用于分散式系统的原因。

3.8　ZooKeeper 的监控和管理

ZooKeeper 是一种被广泛地应用于分布式事务、负载均衡、分布式锁及分布式队列等关键场景的技术,然而,随着应用程序规模和复杂度的增加,对于 ZooKeeper 集群的管理和监控变得越来越重要。因为没有及时发现和解决问题,所以可能会导致 ZooKeeper 服务不可用,从而影响整个分布式应用程序的稳定性和可靠性,因此,本节将介绍 ZooKeeper 的监控管理工具及集群管理,以帮助读者更好地管理和优化 ZooKeeper 集群。

3.8.1　监控管理工具

ZooKeeper 提供了以下丰富的监控和管理工具。

1. 通过命令行界面(CLI)进行操作和监控

ZooKeeper 提供了一个命令行界面(CLI),可以通过该界面对 ZooKeeper 进行操作和监控。通过 CLI 可以执行查看、创建、删除等操作。

ZooKeeper 提供了 CLI(Command Line Interface)命令行工具,可以通过命令行直接操作 ZooKeeper 的节点,包括查看、创建、删除等操作。

以下是一些常见的 CLI 命令。

查看节点，代码如下：

```
get /path/to/node
```

创建节点，代码如下：

```
create /path/to/node data
```

删除节点，代码如下：

```
delete /path/to/node
```

具体的示例可以参考以下代码，代码如下：

```
//第3章/3.8.1 查看、创建、删除节点操作
import org.apache.zookeeper.*;
import java.io.IOException;
public class ZookeeperCLI {
    private static final String CONNECT_STRING ="localhost:2181";
    private static final int SESSION_TIMEOUT =5000;
    private static ZooKeeper zk;
    public static void main(String[] args) throws IOException,
InterruptedException, KeeperException {
        //创建 ZooKeeper 客户端
        zk =new ZooKeeper(CONNECT_STRING, SESSION_TIMEOUT, null);
        //查看节点
        String nodeData =new String(zk.getData("/path/to/node", false, null));
        System.out.println("Node data: " +nodeData);
        //创建节点
        zk.create("/path/to/node", "data".getBytes(), ZooDefs.Ids.OPEN_ACL_
UNSAFE, CreateMode.PERSISTENT);
        //删除节点
        zk.delete("/path/to/node", -1);
        //关闭 ZooKeeper 客户端
        zk.close();
    }
}
```

2. 通过 Java API 进行操作和监控

ZooKeeper 提供了一个 Java API，可以通过该 API 对 ZooKeeper 进行操作和监控。
以下是获取节点数据和监听节点数据变化的 Java API 代码示例。

获取节点数据，代码如下：

```
//第3章/3.8.1 获取节点数据
import org.apache.zookeeper.*; //导入 ZooKeeper 相关类
import org.apache.zookeeper.data.Stat; //导入 ZooKeeper 节点状态数据相关类
public class GetDataExample implements Watcher {
    //定义 GetDataExample 类并实现 Watcher 接口
    private static ZooKeeper zooKeeper; //定义静态的 ZooKeeper 对象
```

```
public static void main(String[] args) throws Exception {
    String hostPort = "localhost:2181"; //定义 ZooKeeper 服务器地址和端口号
    String znode = "/myznode"; //定义需要获取数据的 ZooKeeper 节点路径
    zooKeeper = new ZooKeeper(hostPort, 2000, new GetDataExample());
    //创建 ZooKeeper 对象,并注册 Watcher 监听器
    Byte[] data = zooKeeper.getData(znode, true, null);
    //获取指定节点数据,设置是否需要监听器,以及节点状态为 null
    String dataStr = new String(data); //将节点数据转换为 String 类型
    System.out.println("Data: " + dataStr); //打印节点数据
}
@Override
public void process(WatchedEvent event) {
    //实现 Watcher 接口中的 process()方法
    System.out.println(event.toString()); //打印 Watcher 监听到的事件信息
}
}
```

监听节点数据变化,代码如下:

```
//第 3 章/3.8.1 监听节点数据变化
import org.apache.zookeeper.*; //导入 ZooKeeper 包
import org.apache.zookeeper.data.Stat; //导入 ZooKeeper 数据包
public class WatchNodeExample implements Watcher { //Watcher 是 ZooKeeper API 提供
//的一个接口,用于处理在 ZooKeeper 上触发的事件
    private static ZooKeeper zooKeeper; //创建静态 ZooKeeper 对象
    public static void main(String[] args) throws Exception {
        String hostPort = "localhost:2181"; //ZooKeeper 服务器的地址和端口号
        String znode = "/myznode"; //创建的节点路径
        zooKeeper = new ZooKeeper(hostPort, 2000, new WatchNodeExample());
        //创建 ZooKeeper 对象,并指定连接的服务器地址、超时时间和 Watcher 对象
        Stat stat = zooKeeper.exists(znode, true);
        //检查指定的节点是否存在,同时在指定节点上设置一个 Watcher
        System.out.println("Node exists: " + (stat != null)); //打印结果
        Thread.sleep(Integer.MAX_VALUE); //让线程休眠,观察节点状态的变化
    }
    @Override
    public void process(WatchedEvent event) {
        //实现 Watcher 接口中的 process 方法,用于处理触发的事件
        if (event.getType() == Event.EventType.NodeDataChanged) {
            //判断事件类型是否为节点数据变化
            String znode = event.getPath(); //获取节点路径
            try {
                Byte[] data = zooKeeper.getData(znode, true, null);
                //获取节点上的数据内容,同时在指定节点上设置一个 Watcher
                String dataStr = new String(data); //将 Byte 数组转换为 String 字符串
                System.out.println("Data changed: " + dataStr); //打印节点数据内容
```

```
            } catch (KeeperException | InterruptedException e) {
                e.printStackTrace(); //输出异常信息
            }
        }
    }
}
```

3. 各种开源工具的支持

ZooKeeper 是一种分布式协调服务，支持多个开源工具，如 ZooInspector、Zabbix 和 Nagios。

ZooInspector 是一个可实时监控 ZooKeeper 集群的工具，其主要操作包括下载和安装 ZooInspector、启动并连接至 ZooKeeper 集群、在"文件"菜单中输入主机名和端口、实时查看集群状态、添加、修改或删除节点及进行事件监控和日志查看等。

Zabbix 通过在 ZooKeeper 节点上部署 Zabbix Agent、配置 Zabbix Server 监控项和触发器，实现对 ZooKeeper 集群的监控，并执行告警与自动化响应。

Nagios 通过安装 ZooKeeper 插件实时监控 ZooKeeper 集群的状态，主要步骤包括安装 ZooKeeper 插件，配置 ZooKeeper 插件，将 ZooKeeper 服务器添加至 Nagios，配置 Nagios 监控 ZooKeeper，启动 Nagios 服务，并在 Web 页面查看监控结果进行管理。

4. JMX 支持

ZooKeeper 提供了 JMX 支持，可以通过 JMX 对 ZooKeeper 进行监控。

通过 JMX 可以对 ZooKeeper 进行监控和管理，以下是具体步骤。

（1）启用 JMX：在 ZooKeeper 的启动脚本中添加启用 JMX 的参数，代码如下：

```
#设置 Java 启动参数
JAVA_OPTS="$JAVA_OPTS \
#开启 JMX 远程管理
-Dcom.sun.management.jmxremote=true \
#禁用 JMX 身份验证
-Dcom.sun.management.jmxremote.authenticate=false \
#禁用 JMX SSL 安全连接
-Dcom.sun.management.jmxremote.ssl=false \
#设置服务器的 IP 地址
-Djava.rmi.server.hostname=<host_ip>\
#设置 JMX 服务器端口号
-Dcom.sun.management.jmxremote.port=<jmx_port>"
```

其中，<host_ip>用于指定主机 IP 地址，<jmx_port>用于指定 JMX 监听的端口号。

（2）连接到 ZooKeeper 的 JMX 服务：可以使用 JConsole、JVisualVM 等工具连接到 ZooKeeper JMX 服务，也可以使用 Java 代码编写 JMX 客户端进行连接。

（3）监控 ZooKeeper 的 JMX 指标：在 JMX 客户端中选择 ZooKeeper 的 MBean，例如 org.apache.ZooKeeperService:name0＝StandaloneServer_port-1，该 MBean 提供了关于 ZooKeeper 的一般信息、JVM 信息、最近的请求、watchers 等信息。org.apache.ZooKeeperService:name0＝

StandaloneServer_port-1，subsystem＝ReplicatedServer，该 MBean 提供了有关 ZooKeeper 复制服务的信息，例如复制状态、选举过程等。

通过 JMX 监视这些 MBean 中的度量，可以了解 ZooKeeper 的性能和状态。

总之，ZooKeeper 提供了非常丰富的监控和管理工具，可以方便地对分布式系统进行管理和监控。

3.8.2　集群管理

ZooKeeper 通过监听机制、命令行工具和 API 等方式实现实时监控集群状态并进行管理和维护。

（1）Watcher 机制：ZooKeeper 的 Watcher 机制允许监听节点状态变化，一旦触发监听事件，便可实时监控集群状态。

（2）命令行工具：ZooKeeper 提供了 zkCli 命令行工具，用户可以通过它进行集群管理，如查看节点状态、创建节点、删除节点等操作。

（3）API：ZooKeeper 提供了多种编程语言的 API，如 Java、Python 和 C，通过这些接口实现对 ZooKeeper 集群的管理和维护。例如，Java 中的 ZooKeeper 类提供了丰富的 API 方法，可以用于查询节点信息、创建和删除节点等操作。

以下是 Java 示例代码，展示如何使用 ZooKeeper API 实现节点状态的实时监控，代码如下：

```
//第 3 章/3.8.2 使用 ZooKeeper API 实现节点状态的实时监控
import org.apache.zookeeper.*;
public class ZookeeperWatcherExample implements Watcher {
    private ZooKeeper zooKeeper;
    //构造函数,初始化连接 ZooKeeper
    public ZookeeperWatcherExample(String host) throws Exception {
        this.zooKeeper =new ZooKeeper(host, 3000, this);
    }
    //实现 Watcher 接口的 process 方法,处理节点事件
    public void process(WatchedEvent event) {
        if (event.getType() ==Event.EventType.NodeDataChanged) {
            System.out.println("节点数据已更改:" +event.getPath());
            try {
                //获取节点数据
                Byte[] data =zooKeeper.getData(event.getPath(), this, null);
                System.out.println("节点数据:" +new String(data));
            } catch (Exception e) {
                e.printStackTrace();
            }
        }
    }
    public static void main(String[] args) throws Exception {
        String host =args[0];    //传入 ZooKeeper 服务器地址
```

```
        String path =args[1];    //传入要监听的节点路径
        ZookeeperWatcherExample watcher =new ZookeeperWatcherExample(host);
        //监听节点数据变化
        watcher.zooKeeper.getData(path, watcher, null);
        //此处可以添加其他操作,例如创建节点、删除节点等
    }
}
```

上述 Java 代码示例演示了如何使用 Zookeeper API 实现对特定节点数据变更的监听，当数据发生变更时，将在控制台输出节点数据。将 ZooKeeper 集群地址与节点路径作为参数传递，以便实现对指定节点的监听操作。

3.9　高并发环境下 ZooKeeper 可能会出现的问题

在高并发环境下，ZooKeeper 可能会出现以下问题。

（1）性能瓶颈：ZooKeeper 的性能瓶颈主要体现在写操作上，由于其采用多数派投票机制，所以写操作需等待大多数节点回应才能继续。在高并发场景下，写操作延迟将增加，从而降低整个系统的性能。

（2）ZooKeeper 的单点故障：如果 ZooKeeper 集群中的节点数量过少，则当其中一个节点发生故障时，整个集群的可用性将会受到影响。

（3）ZooKeeper 的数据一致性问题：由于 ZooKeeper 采用的是强一致性模型，因此对于频繁的读写操作，可能会导致数据一致性问题。

针对以上问题，可以采取以下措施：

（1）增加 ZooKeeper 集群节点数量，提高整个集群的吞吐量和可用性。

（2）使用 ZooKeeper 的异步 API，避免频繁地同步写入操作，从而降低对性能的影响。

（3）使用 ZooKeeper 的 Watcher 机制，避免频繁地进行读取操作。

（4）对于一些不需要强一致性的场景，可以使用 ZooKeeper 的宽松一致性模型，从而降低对数据一致性的要求。

（5）可以使用一些其他的分布式存储系统来替代 ZooKeeper，如 etcd、Consul 等。同时，还可以考虑使用一些分布式缓存系统来缓解压力，如 Redis、Memcached 等。

Spring Cloud Security OAuth 2

Spring Cloud Security OAuth 2 是一套遵循 OAuth 2 协议和 JSON Web Token 标准的安全框架,旨在为开发人员提供反向代理、单点登录、认证、授权等安全功能,以简化应用程序的开发流程并提高其稳定性。该框架的核心理念是基于令牌的认证和授权,当用户进行登录操作时,会收到一枚加密后的令牌,其中包含用户信息和使用密钥加密的用户权限。在每次请求过程中,用户会携带此令牌,服务器则会根据令牌判断用户是否具备访问权限。此外,Spring Cloud Security OAuth 2 还提供了令牌存储和获取机制,以便简化令牌的管理。通过这些功能,开发人员可以更加专注于应用程序的核心业务,从而提高应用程序的性能和稳定性。

利用 Spring Boot 框架,结合 Spring Cloud Security OAuth 2 和 JWT 技术,可以构建一个安全可靠的项目架构,实现用户认证和授权功能。在此过程中,为每个用户设置授权规则至关重要。此外,还需实现用户注册和登录功能,以便每次登录操作都会生成新的 token,并将其存储在 Redis 数据库中。当用户访问需要认证的接口时,Redis 服务器会对存储的 token 进行验证。

Spring Cloud Security OAuth 2 技术可以显著地提高应用程序的安全性和稳定性。用户必须经过身份验证才能访问受保护的资源,并且 token 也可以由系统自动管理,以确保系统的稳定。本书将深入介绍 Spring Cloud Security OAuth 2 的授权模式、底层工作原理及 JWT 技术,以帮助读者更深入地理解 Spring Cloud Security OAuth 2 的相关知识。希望读者可以在本书的帮助下,深入了解 OAuth 2 和 Spring Cloud Security 的工作机制,掌握更多实用的技能和经验。

4.1 授权模式

Spring Cloud Security OAuth 2 是 Spring Cloud 生态系统中的一个安全组件,它提供了一套完整的认证和授权方案,可以有效地保护微服务系统的安全。OAuth 2 提供了 4 种授权模式,分别如下:

4.1.1　AuthorizationCodeGrant

AuthorizationCodeGrant（授权码）模式允许用户在客户端提供授权码，然后在服务器端验证授权码并获取访问令牌。

以下通过故事的形式进行讲解：

从前，在一个遥远的星球上，有一个强大的宇宙帝国。这个帝国的统治者名叫 Spring，他为了保护帝国的安全，创造了一个强大的安全系统，名为 Spring Cloud Security。在这个安全系统中，有一个关键的角色，它就是 OAuth 2，它负责管理帝国的所有访问权限。

有一天，一位名叫张三的旅行者来到了这个星球，他想参观帝国的各个角落。为了让他安全地参观，Spring Cloud Security 决定采用授权码模式来授权张三的访问。

以下是授权码模式的实现步骤：

（1）张三向帝国的官方认证服务器（如 Auth0 或 Google Auth）发送一个授权请求，请求中包含了他想访问的资源 URL。

（2）认证服务器收到请求后，验证张三的身份，并决定授予他一个授权码。这个授权码是一个随机生成的字符串，用于在后续的授权过程中进行身份验证。

（3）认证服务器将授权码发送回张三的浏览器。

（4）张三使用这个授权码，向帝国的授权服务器（如 Spring Cloud Security OAuth 2）发送一个请求，请求中包含了授权码和他想要访问的资源 URL。

（5）授权服务器收到请求后，验证授权码的有效性，并根据授权码授予张三相应的访问权限。授权成功后，授权服务器会生成一个访问令牌（Access Token），并将其返给张三的浏览器。

（6）张三可以使用这个访问令牌访问帝国的各个资源。

通过这种方式，授权码模式实现了安全的授予第三方应用访问帝国资源的权限。张三在使用访问令牌访问资源时，Spring Cloud Security 会确保他的身份得到验证，从而保护了帝国的安全。

在这个故事中，可以看到 Spring Cloud Security OAuth 2 的授权码模式如何实现安全的授予第三方应用访问资源的权限。通过这种方式，帝国的安全得到了有力保障，让游客们能够安心地参观这个美好的星球。

Spring Cloud Security OAuth 2 的授权码模式是通过实现 AuthorizationEndpoint、UserAuthorizationRequestFilter 和 ResourceOwnerPasswordCredentialsTokenEndpointFilter 等类实现。

4.1.2　ImplicitGrant

ImplicitGrant（隐式授权）模式可获取受保护的资源，接着上面的故事进行讲解：

随着时间的推移，帝国不断发展壮大，吸引了越来越多的游客。为了应对日益增长的访问需求，Spring Cloud Security OAuth 2 也在不断地更新和完善。它引入了多种授权模式，如 ImplicitGrant 就是一种更为简洁的授权方式,它可以让用户在不需要提供任何授权凭据的情况下直接访问资源。

有一天,一个名叫张三的旅行者来到了帝国。他想参观帝国的各个角落,但是他并没有携带帝国的访问令牌。为了让张三能够顺利地参观帝国,Spring Cloud Security OAuth 2 决定采用 ImplicitGrant 的方式来授权张三的访问。

首先,Spring Cloud Security OAuth 2 会引导张三使用帝国的官方认证服务器(如 Auth0 或 Google Auth)。认证服务器会验证张三的身份,并授予他一个临时的访问令牌。接着,张三在访问帝国的资源时,会将这个临时的访问令牌提供给 Spring Cloud Security OAuth 2。OAuth 2 会验证令牌的有效性,并确保张三的身份得到验证。如果令牌有效,Spring Cloud Security OAuth 2 就会授予张三访问资源的权限,而无须他提供其他的授权凭据。

这就是 ImplicitGrant 的实现过程。通过这种方式,Spring Cloud Security OAuth 2 让张三能够在不需要提供任何授权凭据的情况下访问帝国的资源,让帝国的安全性和便利性得到了完美的结合,然而,在使用 ImplicitGrant 时,也存在一些潜在的风险。例如,如果张三的访问令牌被窃取,则他的个人信息和访问权限就可能会被他人恶意使用,因此,Spring Cloud Security OAuth 2 在实现 ImplicitGrant 时,也充分考虑了安全性的问题。

当张三在访问帝国的资源时,Spring Cloud Security OAuth 2 会对令牌进行动态加密,以防止令牌在传输过程中被截获。此外,Spring Cloud Security OAuth 2 还采用了严格的身份验证策略,要求张三在使用令牌访问资源时,需要提供一个有效的身份认证信息,以确保他的身份得到验证。

为了进一步提高安全性,Spring Cloud Security OAuth 2 还会对令牌进行定期更新和撤销。当令牌的有效期到期时,Spring Cloud Security OAuth 2 会自动撤销该令牌,防止令牌被长期滥用。这样,通过结合安全性和便利性,ImplicitGrant 成了 Spring Cloud Security OAuth 2 中一种非常有效的授权方式。帝国的居民可以在无须携带任何额外的授权凭据的情况下,自由地访问帝国的各个资源。

在这个故事中,可以看到 Spring Cloud Security OAuth 2 的 ImplicitGrant 是如何实现的。它通过动态加密和身份验证等技术,确保了用户在访问资源时的安全性,同时也提供了足够的便利性。这就是 Spring Cloud Security OAuth 2 的魅力,它让每个用户都能够安心地参观这个美好的帝国。

Spring Cloud Security OAuth 2 的隐式授权模式通过实现 ResourceServer 和 UserDetailsService 等类实现。

4.1.3　PasswordGrant(密码授权模式)

PasswordGrant(密码授权)模式使用用户名和密码就可以获取访问令牌,适用于需要密码进行身份验证的场景,接着上面的故事进行讲解:

在一个宁静的夜晚,帝国的居民李四决定去帝国的图书馆借阅一本珍贵的书籍,然而,他没有访问令牌,因为他之前从未使用过 Spring Cloud Security OAuth 2。在这种情况下,他只好求助于 Spring Cloud Security OAuth 2 的 PasswordGrant 模式。

首先,李四需要向帝国的官方认证服务器(如 Auth0 或 Google Auth)发送一个请求,请求中包含了他想要访问的资源 URL 及他的登录密码。

认证服务器收到请求后,会验证李四的密码是否正确。验证通过后,认证服务器会授予李四一个访问令牌,并将其返给李四的浏览器。

李四现在可以使用这个访问令牌访问帝国的图书馆。在这个过程中,Spring Cloud Security OAuth 2 确保了李四的身份得到验证,从而保护了帝国的安全。

PasswordGrant 模式的优势在于,即使用户没有访问令牌,也可以使用密码直接登录并访问受保护的资源,然而,这种模式也存在一定的安全隐患,因为密码是一种容易泄露的敏感信息,因此,在使用 PasswordGrant 时,Spring Cloud Security OAuth 2 会采取一定的措施来保护密码的安全性,如限制密码的使用范围、定期更新密码等。通过这个故事,可以看到 Spring Cloud Security OAuth 2 的 PasswordGrant 模式如何实现安全地授予用户访问资源的权限。它为帝国的居民提供了一种简单而直接的方式,以便访问受保护的资源,确保了帝国的安全和稳定。

Spring Cloud Security OAuth 2 的密码授权模式通过 OAuth 2AuthenticationProcessingFilter、OAuth 2AuthenticationManager、OAuth 2AuthenticationEntryPoint 实现。

4.1.4 ClientCredentialsGrant（客户端凭据授权模式）

用户通过提供 ClientCredentialsGrant(客户端凭据授权)模式(如客户端 ID 和客户端密钥)获取访问令牌。此模式适用于需要与客户端共享凭据的场景,接着上面的故事进行讲解:

有一天,张三夜游帝国,发现了一座美丽的城堡。他想进去参观,但是门口的守卫要求他出示通行凭证。无奈之下,张三决定使用 Spring Cloud Security OAuth 2 的 ClientCredentialsGrant 模式获取通行凭证。

首先,张三需要向帝国的官方认证服务器(如 Auth0 或 Google Auth)发送一个请求,请求中包含了他想要访问的资源 URL 及他的客户端 ID 和客户端密钥。

认证服务器收到请求后,会验证张三的客户端 ID 和客户端密钥是否正确。验证通过后,认证服务器会授予张三一个访问令牌,并将其返给张三的浏览器。

现在,张三可以使用这个访问令牌进入城堡,自由地探索其中的奥秘。

ClientCredentialsGrant 模式的优势在于,即使用户没有访问令牌,也可以通过客户端凭证直接登录并访问受保护的资源,然而,这种模式也存在一定的安全隐患,因为客户端 ID 和客户端密钥是一种容易泄露的敏感信息,因此,在使用 ClientCredentialsGrant 时,Spring Cloud Security OAuth 2 会采取一定的措施来保护客户端 ID 和客户端密钥的安全性,如限制客户端 ID 和客户端密钥的使用范围、定期更新客户端 ID 和客户端密钥等。

通过这个故事,可以看到 Spring Cloud Security OAuth 2 的 ClientCredentialsGrant 模

式如何实现安全地授予用户访问资源的权限。帝国的统治者 Spring 继续关注着 Spring Cloud Security OAuth 2 的发展,确保它能够为帝国的繁荣和安全做出贡献。随着时间的推移,帝国逐渐成了一个充满生机和活力的世界。在 Spring Cloud Security OAuth 2 的保护下,每个人都能够安心地享受这个世界的美好,而这个故事,将永远流传在宇宙中,成为一段传奇。

方式和密码授权模式类似,也是通过 OAuth2AuthenticationProcessingFilter、OAuth2AuthenticationManager、OAuth2AuthenticationEntryPoint 实现的。

Spring Cloud Security OAuth 2 密码授权模式、授权代码模式、隐式授权模式、客户端凭据授权模式在实现和使用时,需要根据实际需求和性能要求进行优化。同时,为了保证团队成员易于理解和使用,需要编写详细的文档并降低学习曲线。

4.2　底层工作原理

Security OAuth 2 是 SpringCloud 的权限框架,使用 OAuth 2 协议实现用户的认证和授权。下面详细阐述 Spring Cloud Security OAuth 2 的各种组件。

4.2.1　核心概念

OAuth 2 协议解决了多个网站重复登录的问题,小网站可以不用注册登录,而直接通过获取第三方(微信、支付宝、淘宝等)的用户信息一键登录。

Spring Cloud Security OAuth 2 有以下 4 种角色。

(1)资源所有者(Resource Owner):资源用户。

(2)客户端(Client):第三方应用发起请求获取用户信息。

(3)授权服务器(Authorization Server):授权服务器处理用户授权的请求。

(4)资源服务器(Resource Server):存储用户的资源。

4.2.2　组件

Spring Cloud Security OAuth 2 的组件。

1. UserDetailsService

UserDetailsService 是一个接口,用于加载用户详细信息。它可以从多种数据源(如 JdbcUserDetailsManager、InMemoryUserDetailsManager 等)中获取用户详细信息,并将其封装为 UserDetails 对象。在认证过程中,UserDetails 对象将作为认证流程的核心输入。

2. AuthenticationManagerBuilder

AuthenticationManagerBuilder 是一个用于配置 AuthenticationManager 的构建过程的接口。它可以通过不同的 AuthenticationProvider 实现进行组合,以构建出适合具体项目需求的认证处理器。

3. AuthenticationProvider

AuthenticationProvider 主要用于验证用户的身份是否正常授权。在 UserDetailsService 实现里用于获取用户的详细信息。如果 UserDetailsService 根据用户名和密码获取了用户的详细信息，AuthenticationProvider 则会返回一个用户详细信息的 UsernamePasswordAuthenticationToken 对象。

4. UsernamePasswordAuthenticationFilter

UsernamePasswordAuthenticationFilter 是 Spring Security 的一个用于处理用户认证操作的过滤器，让用户在授权服务器进行授权。通过调用 AuthenticationProvider 认证，将返回的结果封装到 Authentication 对象里。

5. AuthenticationManager

AuthenticationManager 是 Spring Security 的认证管理器，负责管理 AuthenticationProvider 的执行顺序，按照顺序逐个验证 AuthenticationProvider。如果有任何一个 AuthenticationProvider 成功认证了 Authentication 对象，AuthenticationManager 则将返回该 Authentication 对象。

6. AccessDecisionManager

AccessDecisionManager 是一个接口，用于处理授权决策。在授权流程中，AccessDecisionManager 将根据预先定义的授权策略（如 Allegation、InsufficientAuthentication 等）对请求进行授权决策。

4.2.3　底层工作原理

当客户端请求访问用户资源时，Spring Cloud Security OAuth 2 的工作原理如下。

1. 认证流程

（1）客户端引导用户到 Spring Security 的 UsernamePasswordAuthenticationFilter 进行认证操作。

（2）UsernamePasswordAuthenticationFilter 将用户请求给予 AuthenticationManager。

（3）AuthenticationManager 将用户请求给予 AuthenticationProvider 进行认证。

（4）AuthenticationProvider 验证完后，它会向用户发送 Authentication 文件。

（5）认证失败后，进行 AuthenticationProvider 认证。如果所有 AuthenticationProvider 都未能成功认证用户，认证流程失败，Spring Security OAuth 2 则将抛出异常并拒绝用户访问。

2. 授权流程

（1）用户第 1 次登录会引导登录的用户在授权服务器进行授权。

（2）UserDetailsService 根据用户提供的凭据从数据库或其他数据源中加载用户详细信息。

（3）AuthenticationManager 将用户请求给予 AuthenticationProvider 进行认证。

（4）AuthenticationProvider 验证成功，它会回到 Authentication 文件，该文件记录了客户详细信息。其实这两个步骤和认证流程一样。

（5）授权服务器使用客户端的请求信息（如 ClientID、ClientSecret 等）从数据库或其他数据源中查找客户端的授权信息。

（6）授权服务器根据预先定义的授权策略（如 Allegation、InsufficientAuthentication 等）对请求进行授权决策。

若流程顺畅达成，授权服务器会产生一个独特的授权凭据（Authorization Code），用以向用户传递授权相关信息。

（7）客户端随同授权码，将其传送至资源服务器进行授权处理。

（8）若资源服务器对授权码验证成功，则客户端发放访问令牌和刷新令牌。

（9）客户端使用访问令牌可以访问资源服务器的用户资源。

4.2.4　获取令牌的两种模式

目前企业中使用较多的是授权码模式、密码模式，下面以这两种模式从接口调用来进行分析。

1. 授权码模式

第 1 步：获取授权码。

（1）如果有重定向地址（示例中重定向至百度官网），则请求网址为 http://localhost:8080/oauth/authorize? response_type＝code&client_id＝client_id_123456&redirect_uri＝http://www.baidu.com&scope＝all。

（2）如果没有重定向地址（返回当前页），则请求网址为 http://localhost:8080/oauth/authorize? response_type＝code&client_id＝client_id_123456。

第 2 步：发起获取授权码请求，重定向网址为 http://127.0.0.1:8080/login，用户进行登录，如图 4-1 所示。

输入用户名及密码，授权登录之后，选择 Approve，单击 Authorize 按钮获取授权码，如图 4-2 所示。

OAuth 会进行回调获取授权码，如图 4-3 所示。

第 3 步：获取令牌。

填入授权码 code 获取 access_token，如图 4-4 所示。

请求网址为 http://127.0.0.1:8080/oauth/token? grant_type＝authorization_code&client_id＝client_id_123456&client_secret＝client_secret_123456&redirect_uri＝http://www.baidu.com&code＝kjwicx。

2. 密码模式

在请求中携带用户名和密码，以便获取 access_token，如图 4-5 所示。

请求地址为 http://127.0.0.1:8807/oauth/token? username＝liaozhiwei&password＝123456&grant_type＝password&client_id＝client_id_123456&client_secret＝client_secret_123456&scope＝all。

图 4-1　授权登录页

图 4-2　OAuth Approval 页面

图 4-3　回调获取授权码

{"access_token":"0f809cfc-e510-47f7-ab56-8cee19453c1e","token_type":"bearer","refresh_token":"3c3d3c2e-ca67-43bf-b404-c50e68637064","expires_in":3599,"scope":"all"}

图 4-4　授权码 code 获取 access_token

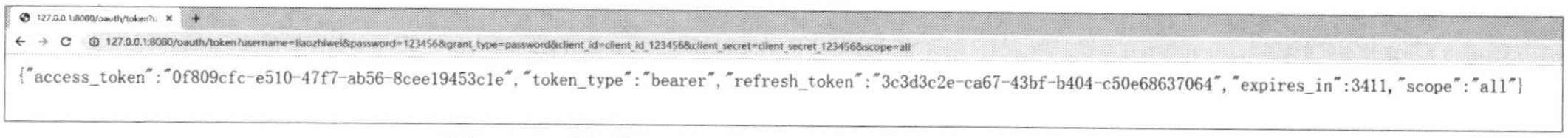
127.0.0.1:8080/oauth/token?username=liaozhiwei&password=123456&grant_type=password&client_id=client_id_123456&client_secret=client_secret_123456&scope=all
{"access_token":"0f809cfc-e510-47f7-ab56-8cee19453c1e","token_type":"bearer","refresh_token":"3c3d3c2e-ca67-43bf-b404-c50e68637064","expires_in":3411,"scope":"all"}

图 4-5　携带用户名和密码获取 access_token

4.2.5　代码实现

1. 引入 Spring Cloud OAuth 2 依赖

引入 Spring Cloud OAuth 2 依赖,代码如下:

```
<!--spring security oauth2-->
<dependency>
    <groupId>org.springframework.cloud</groupId>
    <artifactId>spring-cloud-starter-oauth2</artifactId>
</dependency>
```

2. 创建 WebSecurityConfig 类

创建 WebSecurityConfig 类,代码如下:

```
//第 4 章/4.2.5 创建 WebSecurityConfig 类
import com.example.springcloudsecurityoauth2demo.service.UserService;
import org.springframework.beans.factory.annotation.Autowired;
import org.springframework.context.annotation.Bean;
import org.springframework.context.annotation.Configuration;
import org.springframework.security.authentication.AuthenticationManager;
import org. springframework. security. config. annotation. authentication.
builders.AuthenticationManagerBuilder;
import org.springframework.security.config.annotation.web.builders.HttpSecurity;
import org. springframework. security. config. annotation. web. configuration.
WebSecurityConfigurerAdapter;
import org.springframework.security.crypto.bcrypt.BCryptPasswordEncoder;
import org.springframework.security.crypto.password.PasswordEncoder;
import org.springframework.web.cors.CorsConfiguration;
import org.springframework.web.cors.CorsConfigurationSource;
import org.springframework.web.cors.urlBasedCorsConfigurationSource;
/**
 * 在配置 Spring Security 时,遇到了一个错误,即当 Spring Security 与 Spring Gateway
一起使用时,出现了无法访问 javax.servlet.Filter 的问题。为了解决这个问题,将 Spring
Gateway 和 Spring Security 整合在一起,实现了一个扩展 WebSecurityConfigurerAdapter
的类,然而项目抛出了一个错误信息,提示"无法访问 javax.servlet.Filter"。
 * 在查找解决方案的过程中,发现 Spring Cloud Gateway 需要 Spring Boot 和 Spring
Webflux 提供的 Netty 运行时。它不能在传统的 Servlet 容器中运行,也不能在构建为 WAR 文件
时运行。为了解决这个问题,选择了扩展 WebSecurityConfigurerAdapter,这是针对基于
servlet 的应用程序的一种解决方案。
 * 总之,在将 Spring Security 与 Spring Gateway 整合时,可能会遇到无法访问 javax.
servlet.Filter 的问题。为了解决这个问题,需要了解 Spring Cloud Gateway 的需求,并选择
合适的运行时环境和编程模型。扩展 WebSecurityConfigurerAdapter 是针对基于 servlet 的
应用程序的一种解决方案,但需要根据具体场景进行选择。
```

```
* */
@Configuration
public class WebSecurityConfig extends WebSecurityConfigurerAdapter {
    //如果是密码模式,则需要添加代码
    @Bean
    public PasswordEncoder passwordEncoder(){
        return new BCryptPasswordEncoder();
    }
    //自定义的用户实现类,实现 UserDetailsService 接口,重写 loadUserByUsername,返回
    //用户详细
    @Autowired
    private UserService userService;
    @Override
    protected void configure(AuthenticationManagerBuilder auth) throws Exception {
        //获取用户信息
        auth.userDetailsService(userService);
    }
    @Override
    protected void configure(HttpSecurity http) throws Exception {
        http.formLogin().permitAll()
                .and().authorizeRequests()
                .antMatchers("/oauth/**").permitAll()//不拦截 oauth 请求
                .anyRequest()
                .authenticated()
                .and().logout().permitAll()      //退出,以便放行
                .and().csrf().disable();          //关闭 CSRF 保护
    }
    @Bean
    @Override
    public AuthenticationManager authenticationManagerBean() throws Exception {
        //oauth2 密码模式需要获得这个 Bean
        return super.authenticationManagerBean();
    }
    @Bean
    CorsConfigurationSource corsConfigurationSource(){
        final UrlBasedCorsConfigurationSource source =new
UrlBasedCorsConfigurationSource();
        //注册跨域配置
        source.registerCorsConfiguration("/**", new
CorsConfiguration().applyPermitDefaultValues());
        return source;
    }
}
```

3. 创建 UserService 类

创建 UserService 类,代码如下：

```
//第 4 章/4.2.5 创建 UserService 类
//导入实体类 UserInfoEntity 和返回结果 ResultData 的类
import com.example.springcloudsecurityoauth2demo.entity.UserInfoEntity;
import com.example.springcloudsecurityoauth2demo.entity.base.ResultData;
//导入 UserInfoFeignService 接口类
import com.example.springcloudsecurityoauth2demo.fegin.UserInfoFeignService;
//导入日志工具类
import lombok.extern.slf4j.Slf4j;
//导入工具类 StringUtils
import org.apache.commons.lang3.StringUtils;
//导入自动装配注解 Autowired 和延迟加载注解 Lazy
import org.springframework.beans.factory.annotation.Autowired;
import org.springframework.context.annotation.Lazy;
//导入安全加密接口 PasswordEncoder
import org.springframework.security.crypto.password.PasswordEncoder;
//导入@Service 注解
import org.springframework.stereotype.Service;
@Service //声明为服务类
@Slf4j //使用日志工具类
public class UserService implements UserDetailsService {
    @Autowired //自动注入 PasswordEncoder 对象
    @Lazy //延迟加载
    private PasswordEncoder passwordEncoder;
    @Override
    public UserDetails loadUserByUsername(String username) throws
UsernameNotFoundException {
        //第 1 种方式:直接返回一个用户信息
        String password =passwordEncoder.encode("123456");
        //使用 PasswordEncoder 加密密码
        //AuthorityUtils.commaSeparatedStringToAuthorityList("admin")用来为用
        //户分配权限
        return new User("liaozhiwei",password, AuthorityUtils.
commaSeparatedStringToAuthorityList("admin"));
    }
}
```

4. 创建 UserController 类用于测试

创建 UserController 类用于测试,代码如下:

```
//第 4 章/4.2.5  创建 UserController 类
//导入 Spring 框架中的 Authentication 和 RequestMapping 类
import org.springframework.security.core.Authentication;
import org.springframework.web.bind.annotation.RequestMapping;
import org.springframework.web.bind.annotation.RestController;
//创建一个名为 UserController 的类,并使用@RestController 注解标记为 RESTful 接口
@RestController
//使用@RequestMapping 注解将访问路径映射到"/user"下,即访问该类下的方法需要加上"/
user"
@RequestMapping("/user")
```

```
public class UserController {
    //使用@RequestMapping注解将访问路径映射到"/user/getCurrentUser",即访问该方法
    //需要加上"/user/getCurrentUser"
    @RequestMapping("/getCurrentUser")
    //定义一个名为 getCurrentUser 的方法,该方法用于接收一个 Authentication 类型的参
    //数 authentication,返回 Object 类型
    public Object getCurrentUser(Authentication authentication) {
        //返回 authentication 的主体信息,即当前已认证的用户
        return authentication.getPrincipal();
    }
}
```

5. 配置授权服务器

配置授权服务器,代码如下:

```
//第 4 章/4.2.5  配置授权服务器
import com.example.springcloudsecurityoauth2demo.service.UserService;
import org.springframework.beans.factory.annotation.Autowired;
import org.springframework.context.annotation.Configuration;
import org.springframework.http.HttpMethod;
import org.springframework.security.authentication.AuthenticationManager;
import org.springframework.security.crypto.password.PasswordEncoder;
import org.springframework.security.oauth2.config.annotation.configurers.
ClientDetailsServiceConfigurer;
import org.springframework.security.oauth2.config.annotation.web.
configuration.AuthorizationServerConfigurerAdapter;
import org.springframework.security.oauth2.config.annotation.web.
configuration.EnableAuthorizationServer;
import org.springframework.security.oauth2.config.annotation.web.configurers.
AuthorizationServerEndpointsConfigurer;
import org.springframework.security.oauth2.config.annotation.web.configurers.
AuthorizationServerSecurityConfigurer;
import org.springframework.security.oauth2.provider.token.TokenStore;
@Configuration
@EnableAuthorizationServer
public class AuthorizationServerConfig extends
AuthorizationServerConfigurerAdapter {
    //用于密码加密及校验
    @Autowired
    private PasswordEncoder passwordEncoder;
    //使用密码模式添加,授权码模式不需要
    @Autowired
    private AuthenticationManager authenticationManagerBean;
    //自定义的用户实现类
    @Autowired
    private UserService userService;
    //token 存储
    @Autowired
```

```java
    private TokenStore tokenStore;
    @Override
    public void configure(AuthorizationServerEndpointsConfigurer endpoints)
throws Exception {
        //当使用密码模式时需要配置
        endpoints.authenticationManager(authenticationManagerBean)
                .tokenStore(tokenStore)  //指定 token 存储到 Redis
                .reuseRefreshTokens(false)  //refresh_token 是否重复使用
                .userDetailsService(userService) //刷新令牌授权包含对用户信息的检查
                .allowedTokenEndpointRequestMethods(HttpMethod.GET,HttpMethod.
POST); //支持 GET 和 POST 请求
        //当使用授权码模式时需要配置
        endpoints.tokenStore(tokenStore)  //指定 token 存储到 Redis
                .reuseRefreshTokens(false)  //refresh_token 是否重复使用
                .userDetailsService(userService)
                //刷新令牌,授权包含对用户信息的检查
                .allowedTokenEndpointRequestMethods(HttpMethod.GET,HttpMethod.
POST); //支持 GET 和 POST 请求 * /
    }
    @Override
    public void configure(AuthorizationServerSecurityConfigurer security)
throws Exception {
        //允许表单认证
        security.allowFormAuthenticationForClients();
    }
    @Override
    public void configure(ClientDetailsServiceConfigurer clients) throws
Exception {
        clients.inMemory()
                //配置 client_id
                .withClient("client_id_123456")
                //配置 client-secret
                .secret(passwordEncoder.encode("client_secret_123456"))
                //配置访问 token 的有效期
                .accessTokenValiditySeconds(3600)
                //配置刷新 token 的有效期
                .refreshTokenValiditySeconds(864000)
                //配置 redirect_uri,用于授权成功后跳转
                .redirectUris("http://www.baidu.com")
                //配置申请的权限范围
                .scopes("all")
                /**
                 * 配置 grant_type,表示授权类型
                 * authorization_code: 授权码模式
                 * implicit: 简化模式
                 * password: 密码模式
                 * client_credentials: 客户端模式
                 * refresh_token: 更新令牌
```

```
            */
            .authorizedGrantTypes ("authorization_code","implicit","
password","client_credentials","refresh_token");
    }
}
```

6. 配置资源服务器

配置资源服务器，代码如下：

```
//第 4 章 / 4.2.5  配置资源服务器
import org.springframework.context.annotation.Configuration;
import org.springframework.security.config.annotation.web.builders.
HttpSecurity;
import org.springframework.security.oauth2.config.annotation.web.
configuration.EnableResourceServer;
import org.springframework.security.oauth2.config.annotation.web.
configuration.ResourceServerConfigurerAdapter;
@Configuration
@EnableResourceServer
public class ResourceServiceConfig extends ResourceServerConfigurerAdapter {
    @Override
    public void configure(HttpSecurity http) throws Exception {
        //利用 RequestMatcher 对象进行路径匹配,调用了 antMatchers 方法来定义什么样的
        //请求可以放过,什么样的请求需要验证
        http.authorizeRequests()
            .anyRequest().authenticated()
            .and().requestMatchers().antMatchers("/user/**");
    }
}
```

7. 创建 RedisConfig 类

创建 RedisConfig 类，代码如下：

```
//第 4 章 / 4.2.5  创建 RedisConfig 类
//引入 Spring 的依赖注入注解和配置注解
import org.springframework.beans.factory.annotation.Autowired;
import org.springframework.context.annotation.Bean;
import org.springframework.context.annotation.Configuration;
//引入 Redis 连接工厂和 TokenStore
import org.springframework.data.redis.connection.RedisConnectionFactory;
import org.springframework.security.oauth2.provider.token.TokenStore;
import org.springframework.security.oauth2.provider.token.store.redis.
RedisTokenStore;
//Redis 配置类
@Configuration
public class RedisConfig {
    //自动注入 Redis 连接工厂
    @Autowired
    private RedisConnectionFactory redisConnectionFactory;
```

```
//定义 TokenStore 的 Bean
@Bean
public TokenStore tokenStore(){
    //返回一个 RedisTokenStore 实例,参数为 Redis 连接工厂
    return new RedisTokenStore(redisConnectionFactory);
    }
}
```

8. 测试授权是否正常

在请求头中携带 Authorization 参数,参数值为 bearer ＋ 空格 ＋ access_token,访问 http://127.0.0.1:8080/user/getCurrentUser 接口,如图 4-6 所示。

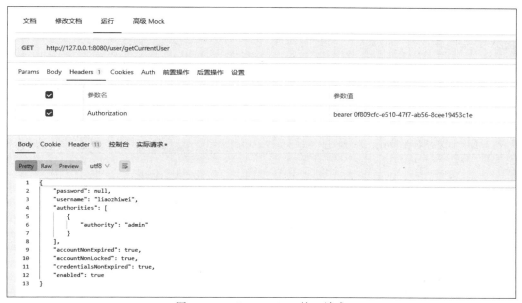

图 4-6 getCurrentUser 接口请求

4.2.6 性能问题和生产问题

为了更具体地讲解实现步骤及相应技术的运用,将分别针对使用 Spring Security OAuth 2 的性能问题和生产问题进行详细说明。

1. 性能问题的解决方案

1) 优化认证与授权流程

Spring Security OAuth 2:利用 Spring Security OAuth 2 进行认证与授权处理。JSON Web Tokens (JWT):用户的密码不能使用明文传输,使用 JWT 可以完美解决明文传输问题。JSON Processing (JPA):使用 JSON Processing (JPA)作为持久层框架,优化数据库查询性能。

2）分摊请求处理

Spring Cloud Discovery Client：利用 Spring Cloud Discovery Client 实现服务发现，实现负载均衡。Spring Cloud Config Server：在没有用 Nacos 作为配置中心的前提下也可以考虑使用 Spring Cloud Config Server 作为管理配置中心。

3）数据库性能优化

数据库连接池：使用连接池可以提高数据库的连接效率。数据库索引：提高 SQL 的查询性能。

2．生产环境问题解决策略

1）监控与报警

（1）Prometheus：采用 Prometheus 实时性能监测，实时提供数据信息。

（2）Grafana：利用 Grafana 展现 Prometheus 数据，同时还可以进行预警。

2）安全防护

（1）OAuth 2 Protected Resource Server：使用 OAuth 2 Protected Resource Server 保护受保护资源，防止未经授权访问。

（2）Spring Security：使用 Spring Security 进行安全认证与授权。

3）数据备份与恢复

（1）MySQL Replication：通过 MySQL Replication 实现数据库主从复制，确保数据安全。

（2）ZooKeeper：采用 ZooKeeper 作为分布式协调工具，负责数据恢复策略的协调。

4）合理规划与扩容

（1）Kubernetes：借助 Kubernetes 进行容器编排，实现自动伸缩、滚动更新等功能。

（2）微服务架构：采用分布式微服务架构，将应用程序拆分，形成多个可独立部署的服务，降低单个服务的负载。

5）数据库优化

（1）数据库分片：对数据库进行水平分片或垂直分片，以提高数据库性能和可扩展性。

（2）数据库缓存：使用 Redis 等缓存技术，降低数据库查询压力，提升性能。

为了解决性能问题，可以采用 Spring Security OAuth 2、JSON Web Tokens、JSON Processing 等技术实现认证和授权流程。利用 Spring Cloud Discovery Client 和 Spring Cloud Config Server 实现请求的分摊处理和动态配置更新，然后通过 Prometheus 和 Grafana 对应用程序进行监控和预警。为了确保数据的安全性，开发者采用 MySQL Replication 和 ZooKeeper 实现数据备份与恢复，并使用 OAuth 2 Protected Resource Server 和 Spring Security 进行安全防护。在合理规划与扩容方面，使用 Kubernetes 进行容器编排，对微服务应用进行部署，采用数据库分片和数据库缓存等技术优化数据库性能。

综上所述，开发者通过综合运用多种技术和工具，可解决性能问题和生产问题，从而提高了 Spring Cloud Security OAuth 2 的稳定性和可靠性。这将有助于系统在面对各种复杂场景时，保持良好的性能和稳定性。

4.3　JWT

JSON WebTokens(JWT)是一种跨平台的身份验证和授权机制,它使用 JSON 格式表示一个令牌。

4.3.1　JWT 的组成

在古老王国 GooseDuck 餐厅,每位顾客都需要出示身份证明,以便被服务员接待。最初,餐厅采用了传统的用户名和密码认证方式,在服务器数据库中存储着每位顾客的密码,但是,不久之后,餐厅发现了安全性问题。有一个黑客对餐厅的服务器进行了攻击,窃取了所有顾客的密码。这使黑客可以轻松地冒充任何一个顾客,并在餐厅享受免费食物。为了解决这个问题,餐厅引入了 JWT 技术。JWT 是一种安全且可扩展的身份认证技术,它能够在不存储密码的情况下对用户进行身份认证。在餐厅,每名顾客都被分配了一个单独的 JWT。这个 JWT 由以下 3 部分组成。

(1) 头部(Header):包含该 JWT 使用的算法(例如 HMAC SHA256 或 RSA)。

(2) 负载(Payload):包含关于该用户的信息,例如其唯一标识符和授权内容。

(3) 签名(Signature):使用密钥对头部和负载进行签名,以确保它们没有被篡改。

当一位顾客进入餐厅时,服务员会请求其 JWT。如果 JWT 是有效的,服务员就知道该顾客的身份,并可以为其提供服务。这种方法具有多个好处。首先,餐厅不再存储顾客的密码,因此黑客无法窃取它们。其次,由于 JWT 是在客户端而不是服务器上生成的,因此服务器不再承受存储大量用户凭证的压力。最后,如果顾客需要更改其密码,则他们只需生成一个新的 JWT,不需要更改服务器数据库,因此,餐厅能够保护顾客的隐私,提高安全性,并降低了服务器的维护成本。从那时起,GooseDuck 餐厅成为古老王国中最安全和最现代化的餐厅之一,备受顾客们喜爱。

使用 JWT 可以解决认证问题,因为它允许用户在多个应用程序之间共享身份验证信息,而不需要在每个应用程序中重新登录。同时不需要使用 Cookies 或 Session 来存储状态,可以与任何后端语言一起使用,并且可以轻松地与现有的身份验证系统集成。

1. 头部

头部包含两部分:令牌类型(JWT)和签名算法,代码如下:

```
header = {
  'alg': 'HS256',
  'typ': 'JWT'
}
```

2. 载荷

载荷包含声明,为主要数据部分。声明可以是自定义字段,例如用户的名称、描述等,代码如下:

```
payload = {
  'sub': '***',
  'name': 'John Doe',
  'iat': ***
}
```

键-值对应有序放置。此处 sub、name 和 iat 实际为声明（claims），使用原始字符串表示法。

JWT 的关键字段如下。

（1）iss：JWT 签发者。

（2）sub：JWT 面向的用户。

（3）aud：接收 JWT 的一方。

（4）exp：JWT 的过期时间。

（5）nbf：定义在何时之前，JWT 是不可用的。

（6）iat：JWT 的签发时间。

3. 签名

JWT 最后一部分为签名，用于防止篡改。例如，对于上面的 JWT，它的签名可能看起来像这样，代码如下：

```
JWT
eyJhbGciOiJIUzI1NiIsInR5cCI6IkpXVCJ9.eyJzdWIiOiJ3ZSI6ImFkbWluIiwiZXhwIjox
NTE2MjM5MDIyfQ.Qn4mfO9jp5rHCfB1GLibNZs7DbgZplkGhwspthmRo0
```

该字符串由头部、载荷和使用头部中 alg 参数指定的哈希算法计算得到的哈希值（如 HS256）及密钥组成。由于仅创建者知道密钥，若尝试篡改签名，则将无法生成正确的哈希值，从而导致签名验证失败。

下面以一个小故事加深对 JWT 的理解。

曾经有一个遥远的国度，居民使用一种神奇的物品——JSON Web Token（JWT）实现身份验证和授权。JWT 是一种紧凑的自包含的声明，可以在不安全的网络环境中实现安全且可扩展的身份验证和授权。

在这个国度的首都，城堡中的居民忙碌着各自的工作，居民们都是 JWT 的忠实拥护者。JWT 的工作原理并不复杂。用户需要提供用户名和密码登录，服务器会生成 JWT 并将其发送给用户。为了确保 JWT 的安全，服务器会对其进行签名和加密。

用户会将 JWT 存储在自己的会话中。当用户需要访问受保护的资源时，用户会将 JWT 附加到请求的 HTTP 头部中。服务器会验证 JWT 的有效性，如果有效，则允许用户访问资源。JWT 的优势显而易见。JWT 不需要存储在服务器的数据库中，从而减轻了服务器的压力。

JWT 包含了所有必要的信息，减少了网络传输量。JWT 高度可扩展，使分布式系统和微服务架构的构建变得容易。JWT 的签名和加密特性，保证了传输过程中的数据安全性。

JWT是一种开放标准,可以在不同的平台和编程语言使用。在这个国度里,JWT成为居民最信赖的助手,JWT的普及,让这个国度的居民们在网络世界中更加自由地翱翔,共同创造一个安全、便捷的未来。

4.3.2　JWT密钥库

JWT密钥库是一种专用于存储、管理JWT令牌加密的密钥库。JWT密钥库通常在Java应用中用于用户身份验证、授权和数据交换等场景。

JWT密钥库包含以下关键组件。

(1)密钥(key):用于加密和签名JWT令牌的对称或非对称密钥。密钥必须安全,以确保在传输过程中不被篡改。

(2)证书文件(certificate):包含证书的文件。证书可以是X.509数字证书,用于验证公钥的持有者身份。证书也可以是自签名证书或来自可信证书颁发机构(CA)的证书。

(3)JSON对象:存储JWT令牌的JSON对象,包括有效期、令牌类型(如Bearer令牌)和签名算法等。

在Java应用中,通常使用Java Keytool工具创建JWT密钥库。JWT密钥库文件的扩展名为.jks,例如jwt.jks。

使用JWT密钥库的好处包括以下几点。

(1)安全性:通过安全密钥和证书,确保在传输JWT令牌的过程中不被篡改。

(2)可扩展性:由于JWT令牌自包含且可以在不安全网络环境中传输,因此实现了可扩展的身份验证和授权。

(3)简化性:用户进行身份验证时,JWT密钥库可存储用户的JWT令牌,从而在需要时进行授权和访问控制。

综上所述,JWT密钥库(jwt.jks)是一种用于存储和管理JWT令牌的加密密钥库,可在Java应用程序中实现安全的用户身份验证、授权和数据交换。

以下是使用Java Keytool工具创建JWT密钥库(jwt.jks)文件的步骤。需要确保已安装Java开发工具包(JDK)并配置了环境变量,否则可能会出现Keytool闪退现象。

(1)打开终端或命令提示符。

(2)导航至JDK的bin目录,例如cd D:\Java\JDK\bin。

(3)使用keytool命令生成JWT密钥库。在命令行中输入以下示例命令,代码如下:

```
#-alias:密钥的别名;-keyalg:使用的哈希算法;-keypass:密钥的访问密码;-keystore:密
#钥库文件名,jwt.jks ->生成的证书;-storepass:密钥库的访问密码
keytool -genkeypair -alias jwt -keyalg RSA -keypass as@df#gh$jk%124680 -
keystore jwt.jks -storepass as@df#gh$jk%124680
```

Keytool是一个Java提供的证书管理工具。

在输入密钥库密码、密钥和其他详细信息后,系统将生成JWT密钥库(jwt.jks)。

(4)查看JWT密钥库信息。输入以下示例命令,代码如下:

```
keytool -list -keystore jwt.jks
```

根据提示输入密钥库密码，以查看密钥库中的密钥和证书信息。

（5）导出 JWT Token。输入以下命令将 JWT Token 导出到 jwt.jks 文件，代码如下：

```
keytool -exportcert -alias jwt -file jwt.cer -keystore jwt.jks
```

根据提示输入密钥库密码，将生成 JWT Token 的证书文件（jwt.cer），如图 4-7 所示。

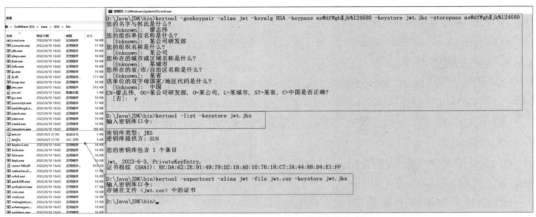

图 4-7　生成 JWT Token 的证书文件

（6）生成并使用 JWT Token，把生成的 jwt.jks 文件复制到项目的 resources 目录下面，如图 4-8 所示。

JWT Token 的有效期通常为几天到几年。在生产环境中，务必使用强密钥和证书保护 JWT Token，以确保安全性。在使用 JWT Token 时，应遵循最佳实践，例如定期更新密钥和证书，避免在不安全的网络环境中传输等。

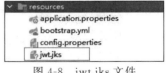

图 4-8　jwt.jks 文件

（7）最后在配置和代码中使用 jwt.jks 文件及相关配置即可，这部分内容下面将单独阐述。

4.3.3　JWT 的使用

1．添加依赖

在 pom.xml 文件中添加相关依赖，代码如下：

```
//第 4 章/4.3.3　添加依赖
<!--属性配置-->
<properties>
    <!--项目编码-->
    <project.build.sourceEncoding>UTF-8</project.build.sourceEncoding>
    <!--报表输出编码-->
```

```xml
<project.reporting.outputEncoding>UTF-8</project.reporting.outputEncoding>
    <!--Java 版本-->
    <java.version>1.8</java.version>
    <!--Spring Boot 版本-->
    <spring.boot.version>2.3.12.RELEASE</spring.boot.version>
    <!--Spring Cloud 版本-->
    <spring.cloud.version>Hoxton.SR12</spring.cloud.version>
    <!--Spring Cloud Alibaba 版本-->

<spring.cloud.alibaba.version>2.2.7.RELEASE</spring.cloud.alibaba.version>
</properties>
<dependencies>
    <!--Spring Boot 核心依赖-->
    <dependency>
        <groupId>org.springframework.boot</groupId>
        <artifactId>spring-boot-starter</artifactId>
    </dependency>
    <!--Spring Boot 测试依赖-->
    <dependency>
        <groupId>org.springframework.boot</groupId>
        <artifactId>spring-boot-starter-test</artifactId>
        <scope>test</scope>
    </dependency>
    <!--Spring Boot Web 依赖-->
    <dependency>
        <groupId>org.springframework.boot</groupId>
        <artifactId>spring-boot-starter-web</artifactId>
    </dependency>
    <!--Spring Cloud 引导依赖版本-->
    <dependency>
        <groupId>org.springframework.cloud</groupId>
        <artifactId>spring-cloud-starter-bootstrap</artifactId>
        <version>3.1.0</version>
    </dependency>
    <!--Spring Security OAuth 2 依赖-->
    <dependency>
        <groupId>org.springframework.cloud</groupId>
        <artifactId>spring-cloud-starter-oauth2</artifactId>
    </dependency>
    <!--JWT 依赖-->
    <dependency>
        <groupId>io.jsonwebtoken</groupId>
        <artifactId>jjwt</artifactId>
        <version>0.9.1</version>
    </dependency>
    <!--Lombok 插件依赖-->
    <dependency>
        <groupId>org.projectlombok</groupId>
        <artifactId>lombok</artifactId>
```

```xml
            <version>RELEASE</version>
            <scope>compile</scope>
        </dependency>
        <!--Commons Lang 3 工具包依赖-->
        <dependency>
            <groupId>org.apache.commons</groupId>
            <artifactId>commons-lang3</artifactId>
            <version>3.10</version>
        </dependency>
        <!--OpenFeign 客户端依赖-->
        <dependency>
            <groupId>org.springframework.cloud</groupId>
            <artifactId>spring-cloud-openfeign-core</artifactId>
            <version>2.2.6.RELEASE</version>
        </dependency>
        <!--Redis 依赖-->
        <dependency>
            <groupId>org.springframework.boot</groupId>
            <artifactId>spring-boot-starter-data-redis</artifactId>
        </dependency>
        <dependency>
            <groupId>org.apache.commons</groupId>
            <artifactId>commons-pool2</artifactId>
        </dependency>
        <!--FastJSON 依赖-->
        <dependency>
            <groupId>com.alibaba</groupId>
            <artifactId>fastjson</artifactId>
            <version>1.2.62</version>
        </dependency>
    </dependencies>
    <!--管理依赖版本-->
    <dependencyManagement>
        <dependencies>
            <!--Spring Boot 父类依赖-->
            <dependency>
                <groupId>org.springframework.boot</groupId>
                <artifactId>spring-boot-starter-parent</artifactId>
                <version>${spring.boot.version}</version>
                <type>pom</type>
                <scope>import</scope>
            </dependency>
            <!--Spring Cloud 依赖版本-->
            <dependency>
                <groupId>org.springframework.cloud</groupId>
                <artifactId>spring-cloud-dependencies</artifactId>
                <version>${spring.cloud.version}</version>
                <type>pom</type>
                <scope>import</scope>
```

```xml
        </dependency>
        <!--Spring Cloud Alibaba 依赖版本-->
        <dependency>
            <groupId>com.alibaba.cloud</groupId>
            <artifactId>spring-cloud-alibaba-dependencies</artifactId>
            <version>${spring.cloud.alibaba.version}</version>
            <type>pom</type>
            <scope>import</scope>
        </dependency>
    </dependencies>
</dependencyManagement>
<build>
    <plugins>
        <!--Maven 编译插件-->
        <plugin>
            <groupId>org.apache.maven.plugins</groupId>
            <artifactId>maven-compiler-plugin</artifactId>
            <version>2.4</version>
            <configuration>
                <source>${java.version}</source>
                <target>${java.version}</target>
                <!--项目编码-->
                <encoding>${project.build.sourceEncoding}</encoding>
            </configuration>
        </plugin>
    </plugins>
    <resources>
        <!--包含的资源目录-->
        <resource>
            <directory>src/main/resources</directory>
            <!--过滤,将项目编码进行变量替换-->
            <filtering>true</filtering>
            <!--排除文件-->
            <Exceludes>
                <Excelude>**/*.jks</Excelude>
            </Exceludes>
        </resource>
        <resource>
            <directory>src/main/resources</directory>
            <filtering>false</filtering>
            <!--包含文件-->
            <includes>
                <include>**/*.jks</include>
            </includes>
        </resource>
    </resources>
</build>
```

2. 添加配置

在 Bootstrap.yml 配置文件中添加配置，代码如下：

```
//第 4 章/4.3.3  添加配置
spring:
  profiles:
    active: dev  #将当前的环境指定为 dev
  application:
    name: security-oauth2  #应用程序的名称为 security-oauth2
  main:
    allow-bean-definition-overriding: true
    #是否允许具有相同名称的 Bean 来覆盖之前的 Bean
  cloud:
    redis:
      host: 192.168.122.128  #Redis 的 IP 地址
      database: 0  #Redis 的数据库编号为 0
      client-name: root  #Redis 的客户端名称为 root
      password: xxs23r34fsc  #Redis 的登录密码为 xxs23r34fsc
auth:
  jwt:
    keyPairName: jwt.jks  #指定使用哪个密钥对文件
    keyPairAlias: jwt  #将密钥对的别名指定为 jwt
    keyPairSecret: as@df#gh$jk%124680  #密钥对的密钥为 as@df#gh$jk%124680
    keyPairStoreSecret: as@df#gh$jk%124680
    #密钥对文件的密码为 as@df#gh$jk%124680
```

3. 匿名用户访问资源时无权限的处理

创建 JWTAuthenticationEntryPoint 类，代码如下：

```
//第 4 章/4.3.3  创建 JWTAuthenticationEntryPoint 类
import com.alibaba.fastjson.json; //导入 fastjson 工具包
import org.springframework.security.core.AuthenticationException;
//导入 Spring Security 的异常类
import org.springframework.security.web.AuthenticationEntryPoint;
//导入 Spring Security 的认证入口接口
import javax.servlet.ServletException; //导入 Servlet 异常类
import javax.servlet.http.HttpServletRequest; //导入 HttpServlet 请求类
import javax.servlet.http.HttpServletResponse; //导入 HttpServlet 响应类
import java.io.IOException; //导入 IO 异常类
/**
 * @Description: 匿名用户访问资源时无权限的处理
 */
public class JWTAuthenticationEntryPoint implements AuthenticationEntryPoint {
  @Override
  public void commence (HttpServletRequest request, HttpServletResponse response,
AuthenticationException authException) throws IOException, ServletException {
```

```
    response.setCharacterEncoding("utf-8"); //将响应字符集设置为utf-8
    response.setContentType("text/javascript;charset=utf-8");
    //将响应类型设置为javascript
    response.getWriter().print(JSON.toJSONString("未登录,没有访问权限"));
    //返回JSON格式的错误信息
    }
}
```

4. 拦截登录请求并生成 JWT 令牌

创建 JWTAuthenticationFilter 类，代码如下：

```
//第4章/4.3.3 创建JWTAuthenticationFilter类
import com.alibaba.fastjson.json;
import com.example.springcloudsecurityoauth2demo.utils.JwtTokenUtil;
import org.springframework.security.authentication.*;
import org.springframework.security.core.Authentication;
import org.springframework.security.core.AuthenticationException;
import org.springframework.security.core.GrantedAuthority;
import org.springframework.security.core.userdetails.User;
import org.springframework.security.web.authentication.
UsernamePasswordAuthenticationFilter;
import javax.servlet.FilterChain;
import javax.servlet.ServletException;
import javax.servlet.http.HttpServletRequest;
import javax.servlet.http.HttpServletResponse;
import java.io.IOException;
import java.util.Collection;
public class JWTAuthenticationFilter extends
UsernamePasswordAuthenticationFilter {
    private AuthenticationManager authenticationManager;
    public JWTAuthenticationFilter(AuthenticationManager
authenticationManager) {
        this.authenticationManager =authenticationManager;
    }
    @Override
    public Authentication attemptAuthentication (HttpServletRequest request,
HttpServletResponse response) throws AuthenticationException {
        UsernamePasswordAuthenticationToken token =new
UsernamePasswordAuthenticationToken(
                request.getParameter("username"),
request.getParameter("password"));
        return authenticationManager.authenticate(token);
    }
    @Override
    protected void successfulAuthentication ( HttpServletRequest request,
HttpServletResponse response, FilterChain chain, Authentication authResult)
throws IOException, ServletException {
```

```
            User user =(User) authResult.getPrincipal();
            //从 User 中获取权限信息
            Collection<? extends GrantedAuthority>authorities =user.getAuthorities();
            //创建 Token
            String token =JwtTokenUtil.createToken(user.getUsername(),
authorities.toString());
            response.setCharacterEncoding("UTF-8");
            response.setContentType("application/json; charset=utf-8");
            //在请求头里返回创建成功的 token,将请求头设置为带有"Bearer "前缀的 token 字
            //符串
            response.setHeader("token", JwtTokenUtil.TOKEN_PREFIX +token);
            response.setContentType("text/json;charset=utf-8");
            response.getWriter().write(JSON.toJSONString("登录成功"));
        }
    @Override
      protected void unsuccessfulAuthentication (HttpServletRequest  request,
HttpServletResponse response, AuthenticationException failed) throws
IOException, ServletException {
            String returnData="";
            if (failed instanceof AccountExpiredException) {
                returnData="账号过期";
            }else if (failed instanceof BadCredentialsException) {
                returnData="密码错误";
            }else if (failed instanceof CredentialsExpiredException) {
                returnData="密码过期";
            }else if (failed instanceof DisabledException) {
                returnData="账号不可用";
            }else if (failed instanceof LockedException) {
                returnData="账号锁定";
            }else if (failed instanceof InternalAuthenticationServiceException) {
                returnData="用户不存在";
            }else{
                returnData="未知异常";
            }
            response.setContentType("text/json;charset=utf-8");
            response.getWriter().write(JSON.toJSONString(returnData));
        }
    }
```

5. 处理请求并检查令牌的 Authorization 标头

创建 JWTAuthorizationFilter 类,代码如下:

```
//第 4 章/4.3.3  创建 JWTAuthorizationFilter 类
//引入 JwtTokenUtil 工具类
import com.example.springcloudsecurityoauth2demo.utils.JwtTokenUtil;
//引入 StringUtils 工具类
import org.apache.commons.lang3.StringUtils;
//引入 Spring Security 的认证管理器和相关类
import org.springframework.security.authentication.AuthenticationManager;
```

```java
import org.springframework.security.authentication.
UsernamePasswordAuthenticationToken;
import org.springframework.security.core.authority.SimpleGrantedAuthority;
import org.springframework.security.core.context.SecurityContextHolder;
import org.springframework.security.web.authentication.www.
BasicAuthenticationFilter;
//引入 Servlet 相关类
import javax.servlet.FilterChain;
import javax.servlet.ServletException;
import javax.servlet.http.HttpServletRequest;
import javax.servlet.http.HttpServletResponse;
import java.io.IOException;
import java.util.ArrayList;
import java.util.Collection;
public class JWTAuthorizationFilter extends BasicAuthenticationFilter {
    //构造函数,调用父类的构造函数
    public JWTAuthorizationFilter(AuthenticationManager
authenticationManager) {
        super(authenticationManager);
    }
    //过滤器方法,用于解析 token 并进行认证
    @Override
    protected void doFilterInternal(HttpServletRequest request, HttpServletResponse
response, FilterChain filterChain) throws ServletException, IOException {
        //从请求头中获取 Token 信息
        String tokenHeader = request.getHeader(JwtTokenUtil.TOKEN_HEADER);
        //若请求头中没有 Authorization 信息或 Authorization 不以 Bearer 开头,
        //则直接放行
        if (tokenHeader == null || !tokenHeader.startsWith(JwtTokenUtil.TOKEN_
PREFIX)){
            filterChain.doFilter(request, response);
            return;
        }
        //若请求头中有 Token,则调用下面的方法进行解析并设置认证信息
        //将解析出的认证信息存入 SecurityContextHolder 中
        SecurityContextHolder.getContext().setAuthentication
(getAuthentication(tokenHeader));
        //继续执行下一个过滤器
        super.doFilterInternal(request, response, filterChain);
    }
    /*
     * 从 token 中获取用户信息并新建一个 Token
     * @param tokenHeader 字符串形式的 Token 请求头
     * @return 带用户名和密码及权限的 Authentication
     */
```

```
        private UsernamePasswordAuthenticationToken getAuthentication (String
tokenHeader) {
        //去掉前缀,获取 Token 字符串
        String token =tokenHeader.replace(JwtTokenUtil.TOKEN_PREFIX, "");
        //从 Token 中解密,获取用户名
        String username =JwtTokenUtil.getUsername(token);
        //从 Token 中解密,获取用户角色
        String role =JwtTokenUtil.getUserRole(token);
        //将 [ROLE_XXX,ROLE_YYY]格式的角色字符串转换为数组
        String[] roles =StringUtils.strip(role, "[]").split(", ");
        Collection<SimpleGrantedAuthority>authorities=new ArrayList<>();
        //遍历角色数组,将每个角色添加到权限列表中
        for (String s:roles) {
            authorities.add(new SimpleGrantedAuthority(s));
        }
        //如果用户名不为空,则新建一个 UsernamePasswordAuthenticationToken 并返回
        if (username !=null) {
            return new UsernamePasswordAuthenticationToken (username, null,
authorities);
        }
        //否则返回 null
        return null;
    }
}
```

6. 配置授权及令牌的访问端点和令牌

创建 AuthServerJwtTokenStoreConfig 类,代码如下:

```
//第 4 章/4.3.3  创建 AuthServerJwtTokenStoreConfig 类
//引入 UserService 接口
import com.example.springcloudsecurityoauth2demo.service.UserService;
//引入自带注解
import org.springframework.beans.factory.annotation.Autowired;
import org.springframework.beans.factory.annotation.Qualifier;
import org.springframework.context.annotation.Configuration;
import org.springframework.http.HttpMethod;
import org.springframework.security.authentication.AuthenticationManager;
import org.springframework.security.crypto.password.PasswordEncoder;
import org.springframework.security.oauth2.config.annotation.configurers.
ClientDetailsServiceConfigurer;
import org.springframework.security.oauth2.config.annotation.web.
configuration.AuthorizationServerConfigurerAdapter;
import org.springframework.security.oauth2.config.annotation.web.
configuration.EnableAuthorizationServer;
import org.springframework.security.oauth2.config.annotation.web.configurers.
AuthorizationServerEndpointsConfigurer;
import org.springframework.security.oauth2.config.annotation.web.configurers.
AuthorizationServerSecurityConfigurer;
```

```java
import org.springframework.security.oauth2.provider.token.TokenEnhancer;
import org.springframework.security.oauth2.provider.token.TokenEnhancerChain;
import org.springframework.security.oauth2.provider.token.TokenStore;
import org.springframework.security.oauth2.provider.token.store.JwtAccessToken-
Converter;
import java.util.ArrayList;
import java.util.List;
/**
 * @Description: 基于 jwt.jks 文件授权服务器存储第三方客户端的信息
 */
@Configuration
@EnableAuthorizationServer
public class AuthServerJwtTokenStoreConfig extends
AuthorizationServerConfigurerAdapter {
    //自动装配 jwtTokenStore 实例
    @Autowired
    @Qualifier("jwtTokenStore")
    private TokenStore jwtTokenStore;
    //自动装配 jwtAccessTokenConverter 实例
    @Autowired
    private JwtAccessTokenConverter jwtAccessTokenConverter;
    //自动装配 userService 实例
    @Autowired
    private UserService userService;
    //自动装配 authenticationManagerBean 实例
    @Autowired
    private AuthenticationManager authenticationManagerBean;
    //自动装配 authTokenEnhancer 实例
    @Autowired
    private AuthTokenEnhancer authTokenEnhancer;
    //自动装配 passwordEncoder 实例
    @Autowired
    private PasswordEncoder passwordEncoder;
    /**
     * @Description 第三方信息的存储
     */
    @Override
    public void configure(ClientDetailsServiceConfigurer clients) throws
Exception {
        clients.inMemory()
                //配置 client_id
                .withClient("client")
                //配置 client-secret
                .secret(passwordEncoder.encode("client_secret"))
                //配置访问 Token 的有效期
                .accessTokenValiditySeconds(3600)
                //配置刷新 Token 的有效期
                .refreshTokenValiditySeconds(864000)
```

```
                    //配置 redirect_uri,用于授权成功后跳转,可以配置多个,例如
    //.redirectUris("http://localhost:8081/login","http://localhost:8082/login")
    //.redirectUris("http://127.0.0.1:8080/securityOauth2/redirectUris")
                    //自动授权配置
                    .autoApprove(true)
                    //配置申请的权限范围
                    .scopes("all")
                    /**
                     * 配置 grant_type,表示授权类型
                     * authorization_code: 授权码模式
                     * implicit: 简化模式
                     * password: 密码模式
                     * client_credentials: 客户端模式
                     * refresh_token: 更新令牌
                     */
                      . authorizedGrantTypes ( " authorization _ code "," implicit ",
    "password","client_credentials","refresh_token");
        }
        /**
         * @Description 配置授权服务器端点相关处理
         */
        @Override
        public void configure (AuthorizationServerEndpointsConfigurer endpoints)
    throws Exception {
            //配置 JWT 的内容增强器
            TokenEnhancerChain enhancerChain =new TokenEnhancerChain();
            List<TokenEnhancer>delegates =new ArrayList<>();
            delegates.add(authTokenEnhancer);
            delegates.add(jwtAccessTokenConverter);
            enhancerChain.setTokenEnhancers(delegates);
            //当使用密码模式时需要配置(使用 JWT 文件的方式)
            endpoints.authenticationManager(authenticationManagerBean)
                    //当使用密码模式时需要配置
                    .reuseRefreshTokens(false)   //refresh_token 是否重复使用
                    .userDetailsService(userService)
                    //刷新令牌授权包含对用户信息的检查
                    .tokenStore(jwtTokenStore)
                    //配置存储令牌策略(使用 JWT 文件存储的方式)
                    .accessTokenConverter(jwtAccessTokenConverter)
                    .tokenEnhancer(enhancerChain) //配置 tokenEnhancer
                    .allowedTokenEndpointRequestMethods(HttpMethod.GET,HttpMethod.
    POST,HttpMethod.DELETE,HttpMethod.PUT);
                    //支持 GET 请求、POST 请求、DELETE 请求和 PUT 请求

        }

        /**
         * 授权服务器安全配置
```

```
     * @param security
     * @throws Exception
     */
    @Override
    public void configure (AuthorizationServerSecurityConfigurer security)
throws Exception {
        //允许客户表单认证,不加/oauth/token 无法访问
        security.allowFormAuthenticationForClients()
                //对于 CheckEndpoint 控制器[框架自带的校验]的/oauth/token 端点允许
                //所有客户端发送器请求而不会被 Spring-security 拦截
                //开启/oauth/token_key 验证端口无权限访问
                .tokenKeyAccess("permitAll()")
                //要访问/oauth/check_token 必须设置为 permitAll(),但这样所有人都可
                //以访问了,设为 isAuthenticated()又导致访问不了,这个问题暂时没找到
                //解决方案
                //开启/oauth/check_token 验证端口认证权限访问
                .checkTokenAccess("permitAll()")
//第三方客户端校验 token 需要带入 clientId 和 clientSecret 来校验
                .checkTokenAccess("isAuthenticated()")
                .tokenKeyAccess("isAuthenticated()");
                //获取 tokenKey 需要代入 clientId 和 clientSecret
        //允许客户表单认证,不加/oauth/token 无法访问
        security.allowFormAuthenticationForClients();
    }
}
```

7. jwt.jks 文件形式存储

创建 JwtTokenStoreConfig 类,代码如下:

```
//第 4 章/4.3.3  创建 JwtTokenStoreConfig 类
/**
 * @Description: 该类是 Jwt 令牌存储的配置类,将 jwt.jks 文件形式存储的密钥用于身份
验证
 */
import com.example.springcloudsecurityoauth2demo.properties.JwtCAProperties;
import org.springframework.beans.factory.annotation.Autowired;
import org.springframework.boot.context.properties.
EnableConfigurationProperties;
import org.springframework.context.annotation.Bean;
import org.springframework.context.annotation.Configuration;
import org.springframework.core.io.ClassPathResource;
import org.springframework.security.oauth2.provider.token.TokenStore;
import org.springframework.security.oauth2.provider.token.store.
JwtAccessTokenConverter;
import org.springframework.security.oauth2.provider.token.store.
JwtTokenStore;
import org.springframework.security.rsa.crypto.KeyStoreKeyFactory;
import java.security.KeyPair;
@Configuration
```

```
@EnableConfigurationProperties(value =JwtCAProperties.class)
//启用 JwtCAProperties 的配置
public class JwtTokenStoreConfig {
    //使用 JWT 文件的方式
    @Bean
    public TokenStore jwtTokenStore(){
        return new JwtTokenStore(jwtAccessTokenConverter());
    }
    @Bean
    public AuthTokenEnhancer authTokenEnhancer() {
        return new AuthTokenEnhancer(); //自定义的 AuthTokenEnhancer
    }
    @Autowired //自动注入 JwtCAProperties 的配置
    private JwtCAProperties jwtCAProperties;
    @Bean
    public KeyPair keyPair() {
        KeyStoreKeyFactory keyStoreKeyFactory =new KeyStoreKeyFactory(
                new ClassPathResource(jwtCAProperties.getKeyPairName()),
                //获取 jwt.jks 文件
                jwtCAProperties.getKeyPairSecret().toCharArray());
                //获取 jwt.jks 文件的密码
        return keyStoreKeyFactory.getKeyPair(jwtCAProperties.getKeyPairAlias(),
        //获取密钥别名
                jwtCAProperties.getKeyPairStoreSecret().toCharArray());
                //获取密钥库的密码
    }
    @Bean
    public JwtAccessTokenConverter jwtAccessTokenConverter() {
        JwtAccessTokenConverter accessTokenConverter =new
JwtAccessTokenConverter();
        //配置 JWT 使用的密钥,非对称加密
        accessTokenConverter.setKeyPair(keyPair());
        //使用 keyPair()方法获取 jwt.jks 文件中的密钥
        return accessTokenConverter; //返回 JwtAccessTokenConverter 实例
    }
}
```

8. 改造 WebSecurityConfig 类

改造 WebSecurityConfig 类,使用 JWT 鉴权,代码如下:

```
//第 4 章/4.3.3 改造 WebSecurityConfig 类
import com.example.springcloudsecurityoauth2demo.filter.
JWTAuthenticationEntryPoint;
import com.example.springcloudsecurityoauth2demo.filter.
JWTAuthenticationFilter;
import com.example.springcloudsecurityoauth2demo.filter.
JWTAuthorizationFilter;
import com.example.springcloudsecurityoauth2demo.service.UserService;
import org.springframework.beans.factory.annotation.Autowired;
```

```java
import org.springframework.context.annotation.Bean;
import org.springframework.context.annotation.Configuration;
import org.springframework.security.authentication.AuthenticationManager;
import org.springframework.security.config.annotation.authentication.
builders.AuthenticationManagerBuilder;
import org.springframework.security.config.annotation.web.builders.
HttpSecurity;
import org.springframework.security.config.annotation.web.configuration.
EnableWebSecurity;
import org.springframework.security.config.annotation.web.configuration.
WebSecurityConfigurerAdapter;
import org.springframework.security.config.http.SessionCreationPolicy;
import org.springframework.security.crypto.bcrypt.BCryptPasswordEncoder;
import org.springframework.security.crypto.password.PasswordEncoder;
import org.springframework.web.cors.CorsConfiguration;
import org.springframework.web.cors.CorsConfigurationSource;
import org.springframework.web.cors.urlBasedCorsConfigurationSource;
@EnableWebSecurity
@Configuration
public class WebSecurityConfig extends WebSecurityConfigurerAdapter {
    @Autowired
    private UserService userService;
    @Override
    protected void configure(AuthenticationManagerBuilder auth) throws Exception {
        auth.userDetailsService(userService);
    }
    @Bean
    @Override
    public AuthenticationManager authenticationManagerBean() throws Exception {
        //OAuth 2 密码模式需要获得这个 Bean
        return super.authenticationManagerBean();
    }
    //密码模式
    @Bean
    public PasswordEncoder passwordEncoder() {
        return new BCryptPasswordEncoder();
    }
    @Override
    protected void configure(HttpSecurity http) throws Exception {
        http.cors()
                .and().authorizeRequests()
                .antMatchers("/user/**").hasRole("admin")
                .anyRequest().permitAll()
                //添加 JWT 登录拦截器
                .and().addFilter(new
JWTAuthenticationFilter(authenticationManager()))
                //添加 JWT 鉴权拦截器
                .addFilter(new JWTAuthorizationFilter(authenticationManager()))
                //将 Session 的创建策略设置为 Spring Security,不创建 HttpSession
```

```
                  .sessionManagement().sessionCreationPolicy
(SessionCreationPolicy.STATELESS)
                  //匿名用户访问无权限资源时的异常处理
                  .and().exceptionHandling().authenticationEntryPoint(new
JWTAuthenticationEntryPoint())
                  .and().csrf().disable();//关闭 CSRF 保护
    }
    @Bean
    CorsConfigurationSource corsConfigurationSource(){
        final UrlBasedCorsConfigurationSource source =new
UrlBasedCorsConfigurationSource();
        //注册跨域配置
        source.registerCorsConfiguration("/**", new
CorsConfiguration().applyPermitDefaultValues());
        return source;
    }
}
```

9. JwtTokenUtil 类

创建 JwtTokenUtil 工具类，代码如下：

```
//第 4 章/4.3.3  创建 JwtTokenUtil 类
import io.jsonwebtoken.Claims;
import io.jsonwebtoken.Jwts;
import io.jsonwebtoken.SignatureAlgorithm;
import java.util.Date;
import java.util.HashMap;
import java.util.Map;
public class JwtTokenUtil {
    //Token 请求头
    public static final String TOKEN_HEADER ="Authorization";
    //Token 前缀
    public static final String TOKEN_PREFIX ="Bearer ";
    //过期时间
    public static final long EXPIRITION = 24 * 60 * 60 ; //过期时间为 1 天
    //应用密钥,用于签名
    public static final String APPSECRET_KEY ="as@df#gh$jk%l24680";
    //角色权限声明
    private static final String ROLE_CLAIMS ="role";
    /**
     * 生成 Token
     */
    public static String createToken(String username,String role) {
      Map<String,Object>map =new HashMap<>();
      map.put(ROLE_CLAIMS, role); //将角色权限声明放入 map 中
      String token =Jwts
          .builder()
          .setSubject(username) //设置令牌的主题
          .setClaims(map) //将上面定义的 map 放入令牌中
```

```
            .claim("username",username) //将用户名放入令牌中
            .setIssuedAt(new Date()) //将令牌的发布时间设置为当前时间
            .setExpiration(new Date(System.currentTimeMillis() +EXPIRITION))
            //将令牌的过期时间设置为当前时间+过期时间
            .signWith(SignatureAlgorithm.HS256, APPSECRET_KEY).compact();
            //使用HS256算法进行签名,并返回令牌字符串
        return token;
    }
    /**
     * 校验Token
     */
    public static Claims checkJWT(String token) {
        try {
            final Claims claims = Jwts.parser().setSigningKey(APPSECRET_KEY).
parseClaimsJws(token).getBody(); //解析令牌,获取其中的claims对象
            return claims;
        } catch (Exception e) {
            e.printStackTrace();
            return null;
        }
    }
    /**
     * 从Token中获取username
     */
    public static String getUsername(String token){
        Claims claims = Jwts.parser().setSigningKey(APPSECRET_KEY).
parseClaimsJws(token).getBody(); //解析令牌,获取其中的claims对象
        return claims.get("username").toString(); //获取claims中的用户名
    }
    /**
     * 从Token中获取用户角色
     */
    public static String getUserRole(String token){
        Claims claims = Jwts.parser().setSigningKey(APPSECRET_KEY).
parseClaimsJws(token).getBody(); //解析令牌,获取其中的claims对象
        return claims.get("role").toString(); //获取claims中的角色权限声明
    }
    /**
     * 校验Token是否过期
     */
    public static boolean isExpiration(String token){
        Claims claims = Jwts.parser().setSigningKey(APPSECRET_KEY).
parseClaimsJws(token).getBody(); //解析令牌,获取其中的claims对象
        return claims.getExpiration().before(new Date()); //判断令牌是否过期
    }
}
```

Spring Cloud Gateway

Spring Cloud Gateway 是一个基于多项技术开发的网关服务,它能够帮助开发者打造高效、稳定、安全的微服务应用程序。通过可扩展的路由、过滤器、负载均衡、安全性和监控等功能,能够轻松地将请求路由到微服务实例,优化接口响应,进而提升系统性能。本节将详细介绍如何使用 Spring Cloud Gateway 建立一个简单的微服务网关,涵盖了路由定义、过滤器添加及负载均衡实现等方面。

本节从动态路由、限流、负载均衡等方面为读者展示 Spring Cloud Gateway 的技术优势,同时还将对网关产品进行对比,帮助读者更好地选择适合自己的产品。同时还将介绍路由与更新、负载均衡策略、过滤器、限流方式、底层工作原理、高并发下的问题及解决方案等内容,使读者更加全面地了解 Spring Cloud Gateway 的优势和应用。希望通过本书,能够激发读者对 Spring Cloud Gateway 的兴趣和热情,同时也希望能够为读者提供实用的技术指南,帮助读者更好地应对分布式微服务架构的挑战。

5.1 动态路由/限流/负载均衡

在快速发展的微服务架构世界中,一群勇敢的开发者正在构建一个庞大的电子商务系统。在此系统中,多个微服务相互协同工作,例如订单管理、库存管理和购物车功能。作为核心组件的 API 网关,负责处理所有的请求。某个时刻,系统遭遇前所未有的流量冲击,大量请求涌入 API 网关,使处理速度显著降低。开发者意识到,如不及时解决问题,系统将面临崩溃的风险。在紧急情况下,开发者决定实施限流功能,以限制每个微服务的最大请求量。利用 API 网关限流功能,在请求进入网关之前进行限流处理。如此一来,即使流量高峰期,系统依然能够保持稳定运行。

除了限流功能,开发者还利用过滤器实现了用户身份验证。在请求到达微服务之前,过滤器会检查请求中的用户信息,确保仅有经过验证的用户方可访问系统。此举极大地提升了系统的安全性。

负载均衡方面,开发者借助 Spring Cloud Gateway 的动态路由功能。当有新请求到来时,API 网关会依据主机名、路径、方法和查询参数等元数据,从众多微服务中选取最合适的

目标地址。如此一来,系统能够根据实际需求动态调整负载,确保资源的合理分配。在 API
网关强大功能的支持下,开发者成功地应对了挑战,确保系统在高并发场景下稳定运行。

5.2　网关产品对比

随着互联网技术的飞速发展,网关服务已经成为各种应用程序和服务的关键组件。目
前市面上的主流网关服务主要有 Spring Cloud Gateway、Zuul、OpenResty 和 Kong 等,其
中,OpenResty 和 Kong 均依赖大量的 Lua 脚本,对开发者而言并非理想选择,而 Zuul 则存
在两个主要版本:Zuul 1 和 Zuul 2。

Zuul 1 基于 Servlet 框架构建,采用阻塞和多线程方式,这导致了较高的线程资源占用。
一个线程仅能处理一次连接请求,使处理流程较为复杂。Zuul 2 则引入了异步模型,运行于
无阻塞框架上,降低了线程开销,然而,Zuul 2 在 2.x 版本后通过事件触发请求处理,导致请
求流程易于中断,需要通过关联 ID 将整个请求串联起来。这使代码结构复杂且不易维护。

为解决 Zuul 的这些问题,Spring Cloud 推出了 Spring Cloud Gateway,以提升网关性
能。它是基于 Spring Boot 2.x、Spring Webflux 和 Project Reactor 的 API 网关服务,专注
于处理微服务之间的请求。

Spring Cloud Gateway 通过将负载均衡、路由、过滤等功能集成至其内部,简化了开发
和维护过程。同时,Spring Cloud Gateway 还支持动态路由配置,实现了网关的高可用和灵
活扩展。

5.3　路由与更新

在分布式系统中,路由是一种重要的功能,它决定了数据包从源节点到目标节点的传输
路径。

5.3.1　静态路由

静态路由是一种预先配置的路由策略,它在系统启动时被加载并持久化到系统中。静
态路由的优点是实现简单、配置方便,但缺点是无法适应网络拓扑的变化,容易造成路由表
过大,增加系统开销。

为实现静态路由,可创建一个名为 staticStateRouteLocator 的自定义 RouteLocator 并
对其进行配置。以下为简化后的实现步骤。

创建自定义 RouteLocator,代码如下:

```
//第 5 章/5.3.1 自定义 RouteLocator
import org.springframework.cloud.gateway.route.RouteLocator;
import org.springframework.cloud.gateway.route.builder.RouteLocatorBuilder;
import org.springframework.context.annotation.Bean;
```

```java
import org.springframework.context.annotation.Configuration;
@Configuration
public class StaticStateRouteLocator {
    @Bean
    public RouteLocator staticStateRouteLocator(RouteLocatorBuilder
routeLocatorBuilder) {
        return routeLocatorBuilder
                .routes()
                .route("staticState-route", r ->r
                    .path("/user") //匹配所有路径
                    .uri("userService") //配置目标 URI
                )
                .build();
    }
}
```

在此例中，定义了一个名为 staticStateRouteLocator 的 RouteLocator 的 Bean，并使用 RouteLocatorBuilder 创建了一个包含一个路由的配置。该路由的 URI 为 userService，表示当路径匹配到/user 时，将请求路由到 userService。

在 Spring Cloud Gateway 配置文件中使用自定义 RouteLocator。在应用的 application.properties 或 application.yml 文件中添加以下配置以使用自定义的路由，代码如下：

```yaml
//第 5 章/5.3.1 在配置文件中使用自定义的路由
spring:
  cloud:
    gateway:
      routes:
        #静态路由,将 id 指定为 staticState-route
        -id: staticState-route
          #uri 指向的服务名为 userService
          uri: userService
          predicates:
            #匹配所有的路径
            -Path=/**
```

在配置文件中定义一个名为 staticStateRoute 的 Routebean，它的 ID 为 staticStateroute。同时将 URI 指定为 userService，并添加了一个 Predicate（断言），用于匹配所有路径。

完成以上步骤后，当请求路径匹配到/＊＊时，Spring Cloud Gateway 将自动将请求路由到 userService。这就是使用 Spring Cloud Gateway 实现静态路由的基本步骤。

本示例仅简化了代码，在实际使用时需要考虑处理动态路由配置、负载均衡等问题。同时，根据项目需求，可能需要修改 userService 的实际路径以满足业务需求。

5.3.2　动态路由

动态路由是一种网络技术，它可以实时监测网络拓扑的变化，并根据这些变化自动调整路由选择,以确保网络流量的高效、稳定传输。与静态路由不同,动态路由不需要预先配置路由表,而是通过路由协议来实时更新路由信息,从而实现网络拓扑的动态管理。动态路由技术在现代网络架构中被广泛应用,尤其是在大型企业和数据中心网络中。

　　实现一个动态路由定位器的功能,可以从 Redis 中获取路由定义信息,将其添加到 Gateway 中。通过异步的方式实现添加、更新和删除路由,避免对主线程造成阻塞。同时,通过事件发布者的方式,实现路由信息的实时更新。这个功能对于需要动态更改路由规则的系统非常重要,可以极大地提高系统的灵活性和可维护性,代码如下:

```
//第 5 章/5.3.2 动态路由的实现
import com.alibaba.fastjson.json;
import org.springframework.cloud.gateway.event.RefreshRoutesEvent;
import org.springframework.cloud.gateway.route.RouteDefinition;
import org.springframework.cloud.gateway.route.RouteDefinitionWriter;
import org.springframework.context.ApplicationEventPublisher;
import org.springframework.context.ApplicationEventPublisherAware;
import org.springframework.data.redis.core.StringRedisTemplate;
import org.springframework.stereotype.Component;
import reactor.core.publisher.Mono;
import javax.annotation.PostConstruct;
import javax.annotation.Resource;
import java.util.concurrent.ExecutorService;
import java.util.concurrent.Executors;
/*
 * 动态路由定位器
 */
@Component
public class DynamicRouteLocator implements ApplicationEventPublisherAware {
    //网关路由信息的 Redis 键
    private static final String GATEWAY_ROUTES ="GATEWAY_ROUTES";
    //路由定义的写入器
    @Resource
    private RouteDefinitionWriter routeDefinitionWriter;
    //Redis 操作模板
    @Resource
    private StringRedisTemplate redisTemplate;
    //应用事件发布者
    private ApplicationEventPublisher publisher;
    //线程池
    private ExecutorService executorService =Executors.newFixedThreadPool(10);
    //Bean 初始化方法,在构造后执行
    @PostConstruct
    public void init() {
        //从 Redis 中获取路由定义信息,并添加到 Gateway 中
        redisTemplate.opsForHash().values(GATEWAY_ROUTES).forEach(route ->{
            RouteDefinition definition = JSON.parseObject(route.toString(),
RouteDefinition.class);
```

```
                add(definition);
        });
    }
    //实现 ApplicationEventPublisherAware 接口的方法,用于设置应用事件发布者
    @Override
    public void setApplicationEventPublisher(ApplicationEventPublisher
applicationEventPublisher) {
        this.publisher =applicationEventPublisher;
    }
    //发布刷新路由事件
    private void notifyChanged() {
        this.publisher.publishEvent(new RefreshRoutesEvent(this));
    }
    /**
     * 增加路由
     */
    public String add(RouteDefinition definition) {
        //提交到线程池中执行
        executorService.submit(() ->{
            try {
                routeDefinitionWriter.save(Mono.just(definition)).subscribe();
                notifyChanged();
                //将路由定义信息添加到 Redis 中
                    redisTemplate.opsForHash().put (GATEWAY_ROUTES, definition.
getId(), JSON.toJSONString(definition));
                } catch (Exception e) {
                    e.printStackTrace();
                }
        });
        return "success";
    }
    /**
     * 更新路由
     */
    public String update(RouteDefinition definition) {
        //提交到线程池中执行
        executorService.submit(() ->{
            try {
                routeDefinitionWriter.delete(Mono.just(definition.getId()));
                routeDefinitionWriter.save(Mono.just(definition)).subscribe();
                notifyChanged();
                //将更新后的路由定义信息更新到 Redis 中
                redisTemplate.opsForHash ().put (GATEWAY_ROUTES, definition.
getId(), JSON.toJSONString(definition));
                } catch (Exception e) {
                    e.printStackTrace();
                }
        });
        return "success";
```

```
    }
    /**
     * 删除路由
     */
    public String delete(String id) {
        //提交到线程池中执行
        executorService.submit(() ->{
            try {
                routeDefinitionWriter.delete(Mono.just(id)).subscribe();
                notifyChanged();
                //从 Redis 中删除路由定义信息
                redisTemplate.opsForHash().delete(GATEWAY_ROUTES, id);
            } catch (Exception e) {
                e.printStackTrace();
            }
        });
        return "delete success";
    }
}
```

首先,代码中定义了一个静态变量 GATEWAY_ROUTES,表示网关路由信息在 Redis 中的键值。同时,使用了 Spring Cloud Gateway 的路由定义写入器 RouteDefinitionWriter 和 Redis 操作模板 StringRedisTemplate,这两个对象都是通过注解@Resource 进行注入的。

在类初始化之后,通过@Bean 注解的 init()方法,从 Redis 中获取路由定义信息,并使用 RouteDefinitionWriter 的 save()方法将其添加到 Gateway 中,其中,获取的路由信息是以 JSON 格式存储的,需要使用 FastJson 的 JSON.parseObject()方法进行解析。

接下来是 3 个关键的方法:add()、update()和 delete(),分别用于添加、更新和删除路由。这 3 种方法均采用线程池的方式异步执行,避免对主线程造成阻塞。在添加路由的过程中,还需要将路由定义信息保存到 Redis,以便后续的更新和删除操作可以快速进行。

最后,代码中还定义了一个 notifyChanged()方法,用于发布刷新路由事件,以便将新的路由信息实时应用到 Gateway 中。这种方法调用了 ApplicationEventPublisher 的 publishEvent()方法,将 RefreshRoutesEvent 事件发布出去,告知 Gateway 需要更新路由信息。

5.3.3　底层全量更新和底层增量更新

底层全量更新:将整个路由表的内容全部重新计算和更新。更新实现简单,但网络容易中断,影响系统性能,代码如下:

```
//第 5 章/5.3.3 底层全量更新
import com.alibaba.fastjson.json; //引入 fastjson 库
import javassist.NotFoundException;
//引入 javassist 库的 NotFoundException 类
import org.slf4j.Logger; //引入日志库
```

```java
import org.slf4j.LoggerFactory; //引入日志库
import org.springframework.beans.factory.annotation.Value;
//引入Spring框架的注解
import org.springframework.cloud.gateway.event.RefreshRoutesEvent;
//引入gateway的RefreshRoutesEvent类
import org.springframework.cloud.gateway.route.RouteDefinition;
//引入gateway的RouteDefinition类
import org.springframework.cloud.gateway.route.RouteDefinitionRepository;
//引入gateway的RouteDefinitionRepository接口
import org.springframework.context.ApplicationEventPublisher;
//引入Spring框架的ApplicationEventPublisher类
import org.springframework.context.ApplicationEventPublisherAware;
//引入Spring框架的ApplicationEventPublisherAware接口
import org.springframework.context.event.EventListener;
//引入Spring框架的EventListener注解
import org.springframework.stereotype.Component;
//引入Spring框架的Component注解
import reactor.core.publisher.Flux; //引入Reactor库的Flux类
import reactor.core.publisher.Mono; //引入Reactor库的Mono类
import javax.annotation.PostConstruct; //引入javax库的PostConstruct注解
import java.nio.file.Files; //引入NIO库的Files类
import java.nio.file.Paths; //引入NIO库的Paths类
import java.util.ArrayList; //引入java.util库的ArrayList类
import java.util.List; //引入java.util库的List类
import java.util.stream.Collectors;
 //引入java.util.stream库的Collectors类
@Component //标注为Spring组件
public class FileRouteDefinitionRepository implements RouteDefinitionRepository,
ApplicationEventPublisherAware {
//定义FileRouteDefinitionRepository类实现RouteDefinitionRepository和
//ApplicationEventPublisherAware接口
    private static final Logger LOGGER =
LoggerFactory.getLogger(FileRouteDefinitionRepository.class);
    //声明静态Logger变量
    private ApplicationEventPublisher publisher;
    //定义ApplicationEventPublisher变量
    private List<RouteDefinition>routeDefinitionList =new ArrayList<>();
    //声明List<RouteDefinition>变量,并初始化为ArrayList
    @Value("${gateway.route.config.file}")
    //注入属性,需要去配置文件里面配置
    private String file; //声明文件路径变量
    @Override
    public  void  setApplicationEventPublisher ( ApplicationEventPublisher
publisher) { //实现setApplicationEventPublisher方法
        this.publisher =publisher; //给publisher赋值
    }
    @PostConstruct //标注为在构造函数之后执行的方法
    public void init() { //定义init方法
        load(); //调用load方法
```

```
    }
    /**
     * 监听事件刷新配置
     */
    @EventListener //标注为事件监听方法
    public void listenEvent(RefreshRoutesEvent event) {
    //定义 listenEvent 方法
        load(); //调用 load 方法
        this.publisher.publishEvent(event); //发布事件
    }
    /**
     * 加载
     */
    private void load() { //定义 load 方法
        try { //捕获异常
            String jsonStr = Files.lines(Paths.get(file)).collect(Collectors.
joining());
//读取并拼接文件内容
            routeDefinitionList = JSON.parseArray(jsonStr, RouteDefinition.
class); //将 JSON 字符串解析为 List<RouteDefinition>对象
            LOGGER.info("路由配置已加载,加载条数:{}", routeDefinitionList.size());
//打印日志
        } catch (Exception e) { //捕获异常
            LOGGER.error("从文件加载路由配置异常", e); //打印错误日志
        }
    }
    @Override
    public Mono<Void>save(Mono<RouteDefinition>route) { //实现 save 方法
        return Mono.defer(() ->Mono.error(new NotFoundException("Unsupported
operation"))); //返回错误信息
    }
    @Override
    public Mono<Void>delete(Mono<String>routeId) { //实现 delete 方法
        return Mono.defer(() ->Mono.error(new NotFoundException("Unsupported
operation"))); //返回错误信息
    }
    @Override
    public Flux<RouteDefinition>getRouteDefinitions() {
//实现 getRouteDefinitions 方法
        return Flux.fromIterable(routeDefinitionList);
        //返回 routeDefinitionList 的 Flux 流
    }
}
```

　　首先,gateway.route.config.file 属性要指向存在且格式正确的 JSON 文件,否则会抛出异常。其次,如果想动态更新路由配置,则需要在配置文件中开启 spring.cloud.gateway.discovery.locator.enabled 属性,并将其设置为 true,这样才能触发 RefreshRoutesEvent 事件来更新配置。注意,使用该事件更新配置时,需要确保已经开启了动态路由配置功能,否

则即使触发了事件，配置也无法更新。最后，使用 RouteDefinitionRepository 接口更新路由配置时，需要确保 Spring Cloud Gateway 版本支持该接口。

底层增量更新：更新发生变化的部分，由于数据量变小，容易出现网络中断的时间也变短。代码如下：

```
//第 5 章/5.3.3 底层增量更新

import lombok.RequiredArgsConstructor;
import lombok.extern.slf4j.Slf4j;
import org.springframework.cloud.gateway.event.RefreshRoutesEvent;
import org.springframework.cloud.gateway.route.RouteDefinition;
import org.springframework.cloud.gateway.route.RouteDefinitionRepository;
import org.springframework.context.ApplicationEventPublisher;
import org.springframework.context.ApplicationEventPublisherAware;
import org.springframework.stereotype.Component;
import reactor.core.publisher.Flux;
import reactor.core.publisher.Mono;
import java.util.ArrayList;
import java.util.List;
import java.util.Map;
import java.util.concurrent.ConcurrentHashMap;

/**
 * 保存路由信息,优先级比配置文件高
 */
@Component
@RequiredArgsConstructor //使用构造函数注入
@Slf4j(topic ="RedisRouteDefinitionWriter") //使用 lombok 的 slf4j 注解
public class RedisRouteDefinitionWriter implements RouteDefinitionRepository,
ApplicationEventPublisherAware {
    private final Map<String, RouteDefinition>routeDefinitions =new
ConcurrentHashMap<>(); //使用 ConcurrentHashMap 存储路由信息
    private ApplicationEventPublisher publisher;
    //定义 ApplicationEventPublisher 对象
    @Override
    public Mono<Void>save(Mono<RouteDefinition>route) {
        return route.flatMap(r ->{
            log.info("保存路由信息 {}", r); //日志记录
            routeDefinitions.put(r.getId(), r);
            //将路由信息保存在 ConcurrentHashMap 中
            refreshRoutes(); //刷新路由信息
            return Mono.empty();
        });
    }
    @Override
    public Mono<Void>delete(Mono<String>routeId) {
        return routeId.flatMap(id ->{
            RouteDefinition routeDefinition =routeDefinitions.remove(id);
```

```
                //从 ConcurrentHashMap 中移除对应 id 的路由信息
            if (routeDefinition ! =null) {
                log.info("删除路由信息 {}", routeDefinition); //日志记录
                refreshRoutes(); //刷新路由信息
            }
            return Mono.empty();
        });
    }
    private void refreshRoutes() {
        this.publisher.publishEvent(new RefreshRoutesEvent(this));
        //使用 ApplicationEventPublisher 发布 RefreshRoutesEvent 事件,刷新路由信息
    }
    /**
     * 动态路由入口
     * @return Flux<RouteDefinition>
     */
    @Override
    public Flux<RouteDefinition>getRouteDefinitions() {
        List<RouteDefinition> definitions = new ArrayList<>(routeDefinitions.
values());
        //获取 ConcurrentHashMap 中保存的路由信息
        log.info("当前路由定义条数:{},definitions={}", definitions.size(),
definitions); //日志记录
        return Flux.fromIterable(definitions); //返回路由信息的 Flux 序列
    }
    @Override
    public void setApplicationEventPublisher(ApplicationEventPublisher
applicationEventPublisher) {
        this.publisher =applicationEventPublisher;
        //设置 ApplicationEventPublisher 对象
    }
}
```

为了保证实现路由信息存储的线程安全性,使用 ConcurrentHashMap 以避免多线程操作导致的潜在问题。利用 lombok 的 RequiredArgsConstructor 和 slf4j 注解简化了代码,提高了可读性。使用 ApplicationEventPublisher 发布 RefreshRoutesEvent 事件,以便网关能够及时刷新路由信息。为了提升性能,采用了 Reactive 编程实现异步操作,以减少线程等待时间。

5.4　负载均衡策略

作为网关,SpringCloudGateway 负责处理来自客户端的请求,并根据路由规则将请求转发至后端微服务。通过 SpringCloudGateway,开发者可以更加便捷地实现微服务的统一入口,并对请求进行统一的鉴权、限流等操作。

在现代的微服务架构中,负载均衡是一种至关重要的技术,它可以确保各个服务实例都

得到公平的处理负载机会。SpringCloudGateway 作为一种广泛应用的微服务网关，其负载均衡策略提供了丰富的选择，以适应各种场景。

判断是否应该经过负载均衡是依据 URI 的架构，若以 lb 开头，则会开启负载均衡。在 application.yml 文件中，代码如下：

```yaml
//第 5 章/5.4 默认的负载均衡配置
# SpringCloudGateway 配置
spring:
  cloud:
    gateway: # SpringCloudGateway
      default-filters: #默认的过滤器
      -StripPrefix=2 #StripPrefix过滤器,去除前2层路径
      routes: #路由配置
      -id: user-route #路由 ID
        uri: lb://USER-SERVICE #路由转发到的服务实例
        predicates: #断言配置
        - Path=/api/user/** # 匹配路径为"/api/user/**"的请求并转发到 user-service 服务
```

在一般情况下，预设的负载均衡系统可能会分发同一用户的请求到不同的服务实例上。在这种情况下，自定义负载均衡策略就显得尤为重要，以下是具体示例。

继承 LoadBalancerClientFilter 类，代码如下：

```java
//第 5 章/5.4 继承 LoadBalancerClientFilter 类
import org.springframework.cloud.client.ServiceInstance;
import org.springframework.cloud.client.loadbalancer.LoadBalancerClient;
import org.springframework.cloud.gateway.config.LoadBalancerProperties;
import org.springframework.cloud.gateway.filter.LoadBalancerClientFilter;
import org.springframework.cloud.netflix.ribbon.RibbonLoadBalancerClient;
import org.springframework.web.server.ServerWebExchange;
import java.net.URI;
import static
org.springframework.cloud.gateway.support.ServerWebExchangeUtils.GATEWAY_
REQUEST_URL_ATTR;
public class UserLoadBalancerClientFilter extends LoadBalancerClientFilter {
    //定义构造方法,初始化 LoadBalancerClient 和 LoadBalancerProperties
    public UserLoadBalancerClientFilter (LoadBalancerClient loadBalancer,
LoadBalancerProperties properties) {
        super(loadBalancer, properties);
    }
    @Override
    protected ServiceInstance choose(ServerWebExchange exchange) {
        //这里可以获得 Web 请求的上下文,从 header 中取出自己定义的数据
        String userId =exchange.getRequest().getHeaders().getFirst("userId");
        //如果 userId 为空,则直接调用父类的 choose 方法
        if (userId ==null) {
            return super.choose(exchange);
        }
```

```
            //如果 LoadBalancerClient 是 RibbonLoadBalancerClient 类型,则使用 userId
            //作为选择服务实例的 key
            if (this.loadBalancer instanceof RibbonLoadBalancerClient) {
                RibbonLoadBalancerClient client = (RibbonLoadBalancerClient) this.
loadBalancer;
                String serviceId = ((URI) exchange.getAttribute(GATEWAY_REQUEST_URL_
ATTR)).getHost();
                return client.choose(serviceId, userId);
            }
            //其他情况均调用父类的 choose 方法
            return super.choose(exchange);
        }
}
```

自定义的负载规则,代码如下：

```
//第 5 章/5.4 自定义的负载规则
import com.netflix.client.config.IClientConfig;
import com.netflix.loadbalancer.AbstractLoadBalancerRule;
import com.netflix.loadbalancer.Server;
import org.apache.commons.lang.math.RandomUtils;
import java.util.List;
import java.util.Objects;
/**
 * @Description: 根据 userId 对服务进行负载均衡。同一个用户 id 的请求都转发到同一个
服务实例上
 * 这是一个自定义的负载均衡规则类 BalanceRule
 */
public class BalanceRule extends AbstractLoadBalancerRule {
    //重写了 choose()方法,其中 key 就是过滤器中传过来的 userId
    @Override
    public Server choose(Object key) {
        //得到所有可达服务的列表
        List<Server> servers = this.getLoadBalancer().getReachableServers();
        //如果没有可达的服务,则返回 null
        if (servers.isEmpty()) {
            return null;
        }
        //如果传入的 userId 为空,则随机选择一个服务器返回
        if (Objects.isNull(key)) {
            return randomChoose(servers);
        }
        //根据 key 对服务进行选择
        return hashKeyChoose(servers, key);
    }
    /**
     * <p>Description:随机返回一个服务实例 </p>
     * 返回服务器列表中的随机对象
     */
```

```java
        private Server randomChoose(List<Server>servers) {
            //获取服务器列表中的随机索引
            int randomIndex =RandomUtils.nextInt(servers.size());
            //返回随机索引对应的服务器
            return servers.get(randomIndex);
        }
        /**
         * <p>Description:使用 key 的哈希值,和服务实例数量求余,选择一个服务实例 </p>
         * 使用 key 的哈希值,和服务器数量求余,然后返回对应的服务器
         */
        private Server hashKeyChoose(List<Server>servers, Object key) {
            //获取 key 的哈希值
            int hashCode =Math.abs(key.hashCode());
            //获取服务器数量
            int serverSize =servers.size();
            //如果哈希值小于服务器数量,则直接返回对应的服务器
            if (hashCode <serverSize) {
                return servers.get(hashCode);
            }
            //否则进行取模运算,返回对应的服务器
            int index =hashCode % serverSize;
            return servers.get(index);
        }
        //重写了 initWithNiwsConfig()方法
        //这种方法在初始化时会被调用,但是在这个类中并未使用它,因此这种方法为空
        @Override
        public void initWithNiwsConfig(IClientConfig config) {
        }
    }
```

添加 Bean,代码如下:

```java
//第 5 章/5.4 添加 Bean
import org.springframework.cloud.client.loadbalancer.LoadBalanced;
//导入 LoadBalanced 注解
import org.springframework.cloud.client.loadbalancer.LoadBalancerClient;
//导入 LoadBalancerClient 接口
import org.springframework.cloud.gateway.config.LoadBalancerProperties;
//导入 LoadBalancerProperties 类
import org.springframework.context.annotation.Bean; //导入 Bean 注解
import org.springframework.context.annotation.Configuration;
//导入 Configuration 注解
import org.springframework.web.client.RestTemplate; //导入 RestTemplate 类
@Configuration //声明当前类为配置类
public class LoadBalancedBean {
    @Bean //将 RestTemplate 类注册为 Bean 对象
    @LoadBalanced //为 RestTemplate 添加 LoadBalanced 注解
    public RestTemplate restTemplate() {
        return new RestTemplate();
```

```
    }
    @Bean //将 UserLoadBalancerClientFilter 类注册为 Bean 对象
    public UserLoadBalancerClientFilter
userLoadBalanceClientFilter(LoadBalancerClient client,
LoadBalancerProperties properties) {
        return new UserLoadBalancerClientFilter(client, properties);
    }
}
```

上述示例继承 LoadBalancerClientFilter 类并重写了其 choose 方法,使用传入的 userId
对服务进行负载均衡,同一个用户 id 的请求都会转发到同一个服务实例上。此外,还自定
义了一个负载规则类 BalanceRule,根据 key 进行服务实例的选择,使用 key 的哈希值和服
务实例数量求余,选择一个服务实例。最后,通过 @ Bean 注解将 RestTemplate 类和
UserLoadBalancerClientFilter 类注册为 Bean 对象,其中,RestTemplate 类使用@ LoadBalanced
注解来开启负载均衡的功能。

5.5　过滤器

Spring Cloud Gateway 是 Spring Cloud 的一个核心组件,它提供了一个强大的网关服
务,其中过滤器是 Spring Cloud Gateway 的一个核心功能。过滤器允许在请求被转发之前
或者之后对请求或响应进行修改,从而实现一些特殊的功能,如流量控制、安全过滤、日志记
录等。

过滤器分为两种类型:Pre 和 Post。在请求被路由之前,过滤器可以修改请求头、查询
参数、请求方式等,以实现限流、鉴权等功能;在请求被路由后,也可以修改响应体、响应头等
信息。

过滤器的实现步骤一般包括以下几步:

(1) 创建一个类,实现 GatewayFilter 或 GlobalFilter 接口。

(2) 实现 apply 或 filter 方法。

(3) 过滤器加入路由过滤器链。

5.5.1　GatewayFilter 类

GatewayFilter 的 apply 方法实现一个限流过滤器,只有在达到指定的流量阈值时才会
执行路由,以下是对 GatewayFilter 的简单实现。

在 GatewayFilter 工厂创建一个限流过滤器,将 FlowLimitGatewayFilterFactory 作为
一个普通的 GatewayFilterFactory,为每个路由添加一个限流过滤器。以下是一个简单的
实现,代码如下:

```
//第 5 章/5.5.1 GatewayFilter 类
import org.springframework.cloud.gateway.filter.GatewayFilter;
```

```
//导入所需类库
import org.springframework.cloud.gateway.filter.GatewayFilterChain;
import org.springframework.core.Ordered;
import org.springframework.http.HttpStatus;
import org.springframework.stereotype.Component;
import org.springframework.web.server.ServerWebExchange;
import reactor.core.publisher.Mono;
import java.time.Duration;

@Component //声明组件
public class GatewayFilterFactory implements GatewayFilter, Ordered {
//定义类并实现 GatewayFilter 和 Ordered 接口
    private static final int LIMIT_PER_SECOND =10; //每秒限制数
    private static final int GRACE_PERIOD_SECONDS =1; //宽限期时长
    private static final int BURST_CAPACITY =100; //令牌桶容量
    private final TokenBucket tokenBucket; //定义 TokenBucket 对象
    public GatewayFilterFactory() { //构造函数
        this.tokenBucket =new TokenBucket(BURST_CAPACITY,
Duration.ofSeconds(1)); //初始化 TokenBucket 对象
    }
    @Override
    public Mono< Void> filter (ServerWebExchange exchange, GatewayFilterChain
chain) { //实现 filter 方法
        String requestUri =exchange.getRequest().getURI().getPath();
        //获取请求 URI 路径
        if (requestUri.startsWith("/api/")) { //如果请求的 URI 路径以/api/开头
            if (tokenBucket.tryConsume()) { //如果令牌桶尝试获取成功
                return chain.filter(exchange); //则执行 filter 并返回结果
            } else { //否则
                exchange.getResponse().setStatusCode(HttpStatus.TOO_MANY_REQUESTS);
//设置响应状态码为 429
                return exchange.getResponse().setComplete(); //返回响应结果
            }
        }
        return chain.filter(exchange); //执行 filter 并返回结果
    }
    @Override
    public int getOrder() { //实现 getOrder 方法
        return Ordered.LOWEST_PRECEDENCE; //返回优先级
    }
}
```

通过令牌桶算法对 API 的访问进行限流，限制每秒最多访问的次数。该过滤器只对以/api/开头的请求进行限制，其他请求不进行操作。

GateWayFilterFactory 实现了 GatewayFilter 和 Ordered 接口，其中 GatewayFilter 接口提供了 filter 方法，该方法实现了令牌桶算法的限流逻辑，实现了接口的访问频率限制。

Ordered 接口提供了 getOrder 方法，该方法返回组件的优先级，该过滤器的优先级被设置为 LOWEST_PRECEDENCE,即优先级最低,表示在其他过滤器之后执行。

5.5.2　GlobalFilter 类

实现 GlobalFilter 的 filter 方法可以在所有路由过滤器之前执行,可以实现一些全局的功能,如日志记录、流量控制等。过滤器的实现基于 Spring 的 AOP(面向切面编程)技术,过滤器的执行顺序由 order 属性决定。order 值越小,过滤器越早执行。在下面的示例中,将创建一个 GlobalFilter,用于记录请求的执行时间,以及将请求的结果重定向到指定的 URL。

5.5.3　加签验签

Spring Cloud Gateway 本身并不提供加签验签功能,但可以结合第三方库实现。以下是一个 Java 实现的示例,代码如下:

```
//第 5 章/5.5.3　加签验签
/**
 * Http 响应过滤器类
 */
@Component   //将该类注册为 Spring Bean
@Order(0)    //将过滤器的优先级设置为 0
@EnableConfigurationProperties(value =NotAuthUrlProperties.class)
//开启对 NotAuthUrlProperties 类的自动配置
public class HttpResponseFilter implements GlobalFilter, InitializingBean {
  //实现了 GlobalFilter 和 InitializingBean 接口的响应过滤器类
    /* 定义参数中 POST 请求的正则表达式 */
    protected final static String parameterReg ="-{28}([0-9]{24})\r\n.+name=\"
(\\S*)\"\r\n\r\n(\\S*)";
    /* 定义参数中 POST 请求的文件正则表达式 */
    protected final static String fileParameterReg ="-{28}([0-9]{24})\r\n.+name
=\"(\\S*)\"; filename=\"(\\S*)\"\r\n.*\r\n\r\n";
    /* 定义日志 */
    private Logger log =LoggerFactory.getLogger(HttpResponseFilter.class);
    /**
     * JWT 的公钥,需要网关启动,远程调用认证中心去获取公钥
     */
    private PublicKey publicKey;
    /* 使用 RestTemplate 来远程调用的组件 */
    @Autowired
    private RestTemplate restTemplate;
    /**
     * 请求各个微服务不需要用户认证的 URL
     */
    @Autowired
    private NotAuthUrlProperties notAuthUrlProperties;
    //开发环境:dev 开发,uat 测试
```

```java
    @Value("${environment}")
    private String environment;
    @Override
    public void afterPropertiesSet() throws Exception {
        log.info("==========环境类型:" +environment);
        //获取公钥 http://127.0.0.1:9013/oauth/token_key,使用 restTemplate 通过调
        //用认证中心的/oauth/token_key 接口获取公钥
        this.publicKey =JwtUtils.genPulicKey(restTemplate,environment);
    }
    /*判断 URL 是否需要跳过验证*/
    private boolean shouldSkip(String currentUrl) {
        //路径匹配器(SpringMVC 拦截器的匹配器),例如/oauth/** 可以匹配/oauth/token
        ///oauth/check_token 等。使用 AntPathMatcher 进行路径匹配
        PathMatcher pathMatcher =new AntPathMatcher();
        for(String skipPath:notAuthUrlProperties.getShouldSkipUrls()) {
            if(pathMatcher.match(skipPath,currentUrl)) {
                return true;
            }
        }
        return false;
    }
    /*将 JWT 信息加入 Header 中*/
    private ServerHttpRequest wrapHeader(ServerWebExchange serverWebExchange,
Claims claims) {
        String loginUserInfo =JSON.toJSONString(claims);
        log.info("jwt 的用户信息:{}",loginUserInfo);
        String userId =claims.get("additionalInfo", Map.class).get("userId").
toString();
        String userName =claims.get("additionalInfo",Map.class).
get("userName").toString();
        String nickName =claims.get("additionalInfo",Map.class).
get("nickName").toString();
        //向 headers 中放文件,记得用 build 将 userId、userName、nickName 加入 Header 中
        ServerHttpRequest request =serverWebExchange.getRequest().mutate()
                .header("userId",userId)
                .header("userName",userName)
                .header("nickName",nickName)
                .build();
        return request;
    }
    /**
     * 校验参数
     * @param headers HTTP 请求头
     * @param exchange ServerWebExchange 实例
     * @param serverHttpRequest HTTP 请求
     * @return Mono<Void>
     */
    private Mono<Void>check(HttpHeaders headers, ServerWebExchange exchange,
ServerHttpRequest serverHttpRequest) {
```

```java
/* 获取请求头中的 timestamp */
String timestamp =headers.getFirst("timestamp");
if (StringUtils.isEmpty(timestamp)) {
    log.info("========timestamp 为空");
    /* 如果 timestamp 为空,则返回自定义错误信息 */
    return resultExchange(exchange);
} else {
    log.info("========timestamp:" +timestamp);
}
/* 获取请求头中的 acceptLanguage */
String acceptLanguage =headers.getFirst("accept-language");
if (StringUtils.isEmpty(acceptLanguage)) {
    log.info("========acceptLanguage 为空");
    return resultExchange(exchange);
} else {
    log.info("========acceptLanguage:" +acceptLanguage);
}
/* 获取请求头中的 vcode */
String vcode =headers.getFirst("vcode");
if (StringUtils.isEmpty(vcode)) {
    log.info("========vcode 为空");
    return resultExchange(exchange);
} else {
    log.info("========vcode:" +vcode);
    log.info("========key:" +GateWayConstant.KEY);
    /* 计算 key 的 md5 值,用于和 vcode 进行比较 */
    String keyMd5 =GateWayConstant.KEY +timestamp;
    String generatorVcode =DigestUtils.md5DigestAsHex(keyMd5.getBytes());
    log.info("========generatorVcode:" +generatorVcode);
    /* 如果 vcode 不匹配,则返回自定义错误信息 */
    if (!vcode.equals(generatorVcode)) {
        log.info("==========vcode 校验不对");
        return resultExchange(exchange);
    }
}
/* 校验是否重复提交 */
String commitRedisKey =GateWayConstant.TOKEN +vcode +
serverHttpRequest.getURI().getRawPath();
/* 加锁 */
boolean success =RedisUtil.getLock(commitRedisKey, commitRedisKey, 1);
if (!success) {
    log.info("========请求太快了! 请稍后再试!");
    return resultExchange(exchange);
} else {
    //释放锁
    RedisUtil.releaseLock(commitRedisKey, commitRedisKey);
}
return null;
}
```

```java
/**
 * @param exchange ServerWebExchange 实例
 * @return Mono<Void>
 * @Description 定义拦截返回状态码
 */
private Mono<Void> resultExchange(ServerWebExchange exchange) {
    //定义拦截返回状态码
    ResultData resultData = new ResultData();
    resultData.setStatus(false);
    resultData.setCode(HttpStatus.NOT_ACCEPTABLE.value());
    resultData.setMsg(HttpStatus.NOT_ACCEPTABLE.getReasonPhrase());
    return exchange.getResponse().writeWith(Mono.just(exchange.getResponse()
            .bufferFactory().wrap(Objects.requireNonNull(
                    JsonUtils.toJson(resultData)).getBytes()))));
}
/* 将请求参数解析到 parameterMap 中,对于 POST 请求的 FormData 格式和 JSON 格式都进
行了支持 */
protected void parseRequestBody(Map< String, String> parameterMap, String
parameterString) {
    this.regexParseBodyString(parameterReg, parameterMap,
parameterString);
    this.regexParseBodyString(fileParameterReg, parameterMap,
parameterString);
}
//请求过滤
@Override
public Mono< Void> filter(ServerWebExchange exchange, GatewayFilterChain
chain) {
    //记录请求开始时间
    log.info(GateWayConstant.REQUEST_TIME_BEGIN, new Date());
    //使用默认的 HandlerStrategies 创建 ServerRequest 对象
    ServerRequest serverRequest = ServerRequest.create(exchange,
HandlerStrategies.withDefaults().messageReaders());
    //获取参数类型
    String contentType = exchange.getRequest().getHeaders().getFirst
(HttpHeaders.CONTENT_TYPE);
    log.info("======content type:{}", contentType);
    //创建 OAuthRequestFactory 对象
    OAuthRequestFactory requestFactory = new WebFluxOAuthRequestFactory();
    //使用 OAuthRequestFactory 对象解析请求
    OAuthRequest authRequest = requestFactory.createRequest(exchange.
getRequest());
    //创建 requestParamsMap 对象,用来存储请求参数
    Map<String, String> requestParamsMap = new HashMap<>();
    //将请求开始时间存储在 exchange 的 Attributes 中
    exchange.getAttributes().put(GateWayConstant.REQUEST_TIME_BEGIN,
System.currentTimeMillis());
    //克隆一个新的 HttpHeaders 对象,并将原始请求中的 Content-Length 字段删除,添
    //加到 headers 中
```

```java
HttpHeaders headers =new HttpHeaders();
headers.putAll(exchange.getRequest().getHeaders());
headers.remove(HttpHeaders.CONTENT_LENGTH);
//将请求转换为 ServerHttpRequest 对象
ServerHttpRequest serverHttpRequest =exchange.getRequest();
//校验请求
Mono<Void>check =check(headers, exchange, serverHttpRequest);
if (check !=null) {
    log.warn("======check 未通过: {}", check);
    return check;
}
//1.过滤不需要认证的 URL,例如/oauth/**
String currentUrl =exchange.getRequest().getURI().getPath();
//过滤不需要认证的 URL
if(shouldSkip(currentUrl)) {
    log.info(GateWayConstant.SKIP_CERTIFIED_URL,currentUrl);
}else {
    log.info(GateWayConstant.url_REQUIRING_AUTHENTICATION,currentUrl);
    //2. 获取 token,从请求头中解析 Authorization:bearer 加密串或者从请求参数
    //中解析 access_token
    //第 1 步:解析出 Authorization 的请求头,value 为: "bearer 加密串"
    String authHeader =
exchange.getRequest().getHeaders().getFirst("Authorization");
    //从请求头中获取语言
    String acceptLanguage =
exchange.getRequest().getHeaders().getFirst("accept-language");
    //第 2 步:判断 Authorization 的请求头是否为空
    if(StringUtils.isEmpty(authHeader)) {
        log.warn("======需要认证的 URL,请求头为空");
        ResultData resultData =new ResultData();
        resultData.setStatus(false);
        resultData.setCode(HttpStatus.UNAUTHORIZED.value());
        String msg;
        if("en_us".equals(acceptLanguage)){
            //英文
            msg ="Unauthorized";
        }else if("pl_pl".equals(acceptLanguage)){
            //波兰语
            msg ="nieupowa?nione";
        }else if("zh_cn".equals(acceptLanguage)){
            //中文
            msg ="未授权";
        }else {
            //其他语言用英文
            msg ="Unauthorized";
        }
        resultData.setMsg(msg);
        /* exchange 为请求响应对象
        getResponse():获取响应对象
```

```
                writeWith():将响应写入响应对象
                Mono.just():创建一个包含指定元素的 Mono
                .wrap():将字节缓冲区包装在新的字节数组中
                Objects.requireNonNull():非空判断,如果为 null,则抛出
NullPointerException
                JsonUtils.toJson(resultData):将对象转换为 JSON 格式
                getBytes():将字符串转换为字节数组 */
                 return exchange.getResponse().writeWith(Mono.just(exchange.
getResponse()
                    .bufferFactory().wrap(Objects.requireNonNull(
                         JsonUtils.toJson(resultData)).getBytes())));
        }
        //3. 校验 token,获得 token 后,通过公钥(需要从授权服务获取公钥)校验,如果校
        //验失败或超时,则抛出异常
        //第 3 步 校验 JWT 若 JWT 不对或者超时,则会抛出异常
        Claims claims =JwtUtils.validateJwtToken(authHeader,publicKey);
        if(claims ==null){
            log.warn("======校验 JWT,JWT 不对");
            ResultData resultData =new ResultData();
            resultData.setStatus(false);
            resultData.setCode(ResultCode.TOKEN_VALIDATE_FAILED.getCode());
            String msg;
            //网关模块这里没集成国际化组件,所以这里简单处理不同语种的错误提示
            if("en_us".equals(acceptLanguage)){
                msg ="token validate failed";
            }else if("pl_pl".equals(acceptLanguage)){
                msg ="token validate nie powiod? o si? ";
            }else if("zh_cn".equals(acceptLanguage)){
                msg ="token 校验失败";
            }else {
                msg ="token validate failed";
            }
            resultData.setMsg(msg);
             return exchange.getResponse().writeWith(Mono.just(exchange.
            getResponse()
                    .bufferFactory().wrap(Objects.requireNonNull(
                         JsonUtils.toJson(resultData)).getBytes())));
        }
        //4. 校验通过后,从 token 中获取用户登录信息并存储到请求头中
        //第 4 步 把从 JWT 中解析出来的用户登录信息存储到请求头中
        ServerHttpRequest httpRequest =wrapHeader(exchange, claims);
        headers.putAll(httpRequest.getHeaders());
    }
    //创建一个 Mono 对象 modifiedBody,用来处理 String 类型的请求体
    Mono<String>modifiedBody =serverRequest.bodyToMono(String.class)
            //切换到 immediate 线程池
            .publishOn(Schedulers.immediate())
            //使用 flatMap 操作符对请求体进行处理
            .flatMap(originalBody ->{
```

```
                        //根据请求头中的 contentType,使用不同的方式解析请求体
                        if (StringUtils.isNotEmpty(contentType)) {
                            if (contentType.startsWith(MediaType.MULTIPART_FORM_
DATA_VALUE)) {
                                //如果是 multipart/form-data 类型,则解析请求参数并放入
                                // map 中
                                    this.parseRequestBody(requestParamsMap,
originalBody);
                            } else if (contentType.startsWith(MediaType.APPLICATION_
JSON_VALUE)) {
                                //如果是 application/json 类型,则解析请求参数并放入 map 中
                                this.parseRequestJson(requestParamsMap, originalBody);
                            } else if (contentType.startsWith(MediaType.APPLICATION_
FORM_URLENCODED_VALUE)) {
                                //如果是 application/x-www-form-urlencoded 类型,则解
                                //析请求参数并放入 map 中
                                this.parseRequestQuery(requestParamsMap, originalBody);
                            }
                        }
                        //解析查询参数并放入 map 中
                        this.parseRequestQuery(requestParamsMap, exchange.
getRequest().getQueryParams());
                        //在日志中输出全部请求参数
                        log.info("所有参数:{}", JSON.toJSONString(requestParamsMap));
                        //将参数放到线程容器内
                        authRequest.setParameters(requestParamsMap);
                        OAuthRequestContainer.set(authRequest);
                        //返回处理过的原始请求体
                        return Mono.just(originalBody);
                    });
            //在日志中输出全部请求参数
            log.info("所有参数:{}", JSON.toJSONString(requestParamsMap));
            //将处理过的参数封装成一个 BodyInserter<Mono<String>,
            //ReactiveHttpOutputMessage>对象
            BodyInserter<Mono<String>, ReactiveHttpOutputMessage>bodyInserter =
BodyInserters.fromPublisher(modifiedBody, String.class);
            //创建一个 CachedBodyOutputMessage 对象
                CachedBodyOutputMessage outputMessage = new CachedBodyOutputMessage
(exchange, headers);
            //使用 bodyInserter 将请求体插入 CachedBodyOutputMessage 对象中,并将其放入
            //result 中
                Mono<Void> result = bodyInserter.insert(outputMessage, new
BodyInserterContext())
                    //使用 then 操作符,在 bodyInserter 执行完毕后执行以下操作
                    .then(Mono.defer(() ->{
                        //使用 decorate 方法对 exchange 进行修饰,返回一个
                        //ServerHttpRequest 对象
                        ServerHttpRequest decorator = decorate(exchange, headers,
outputMessage);
```

```
                            //将修饰后的 request 构建成一个新的 exchange,并调用 chain 进行过滤
                            return chain.filter(exchange.mutate().request(decorator).build());
                            //如果出现错误,则调用 release 方法进行处理
                    })).onErrorResume((Function<Throwable, Mono<Void>>)
                                throwable - > release (exchange, outputMessage,
throwable));
        //在日志中输出请求结束时间
        log.info(GateWayConstant.REQUEST_TIME_END, new Date());
        return result;
    }
    //解析请求的 json 参数
    protected void parseRequestJson(Map< String, String > parameterMap, String
parameterString) {
        Object json =new JSONTokener(parameterString).nextValue();
        if(json instanceof JSONObject){ //如果传入的参数是 JSON 对象
            JSONObject object =(JSONObject)json;
            for (String key : object.keySet()) {
                parameterMap.put(key, object.getString(key));
                //将参数添加到 parameterMap 中
            }
        }else if (json instanceof JSONArray){ //如果传入的参数是 JSON 数组
            JSONArray jsonArray =(JSONArray)json;
            for (Object value : jsonArray) {
                parameterMap.put(null,(String)value);
                //将参数添加到 parameterMap 中
            }
        }
    }
    //解析请求中的 query 参数(URL 中的查询参数)
     protected void parseRequestQuery (Map < String, String > parameterMap,
MultiValueMap<String, String>queryParamMap) {
        if (queryParamMap !=null && !queryParamMap.isEmpty()) {
            for (String key : queryParamMap.keySet()) { //遍历查询参数 map
                final List<String>stringList =queryParamMap.get(key);
                //获取参数对应的值
                //将参数名和值拼接成字符串,放入 parameterMap 中
                parameterMap.put(key, stringList !=null && !stringList.isEmpty() ?
StringUtils.join(Arrays.asList(stringList.toArray()), ",") : null);
            }
        }
    }
    //解析请求中的 query 参数(URL 中的查询参数)
    protected void parseRequestQuery(Map<String, String>parameterMap, String
parameterString) {
        final String[] paramsStr =parameterString.split("&");
        //将查询参数字符串按 & 符号拆分,得到参数名和值
        for (String s : paramsStr) { //遍历参数字符串数组
            log.info("请求名:" +s.split("=")[0]); //输出参数名
            log.info("请求值:" +s.split("=")[1]); //输出参数值
```

```
                parameterMap.put(s.split("=")[0], s.split("=")[1]);
                //将参数名和值存入 parameterMap 中
            }
        }
    //使用正则表达式解析请求体中的参数
     protected void regexParseBodyString (String reg, Map < String, String >
parameterMap, String bodyStr) {
        Matcher matcher =Pattern.compile(reg).matcher(bodyStr);
        //使用正则表达式匹配参数
        while (matcher.find()) { //遍历匹配结果
            parameterMap.put(matcher.group(2), matcher.group(3));
            //将参数添加到 parameterMap 中
            log.info("请求参数编号:" +matcher.group(1));   //输出参数编号
            log.info("请求名:" +matcher.group(2));         //输出参数名
            log.info("请求值:" +matcher.group(3));         //输出参数值
        }
    }
    //重新包装 ServerHttpRequest,用于修改请求头和请求体
    protected ServerHttpRequestDecorator decorate(ServerWebExchange exchange,
HttpHeaders headers, CachedBodyOutputMessage outputMessage) {
        return new ServerHttpRequestDecorator(exchange.getRequest()) {
            //继承 ServerHttpRequestDecorator 类,重写 getHeaders 和 getBody 方法
            @Override
            public HttpHeaders getHeaders() {
                long contentLength =headers.getContentLength(); //获取请求体长度
                HttpHeaders httpHeaders =new HttpHeaders();
                httpHeaders.putAll(super.getHeaders()); //复制原请求头部分
                if (contentLength >0) {
                    httpHeaders.setContentLength(contentLength);
                    //设置新请求头长度
                } else {
                    httpHeaders.set(HttpHeaders.TRANSFER_ENCODING, "chunked");
                }
                return httpHeaders; //返回新请求头
            }
            @Override
            public Flux<DataBuffer>getBody() {
                return outputMessage.getBody(); //返回新请求体
            }
        };
    }
    protected Mono<Void>release(ServerWebExchange exchange,
    CachedBodyOutputMessage outputMessage, Throwable throwable) {
        return Mono.error(throwable); //抛出异常
    }
}
```

NotAuthUrlProperties 类，代码如下：

```
//第 5 章/5.5.3 NotAuthUrlProperties 类
//导入 Lombok 中的@Data注解，自动生成getter/setter、toString、equals等方法
import lombok.Data;
//导入 Spring Boot 中的@ConfigurationProperties注解，将此类指定为配置文件类，并指定
//为"auth.gateway"前缀的配置
import org.springframework.boot.context.properties.ConfigurationProperties;
//导入 LinkedHashSet 类
import java.util.LinkedHashSet;
//类名：NotAuthUrlProperties,此类为配置文件类，读取"auth.gateway"前缀下的配置
@Data
@ConfigurationProperties("auth.gateway")
public class NotAuthUrlProperties {
    //定义一个 LinkedHashSet 成员变量 shouldSkipUrls,用于存储不需要进行认证的 URL
    private LinkedHashSet<String>shouldSkipUrls;
}
```

配置示例，代码如下：

```
#将环境设置为开发环境
environment: dev
#权限配置
auth:
  #网关认证配置
  gateway:
    #忽略授权检查的 URL,以下的 URL 将不会进行授权认证
    shouldSkipUrls:
      -/oauth/**  #URL 路径中包含/oauth/的请求将被忽略授权检查
```

本示例详细介绍了一种基于 Java 语言的 Web 开发中的认证和授权策略，以确保系统的安全性和可靠性。首先，在请求处理之前，需要对请求进行校验。具体来讲，需要判断请求头中的 timestamp 参数和 accept-language 参数是否为空，以及请求头中的 vcode 是否验签通过，同时需要避免重复提交的问题。如果这些校验通过，则可以继续进行下一步处理。接着，需要对不需要认证的 URL 进行过滤，例如/oauth/**等，以确保系统的安全性，然后需要获取 Token。可以从请求头中解析 Authorization：bearer 加密串或者从请求参数中解析 access_token。为了支持多语言，需要根据请求头中的语言参数，给出相应的错误提示信息。虽然本示例暂未使用 i18 国际化，但使用了 if-else 语句作为示例，简单演示了多语言的实现方式。接下来，需要对 JWT 进行校验。若 JWT 不正确或者超时，将抛出异常，认证失败。如果 JWT 校验通过，则可以从 Token 中获取用户的登录信息，并将其存储到请求头中，以便后续使用。接着，需要根据请求头中的 contentType 参数，以不同的方式解析请求体，并将所有请求参数记录到日志文件中。最后，使用 bodyInserter 工具将请求体插入 CachedBodyOutputMessage 对象中，并将其放入 result 参数中，以便进一步处理。

5.5.4　过滤器的优缺点

在 Spring Cloud Gateway 中,过滤器具有灵活性和可扩展性。首先,过滤器能够根据请求或响应的需求自定义处理方式,因此具有很高的灵活性。此外,过滤器也可以很容易地添加到 Spring Cloud Gateway 中,而不需要修改现有的代码,具有很高的可扩展性。

然而,过滤器也存在一些缺点。首先,过滤器的实现需要使用 Spring 的 AOP 特性,这可能会带来一定的性能开销。其次,理解和实现过滤器需要掌握 SpringAOP 和 JavaConfig 等技术,这对开发者的技术能力有一定的要求。最后,过滤器的实现可能会变得复杂,特别是在处理多个过滤器链时,可能会导致代码难以维护。

5.5.5　过滤器的优化空间

过滤器的优化空间主要包括以下几个方面:

(1) 为了提高过滤器的性能,可以采用一些常见的性能优化技术,例如使用缓存、懒加载和序列化等。这些技术可以有效地减少过滤器的性能开销,使其更加高效、稳定和可靠。

(2) 如果过滤器链比较复杂,则可以进行代码重构,提取公共逻辑,使代码更加清晰易读。这样一来,可以更方便地维护和修改代码,降低代码出错的概率,保证系统的稳定性和可靠性。

(3) 为了提高过滤器的通用性,可以尝试开发通用的过滤器,例如实现通用的限流、日志记录等功能。这样一来,可以减少定制化过滤器的数量,降低开发成本和维护成本,提高系统的可扩展性和可维护性。

总之,Spring Cloud Gateway 的过滤器提供了强大的功能,可以根据需求定制化处理请求和响应。应该灵活运用这些过滤器,以最有效的方式提高系统的性能和稳定性。

5.6　限流方式

在实际生产环境中,为了保证系统的稳定性和性能,开发者通常需要对请求进行限流,防止因大量请求导致的系统过载。Spring Cloud Gateway 提供了多种限流方式,主要包括令牌桶和漏桶两种算法。

5.6.1　令牌桶

令牌桶(Token Bucket)限流算法以固定频率向令牌桶中添加令牌,然后从令牌桶取走令牌,当令牌桶没有足够的令牌时,发生的请求会被拒绝。

实现 Spring Cloud Gateway 的令牌桶限流,可以通过继承 AbstractRateLimiter 类并实现 getCurrentProcessingQueueSize 和 getRemainingTokens 方法实现,将限流策略注册到 RouteDefinitionLoader,以便应用于特定的路由。该功能有多种算法供选择,例如令牌桶和漏桶算法,并且易于扩展和配置,以满足不同的限流需求,然而,这种功能也有缺点,也就是性能开销大。由于其实现需要一定的计算资源和内存，可能会对系统性能产生影响，因此，在实施此功能时，需要权衡其利弊，并在必要时进行优化。AbstractRateLimiter 是基于令牌桶的算法，实现限流功能。

5.6.2　漏桶

请求按照固定频率进行处理，当请求速度超过设定的速度阈值时，多余的请求被拒绝，这就是漏桶（Leaky Bucket）。实现 Spring Cloud Gateway 的漏桶限流，可以通过继承 AbstractRateLimiter 类并实现 getCurrentProcessingQueueSize 和 getProcessQueueSizeThreshold 方法实现。AbstractRateLimiter 是基于漏桶算法的抽象实现类，提供了基本的限流功能。

限流策略是一项有效地应对高并发访问的技术，其目的是通过控制并发请求的数量来确保系统的高可用性和稳定性。在高并发请求的场景下，请求流量往往会瞬间爆发，导致系统因瞬间请求量过大而出现服务不可用和系统崩溃问题。此时，限流策略可以控制请求流量，平滑处理请求，确保按固定速率处理请求，从而避免系统不稳定。

限流策略的好处包括平滑处理请求和提高系统的可用性。通过漏桶算法控制请求处理速度，限制请求的并发数量，防止系统因瞬间请求量过大而出现的服务不可用和系统崩溃问题。同时，限流策略还可以保证请求在出现问题时被均匀地分配到其他节点，维持系统的稳定和可用性。

要实现限流策略，需要遵循以下步骤：编写限流类，继承 AbstractRateLimiter 类，实现 getCurrentProcessingQueueSize 和 getProcessQueueSizeThreshold 方法，并将限流策略注册到 RouteDefinitionLoader 中，应用于特定的路由。在实现时，需要注意漏桶算法的复杂性和性能开销。为了满足实际需求和性能要求，可以通过优化限流策略，如使用缓存来存储请求和令牌，减少计算资源的消耗。同时，抽象通用限流逻辑，定义限流策略的统一接口，方便进行限流策略的扩展和维护。编写详细文档并降低学习曲线也非常重要。

限流策略是一项高效且必要的技术，用于保证系统在高并发请求的场景下稳定运行。通过实现限流策略，可以平滑处理请求，保障系统的可用性和稳定性，因此，在开发中，应该充分考虑实现限流策略并对其进行优化，以满足日益增长的业务需求。

Spring Cloud Gateway 提供了多种限流方式，如令牌桶和漏桶算法。实现和使用这些限流策略时，可以根据实际需求进行性能优化和可扩展性调整。同时，为了保证团队成员易于理解和使用，需要编写详细的文档并降低学习曲线。

5.7　底层工作原理

API 网关整合并协调各个微服务，为开发者提供了一系列实用功能，如动态路由、负载均衡、限流和过滤器等。

首先，深入了解动态路由功能。在一个多服务的场景中，当一个新的请求抵达 API 网关时，如何快速地确定应将其转发至哪个微服务呢？这就是动态路由的重要价值所在。借助动态路由,开发者能够根据特定条件(如请求路径、请求参数等),动态地从诸多微服务中匹配出合适的目标地址,实现精准的路由决策。

　　底层的工作原理是 RouteDefinitionRouteLocator 类中的 getRoutes 方法,它会读取并解析应用程序配置文件(如 application.yml)中的路由信息,并将其存储至内存中。每当有新请求进来时,RouteDefinitionRouteLocator 会利用请求的 Host、Path、Method、Query 等元数据,在内存中搜索匹配的路由信息,然后它会将这些信息封装成 Gateway 的 Route 对象,最后将请求转发至对应的微服务。通过整合这些强大功能,API 网关在微服务架构中扮演着举足轻重的角色,有力地确保了系统的稳定性、安全性和性能。

　　继续探讨 API 网关的功能,接下来是负载均衡。在分布式的微服务系统架构中,多个微服务实例协同处理用户请求。倘若所有请求都集中于单一微服务,它将迅速陷入性能瓶颈。为了保障系统的稳定性和可靠性,需要借助负载均衡策略,将请求分散至不同的微服务。当有请求抵达 API 网关时,Spring Cloud Gateway 会按照负载均衡策略选取一个后端微服务,然后将请求转发给该服务。具体实现过程中,API 网关会调用 LoadBalancerClient 接口的 choose 方法,该方法会返回一个 Invoker 对象,代表一个具体的后端微服务。随后,API 网关将调用 Invoker 对象的 Invoke 方法,将请求发送给所选的后端微服务。

　　接下来,让开发者探讨限流功能。当系统承受巨大访问压力时,响应时间可能显著增加,甚至可能导致系统崩溃。为了避免这种情况,开发者需要使用限流功能。它能够设定特定微服务的最大访问量,一旦请求数超过此上限,新的请求将被拒绝,从而保护系统免受过载影响。Spring Cloud Gateway 有两种限流方式:基于 Redis 的限流和基于 Lua 脚本的限流。基于 Redis 的限流方式是通过 Redis 的 Lua 脚本实现的,该脚本会在请求进入 API 网关之前对请求进行限流处理。基于 Lua 脚本的限流方式则是通过自定义 Lua 脚本实现,同样会在请求进入 API 网关之前对请求进行限流处理。

　　在所有功能中,过滤器是最引人入胜的。例如开发人员可以使用过滤器实现用户身份验证,也可以对响应内容进行修改,如添加一条状态消息。底层实现方面,Spring Cloud Gateway 的过滤器功能基于 SpringFramework 的 WebFlux 过滤器机制构建。要实现过滤器,开发者需实现 GatewayFilter 和 GlobalFilter 接口,并执行相应的方法。

　　综上所述,API 网关为构建微服务架构的开发者提供了全面且强大的功能,能够更有效地管理和维护微服务。Spring Cloud Gateway 的底层工作原理建立在 SpringFramework 的 WebFlux 框架之上,通过动态路由、负载均衡、限流和过滤器等多种功能实现。

5.8　高并发下 Spring Cloud Gateway 的问题及解决方案

在高并发场景下使用 Spring Cloud Gateway 可能会遇到以下问题。

5.8.1　内存消耗

Spring Cloud Gateway 是一种基于 Spring Cloud 的 API 网关。该网关采用了 Netty 作

为其底层网络通信框架，并利用 Netty 的异步 IO 特性和高性能的网络处理能力，从而提高了网关的性能和稳定性，然而，由于 Netty 的特殊性，包括底层架构和内存模型，Spring Cloud Gateway 在运行时会消耗较多的内存资源，尤其是在高并发场景下，可能会导致内存压力，因此，开发人员需要注意和优化内存资源的使用，以确保应用程序的正常运行。

以下是一些针对 Spring Cloud Gateway 内存优化建议。

1. 合理配置 JVM 内存参数

Spring Cloud Gateway 是一个基于 JVM 的应用程序，因此在启动时需要根据实际情况来配置 JVM 的内存参数，确保系统能够正常运行。不恰当的内存配置可能会导致系统性能不佳，甚至导致服务崩溃，因此，需要合理地配置 JVM 的内存参数，以充分利用系统的内存资源，保持 Spring Cloud Gateway 的高效运行。

通过以下几个参数来配置 JVM 的内存：

（1）-Xmx 指定 JVM 可以使用的最大内存，适当设置可以提高系统性能和容错能力，但设置过高会影响其他应用程序运行，因此需要根据实际情况来选择合适的值。

（2）-Xms 用于设置 JVM 启动时的初始内存分配，设置较小的值可以缩短启动时间，但可能导致系统内存不足，因此，在实际应用中应根据负载设置该值。

（3）-XX:MaxMetaspaceSize 用于控制元数据区域的内存使用，其中包括 Java 类、方法和其他相关信息。适当增加该参数可以提高系统性能，但也会增加内存使用量，因此，在实际应用中，需要根据类的加载情况来设定该参数的值。

例如，在使用 Docker 容器部署 Spring Cloud Gateway 时，通过 Dockerfile 设置 JVM 参数。示例 Dockerfile，代码如下：

```
//第 5 章/5.8.1 Dockerfile 配置
#从 openjdk:8-jre-alpine 镜像中构建容器
FROM openjdk:8-jre-alpine
#维护者信息
MAINTAINER xxx
#设置环境变量，将时区设置为上海
ENV TZ=Asia/Shanghai
#设置 Java 虚拟机参数，包括最大元空间大小、堆内存大小和初始内存大小
ENV JAVA_TOOL_OPTIONS="-XX:MaxMetaspaceSize=1024m -Xmx2048m -Xms1024m"
#将本地目录中的所有 .jar 文件复制到容器的 /app.jar 中
COPY target/*.jar app.jar
#容器启动时运行的命令，用于启动 Java 应用程序
ENTRYPOINT ["java", "-jar", "/app.jar"]
```

在这个 Dockerfile 文件中，使用了环境变量 JAVA_TOOL_OPTIONS 来配置 JVM 的内存参数。首先，将-XX:MaxMetaspaceSize 参数设置为 1024m 可以增加 JVM 的元空间大小，从而提高程序的执行效率。其次，将-Xmx 参数设置为 2048m 可以增加 JVM 的最大堆内存大小，使 JVM 可以容纳更多的对象，从而提高程序的并发性能。最后，将-Xms 参数设置为 1024m 可以增加 JVM 的初始堆内存大小，从而减少 JVM 的启动时间和堆调整时间，提高程序的响应速度。需要注意的是，JVM 内存参数的设置需要考虑实际应用场景。如果

内存参数设置不当,则可能会导致系统性能下降或服务崩溃,因此,在实际应用中,需要进行性能测试和调优,以确保 Spring Cloud Gateway 的稳定运行。

2.使用合适的线程池

Spring Cloud Gateway 是一种基于 Spring Boot 的网关微服务框架,充分利用了 Netty 的异步、事件驱动、高性能和低延迟等特性。该框架提供了统一的服务接口,支持路由、过滤和限流等功能,是构建分布式系统的重要工具。

在 Spring Cloud Gateway 中,Netty 的 EventLoop 是一个核心组件,它是一个线程池,负责处理网络连接和数据传输,然而,如果线程数设置过多,则会导致内存占用过大,从而造成线程过多的问题。为了避免线程数过多,可以在使用 Spring Cloud Gateway 时根据系统配置和机器资源情况合理地配置线程池的大小。具体的做法可以通过下面的方式实现。

1)修改配置文件

在 Spring Cloud Gateway 的配置文件 application.yml(或 application.properties)中,可以设置 EventLoop 线程池大小,代码如下:

```
//第 5 章/5.8.1 设置 EventLoop 线程池大小
#Spring Cloud 网关配置
spring:
  cloud:
    gateway:
      #配置 HTTP 客户端池
      httpclient:
        pool:
          type: fixed   #连接池类型为固定大小
          max-connections: 500   #最大连接数为 500
          max-idle-time: 60000   #连接最大空闲时间为 60s
      #配置网关服务器
      server:
        io-threads: 4   #将 EventLoop 线程数设置为 4
```

其中,io-threads 参数用来设置 EventLoop 线程池的大小,可以根据实际情况进行调整。

2)使用监控工具

如果需要更加细粒度地调整和监控线程池,则可以使用一些监控工具,例如 JConsole、VisualVM 等。这些工具可以监控线程池的使用情况、线程数、CPU 负载等,帮助优化线程池的配置。

3.避免内存泄漏

内存泄漏是常见且风险高的问题,特别是在基于 Spring Boot 构建的微服务网关中。为了避免内存泄漏,需要关注以下几点:

(1)编写高质量、规范化的代码。注意使用合适的数据结构和算法,避免使用过多临时对象和静态对象。

(2)及时检查和回收资源。及时清理不再使用的对象和变量,进行垃圾回收以释放内存空间。

（3）使用优化手段，如高效的数据结构和算法，以及对象池技术、缓存等。

（4）理解底层工作原理，优化系统性能。实践中可使用 jmap、jstat、jconsole、Actuator 监控组件及 VisualVM、MAT 等工具进行诊断和排查。

（5）使用容器化技术如 Docker、Kubernetes 等进行部署和扩展，管理和优化资源。

（6）加强预防和监控，不断学习和了解相关知识，提高应对问题的能力和技巧，以确保系统的稳定性和性能。

4. 使用熔断机制

Spring Cloud Gateway 的熔断机制可以与其他框架一起使用，例如 Spring Cloud Alibaba 的 Sentinel。Sentinel 提供了流量控制、熔断降级和系统负载保护等功能，比 Hystrix 提供更灵活和更细粒度的流量控制和熔断策略，并支持实时监控和告警功能，方便开发者快速发现系统中的问题。

在实际应用中，Spring Cloud Gateway 的熔断机制可以保护和优化系统。在复杂的分布式系统中，可能存在多个服务提供者和依赖服务。当某个服务发生故障或超时时，可能会导致整个系统的错误和崩溃。此时，引入熔断器并设置相应的熔断策略和响应机制，可以防止故障扩散和影响其他服务的正常运行。此外，熔断机制还可以用于实现限流和降级功能，确保系统的稳定和韧性。

总之，Spring Cloud Gateway 的熔断机制是分布式系统中的一个重要的组成部分，能够帮助处理系统中的故障和异常，并提高系统的可靠性和稳定性。在使用熔断机制时，需要深入理解其底层原理和实现方式，并根据具体业务需求和场景选择合适的熔断策略和机制。同时，还需持续优化和调整熔断策略，保证系统在面对各种故障和异常时仍能高效和稳定地运行。

5. 集成分布式缓存

利用分布式缓存在应用中应用可以降低对数据库等服务的请求频率，从而降低系统的压力、提高系统的效率和可靠性。下面是一些在实际应用中整合 Spring Cloud Gateway 和分布式缓存的一些常见步骤。

（1）选择适当的缓存方案：在采用集成分布式缓存之前，必须先进行业务场景和需求的分析，并选择适当的缓存方案，要考虑缓存的一致性和可靠性问题，以确保缓存和后端服务之间数据的一致性。将常用的路由信息、服务信息、限流规则等存储在缓存中，从而减少对后端服务的请求次数。还可以将 Spring Cloud Gateway 与 Redis 进行集成。

（2）优化缓存：缓存优化可以解决缓存的一致性和可靠性问题。例如，使用互斥锁可以解决缓存穿透和缓存雪崩问题。缓存穿透是指大量请求未命中缓存，直接访问后端服务，导致后端服务过载。缓存雪崩是指缓存过多的数据同时失效，导致大量请求直接访问后端服务。为解决这些问题，可以使用互斥锁来保证只有一个请求能够访问后端服务，其余请求等待结果。此外，可使用过期时间来减少对后端服务的请求次数。缓存过期时间可以设置为短暂的，以确保数据的及时性。过期时间过长容易导致产生缓存的脏数据，过期时间过短容易导致无法命中缓存，需要重新请求后端服务。还可以使用缓存预热技术来提高缓存命中率,并减少对后端服务的请求次数。缓存预热是指在系统启动或服务变更时,将热点数据加载到缓存中,以提高缓存的命中率和响应速度。对于需要缓存的数据,可以根据业务特点进行分类,例如按照时间、地域、用户等维度进行分类,以保证缓存的粒度和有效性。

（3）使用缓存过滤器：在 Spring Cloud Gateway 中,可以使用缓存过滤器对请求进行缓存。这种过滤器利用了 Spring 框架的特性,提供了高效的路由和过滤器机制。缓存过滤器是其中一个非常有用的过滤器,它可以对经常被请求的数据进行缓存,从而避免每次请求都需要从后端获取数据,以提高服务响应速度和性能。通过缓存过滤器的配置,可以将需要缓存的请求缓存起来,并定义缓存的有效时间、缓存的键值等信息。这样可以减轻后端服务的压力,提高系统的性能和稳定性。

首先需要在 pom.xml 文件中添加 spring-boot-starter-cache 依赖,以支持缓存注解和设置缓存的有效时间等配置。在 Spring Cloud Gateway 中,需要在配置文件中配置路由规则和缓存过滤器的相关配置。

下面是一个基于 Redis 缓存的例子,代码如下：

```
//第 5 章/5.8.1 基于 Redis 缓存的例子
spring: #Spring Cloud 配置
  cloud: #Spring Cloud 相关配置
    gateway: #网关服务配置
      routes: #路由规则配置
        -id: user_service #路由 ID,用于标识路由规则
          uri: http://localhost:8081 #路由的目标服务地址
          predicates: #谓词配置
           -Path=/users/** #将请求路径匹配为 /users/** 的请求
          filters: #过滤器配置
          -name: RequestRateLimiter #过滤器名称,限流过滤器
            args: #过滤器参数
              key-resolver: "#{@userKeyResolver}" #限流规则的 key 分辨器
              redis-rate-limiter.replenishRate: 1
              #令牌桶填充速率,每秒填充 1 个令牌
              redis-rate-limiter.burstCapacity: 1
              #令牌桶最大容量,最多存放 1 个令牌
          -name: RedisCache #过滤器名称,缓存过滤器
            args: #过滤器参数
              cache-name: user_cache #缓存名称
              key-resolver: "#{@userKeyResolver}" #缓存 key 分辨器
              cache-manager: "#{@cacheManager}" #缓存管理器
              cache-expiration: PT30S #缓存过期时间,30 s
    discovery: #服务发现配置
      locator: #定位器配置
        enabled: false #禁用服务定位器
```

在这个配置文件中,使用 Route 配置路由规则,指定请求路径/users/＊＊需要转发到 http://localhost:8081,同时添加 RequestRateLimiter 和 RedisCache 过滤器来限制请求速率和缓存请求。为了生成缓存键值,需要定义一个 UserKeyResolver,在默认情况下,Spring

Cloud Gateway 会使用请求参数和请求头信息来作为缓存键值的一部分。根据业务需求，可以定义一个特定的 UserKeyResolver 来确定何时需要缓存，下面是示例，代码如下：

```java
//第 5 章/5.8.1 定义一个特定的 UserKeyResolver 来确定何时需要缓存
//该类标注为 Spring 的组件,将会被 Spring 容器管理
@Component
public class UserKeyResolver implements KeyResolver {
    //实现 KeyResolver 接口的方法
    @Override
    public Mono<String> resolve(ServerWebExchange exchange) {
        //从请求中获取查询参数 name
        String key =exchange.getRequest().getQueryParams().getFirst("name");
        //如果 name 参数非空,则返回其值
        if (!StringUtils.isEmpty(key)) {
            return Mono.just(key);
        }
        //否则返回一个空 Mono
        return Mono.empty();
    }
}
```

根据传入的 name 参数，该代码段会生成一个特定的缓存键值。如果请求中未包含 name 参数，则无法进行缓存。在此之后，需要创建一个 cacheManager 以管理缓存。通常情况下，开发人员会使用 Redis 作为缓存管理器，以下是相关示例，代码如下：

```java
//第 5 章/5.8.1 使用 Redis 作为缓存管理器
@Configuration
//启用缓存机制
@EnableCaching
public class CacheConfig {
    //创建 RedisTemplate Bean
    @Bean
    public RedisTemplate< String, Object> redisTemplate(RedisConnectionFactory
connectionFactory) {
        RedisTemplate<String, Object> redisTemplate =new RedisTemplate<>();
        redisTemplate.setConnectionFactory(connectionFactory);
        redisTemplate.setKeySerializer(new StringRedisSerializer());
        //设置 key 序列化器
        redisTemplate.setValueSerializer(new
GenericJackson2JsonRedisSerializer()); //设置 value 序列化器
        return redisTemplate;
    }
    //创建 CacheManager Bean
    @Bean
    public CacheManager cacheManager(RedisConnectionFactory connectionFactory) {
        RedisCacheConfiguration config =
RedisCacheConfiguration.defaultCacheConfig()
```

```
                    //将缓存时间设置为 30s
                    .entryTtl(Duration.ofSeconds(30))
                    //设置 key 序列化器
                    .serializeKeysWith(RedisSerializationContext.
SerializationPair.fromSerializer(new StringRedisSerializer()))
                    //设置 value 序列化器
                    .serializeValuesWith(RedisSerializationContext.
SerializationPair.fromSerializer(new GenericJackson2JsonRedisSerializer()));

            //使用 RedisCacheManager 构建 CacheManager
            return RedisCacheManager.builder(connectionFactory).cacheDefaults
(config).build();
        }
}
```

在以上的实现中,RedisTemplate 被用来创建一个 Redis 实例,而 RedisCacheConfiguration 和 RedisCacheManager 则用于对缓存进行管理。RedisCacheConfiguration 可用于配置缓存的有效时间和序列化方式等相关信息。最后,在 controller 层为需要进行缓存的请求添加缓存注解,才能实现缓存功能的实际应用。接口测试示例,代码如下:

```
//使用 GET 请求获取指定 id 的用户信息
@GetMapping(value ="/users/{id}")
//将从 Redis 缓存中获取用户信息,缓存名称为"user_cache",缓存键 key 使用指定的 key 生
//成器
@Cacheable(cacheNames ="user_cache", keyGenerator ="keyGenerator")
public Mono<User>getUserById(@PathVariable("id") String id) {
    //调用 userService 的 getUserById方法获取用户信息并返回
    return userService.getUserById(id);
}
```

在以上代码片段中,@Cacheable 注解被用于标记 getUserById()方法以进行缓存。cacheNames 参数指定了缓存名称,而 keyGenerator 参数则指定了缓存键值的生成器。通过这些配置,Spring Cloud Gateway 的缓存过滤器得以实现,从而提高系统性能和可靠性。

为了使 Spring Cloud Gateway 更加高效,需要从多个角度进行内存优化,这可以通过多种实践方法实现。为满足特定的业务需求和实际情况,可以选择制定最佳内存优化策略,并持续进行调整和优化,从而提高系统性能和稳定性。总之,内存优化需要综合考虑多个因素,以确保 Spring Cloud Gateway 的高效性。

5.8.2　网络 IO

Spring Cloud Gateway 是一种反向代理和路由器,基于 Spring Framework 5、Project Reactor 和 Spring Boot 2,用于处理和转发请求。它采用异步非阻塞的方式,高效地处理并发请求,但在高并发场景下会增加网络 IO,因此,需要进行优化,例如配置适当的线程池和资源管理策略,以充分利用 CPU 资源。Spring Cloud Gateway 使用 Project Reactor 作为反

应式编程引擎，并使用内建的线程池处理请求。在默认情况下，它使用 Netty 线程池处理请求，但可通过配置来改变线程池的大小和类型。这样，在高并发场景下，可以对 Spring Cloud Gateway 进行性能优化。可以通过以下属性在配置文件中配置线程池，代码如下：

```
#Spring Cloud Gateway 配置:HttpClient 连接池大小为 10
spring.cloud.gateway.httpclient.connectionPoolSize=10
#Spring Cloud Gateway 配置:HttpClient 请求超时时间为 2s
spring.cloud.gateway.httpclient.timeout=PT2S
```

这样就能设置连接池大小和连接超时时间。线程池和资源管理策略都很重要，特别是在高并发环境下。如果资源管理不当，则可能会出现内存泄漏或其他性能问题。可以使用 Spring Boot Actuator 来监控应用程序内存的使用情况，还可以管理线程池和内存池。如果要配置 Spring Boot Actuator，则可以在应用程序中添加以下代码，以获取更多应用程序信息，代码如下：

```
#开启健康检查细节信息,显示所有详细信息
management.endpoint.health.show-details=always
#开启 Metric 度量
management.endpoint.metrics.enabled=true
#打开 Web 端点暴露,包括所有端点
management.endpoints.web.exposure.include= *
```

启用 Spring Boot Actuator 并暴露所有的端点，可以使用 Spring Cloud Gateway 实现。除此之外，还值得深入研究其底层工作原理。Spring Cloud Gateway 使用 Netty 作为 HTTP 服务器，支持高效的异步通信方式。使用 Java NIO 库实现异步 I/O 操作，Netty 可以处理更多的请求和连接，因此，通过合适的线程池和资源管理策略，充分理解底层工作原理，Spring Cloud Gateway 可以在高并发场景下更加高效地处理请求。

5.8.3 路由性能

使用 Spring Cloud Gateway 可以实现统一的入口配置，将所有的请求流量纳入网关中，进行统一管理和控制，从而大大简化微服务架构中的请求转发和路由规则管理。通过路由配置中的 Predicate 和 Filter 实现动态路由和过滤器功能，Predicate 用于匹配请求的条件，Filter 用于对请求和响应进行处理。Spring Cloud Gateway 虽然是一个功能强大的 API 网关框架，但是在复杂的路由配置下，会影响路由性能，因此需要优化。以下是一些可行的方案：

（1）使用通配符模式极大地简化路由配置，例如使用/api/＊＊匹配所有以/api/开头的 URL。

（2）避免重复路由，可以通过改变路由顺序或使用常量避免不必要的路由匹配。

（3）避免使用正则表达式路由，使用正则表达式会增加匹配的复杂度，降低路由性能。

（4）缓存路由信息，如果路由信息变化不频繁，则避免每次请求都重新计算路由。

（5）使用专用硬件加速路由，针对网关服务是系统瓶颈的情况，可以考虑使用专用硬件加速路由处理。

（6）使用缓存数据源，将路由信息从数据库或配置中心中加载到缓存中，减少每次请求都要从外部获取路由信息的时间，从而提高性能。

（7）合并多个路由规则，将多个路由规则合并成一个，避免重复执行和匹配。

（8）利用异步处理，处理路由过滤器时，某些过滤器可能涉及耗时的操作，例如维护黑白名单、进行鉴权等，可以进行异步处理，避免影响路由性能。

（9）合理使用缓存策略，可以根据路由信息的特点，使用不同的缓存策略，例如热点数据使用本地缓存，冷数据使用分布式缓存。

（10）提高 Netty 性能，如果网关服务的性能瓶颈在 Netty 上，则可以通过调整 Netty 的参数来提高性能，例如调整线程数、内存池大小等。

除了以上优化手段外，还可以使用监控和分析工具，例如 ELK、Prometheus 等，对路由性能和异常情况进行监控。此外，需要了解 Spring Cloud Gateway 的底层工作原理，包括 RouteLocator、RouteDefinition、RoutePredicateHandlerMapping、GatewayFilterHandlerMapping 和 GatewayFilterChain。通过更好地优化路由性能，并利用框架底层工作原理，可实现更高效的 API 网关服务。RouteLocator 的作用是加载路由配置信息，而 RouteDefinition 表示一条具体的路由规则。为了匹配请求的路由规则，需要使用 RoutePredicateHandlerMapping。同时，使用 GatewayFilterHandlerMapping 可以匹配请求的过滤器。一旦请求进入 GatewayFilterChain，过滤器就会按照优先级依次执行。在过滤器中还可以修改请求和响应。GatewayFilterChain 负责将请求交给过滤器链处理。

在高并发的情况下，需要优化路由配置以提高性能。为此，可以采用多种方法，如使用通配符模式、避免重复路由、避免使用正则表达式路由、缓存路由信息和使用专用硬件以加速路由等。此外，如果读者能够深入了解 Spring Cloud Gateway 的底层工作原理，就可以更好地优化路由性能。综上所述，在高并发场景下，需要精简路由配置并优化路由性能。

5.8.4　服务降级

在 Java 技术领域，为了实现服务降级，可以采用多种技术，其中，常用的技术包括熔断器、异步处理、线程池、缓存和消息队列。

熔断器是一种机制，可以防止请求雪崩。在 Java 中，常用的熔断器库是 Hystrix。异步处理可以减少系统资源占用和等待时间，提高系统吞吐量。可以使用 Future 和 CompletableFuture 实现异步处理。线程池可以控制并发数量，避免系统负载过重。可以使用 ThreadPoolExecutor 和 ScheduledThreadPoolExecutor 进行线程池管理。缓存可以减少对数据库的访问，提高系统响应速度。使用 Ehcache 和 Redis 等缓存框架可以实现缓存机制。消息队列可以通过异步处理消息来提高系统性能和可用性。使用 Kafka 和 RabbitMQ 等消息队列框架可以进行高并发处理。

然而，服务降级只应作为极端情况下的临时措施，而在正常情况下需要尽量保证服务的完整性和稳定性。在实现服务降级时，需要权衡各种因素，确保业务和用户体验的最佳平衡。

5.8.5 监控和日志

在高并发环境中，Spring Cloud Gateway 的监控和日志记录是至关重要的。这些工作可以更好地了解系统的稳定性、性能和问题排查情况。可以使用各种监控工具（如 Prometheus 和 Grafana）来监控 Spring Cloud Gateway 的指标，以实时了解系统运行状况。此外，还可以将 Spring Cloud Gateway 的日志集成到 ELK 系统中，进行集中管理和分析，以便更好地了解系统的运行状态和排查问题。除了基本的优化方法外，还可以使用高级特性（如 Predicate 和 GatewayFilter）实现复杂的路由控制和请求处理，以及使用 WebFlux 来提高并发性和响应速度。结合 Spring Boot 2.x，可以轻松地构建响应式应用程序，从而进一步优化 Spring Cloud Gateway 的性能和稳定性。

通过利用 WebFlux 和 Spring Boot 2.x 的响应式编程模型，系统可以获得更高的吞吐量和响应速度。这种提升可以通过以下几个方面实现：首先，WebFlux 使用异步非阻塞的方式处理 HTTP 请求，从而避免了线程上下文切换的开销，更好地利用了系统资源。其次，WebFlux 使用 Reactor 提供的响应式编程模型，实现更高效的事件驱动编程方式，可以更好地处理高并发和高负载的情况。最后，在 WebFlux 的设计中避免使用锁，而是通过非阻塞 IO 和异步编程的方式更好地利用 CPU 和内存资源，提升系统性能。在 WebFlux 中，可以使用基于事件的响应式模型进行开发，利用 Flux 和 Mono 的响应式 API。Flux 可以发送多个元素，而 Mono 只能发送一个元素，而响应式编程可以在不阻塞线程的情况下处理大量请求，从而提高系统的吞吐量和响应速度。下面是一个使用 WebFlux 和 Spring Boot 2.x 的实战代码示例，该示例使用 WebFlux 实现一个简单的 HTTP 服务，处理客户端的请求并返回响应，代码如下：

```
//第 5 章/5.8.5  使用 WebFlux 实现一个简单的 HTTP 服务
@RestController //声明为 Rest 风格的控制器
public class ReactiveController {
    @GetMapping("/hello") //处理 GET 请求,路由为/hello
    public Mono<String>hello() { //返回类型为 Mono<String>
        return Mono.just("Hello, World!"); //返回"Hello, World!"字符串
    }
    @GetMapping("/delay") //处理 GET 请求,路由为/delay
    public Mono<String>delay() { //返回类型为 Mono<String>
        return Mono.just("Delayed response") //返回"Delayed response"字符串
            .delayElement(Duration.ofSeconds(5)); //添加 5s 的延迟
    }
}
```

在这个例子中，使用了@RestController 注解来标记一个响应式控制器。该控制器含有两个路由方法，其中，hello()方法利用 just 方法返回一个 Mono 对象，其中包含了"Hello,

World!"字符串。该对象表示路由方法的响应结果为一个单一的字符串。delay 方法也返回一个 Mono 对象,但是它使用 delayElement()方法来模拟延迟处理过程。该方法会延迟 5s 后才返回响应结果。通过上述示例,可以发现,在 WebFlux 和 Spring Boot 2.x 中,使用异步非阻塞处理非常简单。只需使用 Mono 和 Flux 对象来处理数据流,就能实现高效率、高并发的服务器端程序。在这个例子中,响应式编程可以轻松地实现异步处理和延迟处理,并提高了服务器端程序的性能和可靠性。

Spring Cloud Skywalking

Spring Cloud Skywalking 是一个针对微服务架构的分布式跟踪系统,能够高效地监控和管理系统性能。本节将会深入探讨 Spring Cloud Skywalking 的各种特性、用途和实现方法。为读者准备了包括分布式链路追踪的背景和概念、Skywalking 的安装配置、数据采集的方式和逻辑、调用堆栈分析和故障排查等多节。希望本章可以帮助读者更好地掌握 Skywalking 的应用和使用,提高系统运维的效率和可靠性。感谢读者选择本书,希望在阅读本书的过程中能够对读者有所启发,并且能够满足读者的需求。我们期待读者在反馈中提出宝贵的建议和意见,让这本书更加完善和实用。

6.1 分布式链路追踪的背景和概念

分布式链路追踪是一种应用性能分析工具,用于记录和追踪请求在多个服务中的传输,从而帮助开发人员快速解决分布式系统中的性能问题和错误。由于分布式系统的复杂性不断增加,分布式链路追踪的出现为解决这些问题提供了一种全新的方式。分布式链路追踪能够帮助快速定位和解决性能问题,并能够深入了解系统的性能瓶颈和瓶颈点,为系统优化提供重要参考。除此之外,分布式链路追踪还可以扩展到包括监控和调整系统资源利用、服务质量保障等方面。

分布式链路追踪需要系统开发人员、运维人员和用户的共同参与和支持。开发人员需要在系统设计和开发阶段就考虑链路追踪问题,提供良好的链路追踪接口和支持。运维人员需要在日常维护和监控中密切关注链路追踪的数据,并及时处理和解决问题。此外,用户的使用行为和反馈也能为分布式链路追踪的完善提供重要参考和支持。

分布式链路追踪可以用于监测系统的性能,在电商、金融、物流、人工智能等领域都适用。它通过在请求中添加唯一标识符来跟踪请求的流程,并记录请求的路径和调用链路,从而实现分布式链路追踪。在实现分布式链路追踪时需要注意性能问题,并进行合理配置和优化。最后,分布式链路追踪的应用需要综合考虑多方面的问题,包括系统设计、开发、运维和用户需求等。

6.2　Docker 环境下 Skywalking 的安装与配置

在 Docker 环境中，可以通过以下步骤安装和配置 Skywalking。

6.2.1　拉取 Skywalking 的镜像

在 Docker 中，可以使用以下命令拉取 Skywalking 的镜像，命令如下：

```
docker pull apache/skywalking-oap-server:8.2.0-es7
```

6.2.2　创建 Skywalking 容器

使用以下命令创建 Skywalking 容器，命令如下：

```
docker run -d --name skywalking \
-p 8080:8080 -p 10800:10800 \
-e SW_STORAGE=mysql \
-e SW_STORAGE_ES_CLUSTER_NODES=es_host:9200 \
-e SW_JDBC_URL=jdbc:mysql://mysql_host:3306/skywalking \
-e SW_JDBC_USERNAME=root \
-e SW_JDBC_PASSWORD=password \
apache/skywalking-oap-server:8.2.0-es7
```

在上述命令中，需要替换以下几个参数。

（1）mysql_host：MySQL 服务器的主机名或 IP 地址。

（2）skywalking：要连接的 MySQL 数据库的数据库名称。

（3）root：MySQL 数据库的用户名。

（4）password：MySQL 数据库的密码。

（5）es_host：Elasticsearch 集群的主机名或 IP 地址。

6.2.3　访问 Skywalking

访问 Skywalking 的 Web 界面，在浏览器中输入以下网址 http://localhost:8080。

在 Skywalking 的 Web 界面中，可以查看应用程序的拓扑结构、服务性能指标等，如图 6-1 所示。

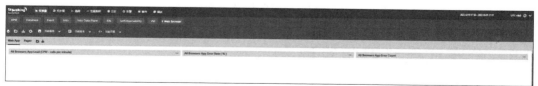

图 6-1　Skywalking 的 Web 界面

6.2.4 配置 Skywalking

在配置 Skywalking 时，需要注意下列事项。

（1）配置 VM options，为了正确配置 Skywalking，需要在 VM options 中添加以下参数，代码如下：

```
-javaagent:E:/skywalking/skywalking-agent/skywalking-agent.jar
```

这个参数用来指定 Skywalking agent 的位置。需要注意的是，由于 Skywalking 默认不支持 Spring Cloud Gateway，如果服务是 Spring Cloud 服务，则需要将 optional-plugins 目录中最新的 apm-spring-cloud-gateway * 放入 plugins 目录中。

（2）配置 Program arguments，需要在 Program arguments 中加入以下参数，代码如下：

```
-Dskywalking.agent.service_name=Your_ApplicationName
```

其中，Your_ApplicationName 为服务名称，这个参数是用来指定当前服务的名称的。最后，需要在配置中指定一个写入链路数据的服务器地址，代码如下：

```
-Dskywalking.collector.backend_service=localhost:11800
```

以上是配置 Skywalking 的基本步骤，如果按照以上步骤进行操作，就可以正确地配置 Skywalking。

IDEA 运行 Skywalking 的程序配置 JVM 参数，如图 6-2 所示。

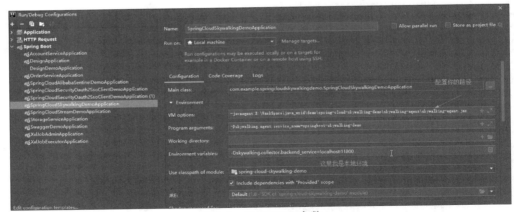

图 6-2　配置 JVM 参数

6.3　分布式链路追踪实现

下面以一个简单的故事来了解 Skywalking 如何实现分布式链路追踪。

繁华城市中众多微服务商店熙熙攘攘。为了确保客户在各个商店之间的顺畅购物体验,务必确保每个商店间通信高效无误。为解决这一问题,采用 Spring Cloud Skywalking 实现分布式链路追踪。

设想存在 3 个商店:商店 A、商店 B 及商店 C。顾客首先光顾商店 A,继而从商店 A 前往商店 B,最后返回商店 A。在这一过程中,需要了解每个商店间的通信路径及其耗时。

首先在每个商店内部署 Skywalking 探针,如同一位忠实助手负责收集商店间的通信信息。当顾客从商店 A 至商店 B 时,探针会记录商店 A 至商店 B 的通信路径和耗时。同样,当顾客从商店 B 返回商店 A 时,探针也会记录商店 B 至商店 A 的通信路径和耗时。

探针收集的信息将通过互联网传输至 Skywalking 服务器。Skywalking 服务器如同交通警察,负责分析处理这些数据。Skywalking 服务器对收集到的信息进行分析处理后,会生成一个可视化的链路图。链路图展示了顾客在商店间的行程及其耗时,有助于开发者全面了解系统的运行状况。

倘若发现商店 B 至商店 A 的通信路径变长,Skywalking 会发出告警信息。依据告警信息,能够针对商店 B 的性能进行优化,从而更好地服务客户。这就是 Spring Cloud Skywalking 实现分布式链路追踪的过程。借助 Skywalking,能全面了解系统的运行状况,快速发现并解决问题,确保客户的购物体验顺畅无阻。

6.4 Skywalking 架构和组件

Skywalking 是一个针对分布式系统的开源 APM(Application Performance Monitoring)系统。它提供了端到端的性能监控和分析,帮助用户解决分布式调用的并发、追踪和故障排除问题。Skywalking 的架构主要由以下四部分组成:数据收集器、数据存储、UI 可视化和告警。

数据收集器包括 3 个组件:探针、Agent 和 Collector。探针是 Skywalking 的数据收集器的第 1 个组件,它是一个轻量级的 Java Agent,用于收集 Java 应用程序的指标和追踪信息。探针可以通过 Java 的 Instrumentation API 在应用程序运行时动态地加载到 Java 虚拟机中,以此来监控应用程序的状态。

Instrumentation 的工作原理:在 Java 应用程序启动前,可以通过 Instrumentation API 来创建一个代理类,这个代理类会包含需要在应用程序中插入的代码。当应用程序启动后,JVM 会调用 instrumentation 的 premain 方法,并将代理类传递给这种方法。在 premain 方法中,可以使用代理类来修改字节码,以此来插入需要的代码。当应用程序开始执行时,JVM 会在执行每种方法之前都先检查一下是否需要执行代理类中的代码。如果需要执行,JVM 则会暂停当前线程并跳转到代理类中的代码,等代码执行完毕后再继续执行原来的方法。

6.4.1　探针

探针是一种软件组件，主要用于拦截应用程序中的方法调用并收集性能指标和跟踪信息，以便监控和管理应用程序的性能和健康状态。在 Java 应用程序中，探针通常通过 Java 代理技术实现。代理技术允许探针在运行时修改和扩展应用程序的行为，例如拦截方法调用并记录相关信息。每个探针都需要被加载到 Java 虚拟机中，并与应用程序进行交互和通信。为了实现探针的工作，它需要做以下几个方面的工作。

1．拦截方法调用

探针需要在运行时拦截应用程序中的方法调用，包括 HTTP 请求、数据库访问、远程调用等操作，以便跟踪应用程序的请求链路和收集性能指标。探针拦截方法调用的底层工作原理可以分为以下几个步骤。

（1）字节码注入：探针在应用程序启动时，通过字节码注入的方式修改应用程序的字节码，将探针代码插入目标方法的执行路径中，从而实现拦截。

（2）类加载器：应用程序的字节码由类加载器加载到内存中，探针需要通过类加载器获取应用程序的类定义，以便在其中插入探针代码。

（3）方法调用拦截：探针拦截器可以通过 Java 的动态代理机制拦截方法调用，在方法调用前后添加探针代码，用于跟踪请求链路和收集性能指标。

（4）反射技术：探针还需要使用 Java 反射技术获取目标方法的参数、返回值等信息，以便进行数据收集和分析。

（5）数据传输：探针需要将收集到的数据传输给监控平台，通常通过网络协议（如 HTTP、TCP/IP 等）将数据发送给监控平台。

2．记录调用信息

探针需要记录被拦截的方法调用的相关信息，如方法名称、参数、耗时和调用者等信息，以便进行日志记录、性能分析和故障诊断。探针记录调用信息的底层工作原理可以分为以下几个步骤。

（1）拦截方法调用：探针一般通过字节码增强或代理技术拦截目标方法的调用，然后在方法前后注入自己的逻辑。

（2）记录方法调用信息：在方法调用前后，探针会记录方法的相关信息，包括方法名称、参数、调用者、耗时等。具体记录哪些信息可以根据需要自定义。

（3）存储调用信息：记录完方法调用信息后，探针会将其存储到某个缓存或者数据库中，以便后续使用。如果存储到缓存中，则可以设置缓存大小和缓存时间，以保证不会占用过多内存。如果存储到数据库中，则需要设计好数据库结构，以方便查询和分析。

（4）分析调用信息：存储完方法调用信息后，可以对其进行分析，如生成方法调用图、计算方法调用频率、分析方法调用耗时等。这些分析可以帮助开发人员找到系统性能瓶颈和故障点，从而进行优化和修复。

3. 将数据发送到 Skywalking 的 Agent 组件

探针需要将收集到的信息发送到 Skywalking 的 Agent 组件进行处理和分析。Agent 组件可以对数据进行聚合、分析和可视化，以便用户更好地了解应用程序的运行情况。在 Skywalking 系统中，探针收集到的数据需要经过网络传输到 Agent 组件进行处理和分析。Agent 组件是 Skywalking 的代理程序，它位于与应用程序相同的服务器上，可以与探针进行通信，并将数据传输到 Skywalking 的数据中心。具体来讲，当探针收集到数据后，它将使用一种特定的协议将数据发送到 Agent 组件所在的服务器。在发送之前，探针会将数据按照一定的格式进行封装，以便 Agent 组件能够正确解析数据。这个格式通常是一种标准的数据格式，例如 JSON 或者 Thrift 等。一旦数据到达 Agent 组件，它将被解析并存储到本地的缓存中。Agent 组件会使用一种高效的存储引擎来保存数据，例如本地数据库或者类似 Elasticsearch 等分布式存储系统。这些存储引擎可以帮助 Agent 组件快速地查询和分析数据。Agent 组件会对收集到的数据进行聚合和分析，以便用户能够更好地了解应用程序的运行情况。例如，它可以将收集到的数据按照时间、服务器、应用程序和服务名称等维度进行聚合，并生成各种报告和图表。这些数据可以帮助用户快速了解应用程序的健康状况、性能瓶颈和异常情况等。

4. 收集 Java 虚拟机指标信息

探针还需要收集 Java 虚拟机的指标信息，如内存使用情况、线程池使用情况及垃圾回收等信息。这些信息可以用于分析应用程序的性能瓶颈和优化建议。探针获取指标信息的底层工作原理是通过 Java 虚拟机提供的一组 API 实现的。这些 API 可以让探针获取 Java 虚拟机运行时的各种信息，包括类加载情况、内存使用情况、线程状态、垃圾回收情况等。探针可以通过不同的方式获取这些信息，例如使用 JMX(Java Management Extensions)API、JVMTI(Java Virtual Machine Tool Interface)API 等，其中，JMX API 是 Java 虚拟机提供的一组管理和监控 Java 应用程序的 API，它可以让探针通过网络或本地的方式获取 Java 虚拟机的各种信息，JMX API 的底层工作原理是基于 Java 虚拟机内部的管理和监控机制。Java 虚拟机内部包括一个管理和监控代理(MBean Server)，它负责管理和监控 Java 应用程序的各种信息。MBean Server 使用 MBeans(Managed Beans)代表 Java 应用程序和 Java 虚拟机的各个组件和资源，并提供相应的管理和监控接口。探针通过 JMX API 访问 MBean Server，并使用 MBeans 获取 Java 应用程序和 Java 虚拟机的各种信息。

探针首先需要连接到 MBean Server，可以通过 RMI 协议或者本地进程通信方式进行连接。一旦连接成功，就可以使用 MBeans 提供的接口获取 Java 应用程序和 Java 虚拟机的各种信息。为了保证安全性，JMX API 还提供了安全管理机制，可以对探针访问 MBean Server 进行授权和认证，而 JVMTI API 则是一组底层的 Java 虚拟机监控和调试 API，探针可以通过这些 API 获取更加详细和精确的指标信息，JVMTI API 的基本工作原理是通过在 Java 虚拟机中插入探针来监视 Java 应用程序的执行。探针是一个运行时组件，可以在 Java 虚拟机中动态地插入和删除。探针可以用来监视应用程序执行的各个阶段，例如类加载、对象创建、方法调用、线程创建和销毁等。当探针被插入 Java 虚拟机中时，它可以注册一系列回调函数，这些回调函数将被 JVMTI API 调用以获取有关 Java 虚拟机和应用程序执行的信息。例如，探针可以通过回调函数获取 Java 虚拟机的状态信息、类和对象的信息、线程和栈的信息、内存使用情况及执行时间信息等。

由于 JVMTI API 是基于 Java 虚拟机的底层 API，它可以提供非常精确和详细的信息，所以可以帮助开发人员更好地了解 Java 应用程序的执行情况。JVMTI API 还提供了许多高级功能，例如内存分析、性能分析和代码调试等，可以帮助开发人员更好地优化 Java 应用程序的性能和可靠性。除了使用 Java 虚拟机提供的 API，探针还可以通过解析 Java 虚拟机的诊断命令输出信息获取指标信息。例如，探针可以解析 Java 虚拟机的 GC（Garbage Collection）日志文件，从而获取垃圾回收的详细信息。在 Java 应用程序中，GC 用于回收不再需要的内存，以便将其重新分配给其他对象。

Java 虚拟机（JVM）中的 GC 过程可以通过多种方式进行监测和诊断，其中之一是通过 GC 日志文件的方式。GC 日志文件记录了 GC 事件的详细信息，包括 GC 类型、发生的时间、GC 前后内存的使用情况、回收的对象数量等。Skywalking 探针可以通过解析 Java 虚拟机的 GC 日志文件获取垃圾回收的详细信息。Skywalking 探针可以通过读取 GC 日志文件中的文本信息来解析 GC 事件，并将其转换为易于理解的指标信息。这些指标信息可以用于分析和优化应用程序的性能和内存使用情况。底层工作原理是通过 Java 虚拟机提供的诊断和监测 API 获取 GC 日志文件的文本信息。一旦 GC 事件的信息被读取，Skywalking 探针便可以使用一系列解析算法来将文本信息转换为可供分析的指标信息。这些指标信息将存储在探针中，并可以通过 Skywalking 控制台或其他工具进行查看和分析。

5. 跨语言支持

探针可以支持多编程语言的应用程序，如 Java、PHP、Python 等，以此实现跨语言的应用程序监控。这可以帮助用户更好地管理和监控多语言应用程序的健康状态。Skywalking 跨编程语言的底层工作原理是通过将探针嵌入应用程序中，并将探针的信息发送到代理进行跨进程通信，最终将跟踪数据存储在数据库中并在用户界面中显示。

6.4.2　Agent

Agent 是 Skywalking 的数据收集器的第 2 个组件，它是一个基于 Java 的收集器，用于接收来自探针的数据并进行处理和存储。Skywalking 的数据收集器 Agent 的底层工作原理可以分为以下几个步骤。

1. Agent 的启动

Skywalking 的数据收集器 Agent 通过读取配置文件、建立连接、发送数据和本地缓存等方式，收集应用程序的运行数据，并将其发送到 Collector 供后续分析和可视化。Agent 是一个轻量级的进程，运行在应用程序的同一台服务器上。当应用程序启动时，Agent 会被启动，并开始收集应用程序的运行数据。Agent 启动后，它将首先读取配置文件，以确定应用程序的信息、需要收集的数据类型及 Collector 的地址等信息。在配置文件中包含的信息包括以下几种。

（1）应用程序的 ID：每个应用程序都有一个唯一的 ID，用于标识应用程序。

（2）应用程序的版本号：用于标识应用程序的版本。

（3）应用程序的主机名：用于标识应用程序所在的主机。

（4）需要收集的数据类型：包括 Trace、Metric、Log 等。

读取配置文件后，Agent 会与 Collector 建立连接，以便将收集到的数据发送到 Collector。在与 Collector 建立连接之前，Agent 会先通过 TCP/IP 连接到 Collector 的地址。连接建立后，Agent 通过 TCP/IP 将数据发送到 Collector。在发送数据时，Agent 会将收集到的数据转换为二进制格式，并将其发送到 Collector。在发送数据之前，Agent 会将收集到的数据存储在本地的缓存中。这样做是为了防止数据丢失，如果在发送数据时发生故障，则 Agent 将重新尝试发送缓存中的数据。Agent 会定期将缓存中的数据发送到 Collector。发送数据的时间间隔可以在配置文件中进行设置。除了将收集到的数据发送到 Collector 外，Agent 还会将一些数据存储在本地的文件系统中。这些数据包括应用程序的信息、Agent 的运行状态及一些运行时数据。

2．数据收集

通过 Java 的 Agent 技术，将探针嵌入应用程序的 JVM 中，拦截应用程序的代码并收集相关数据信息，最终将数据存储到本地内存中。数据收集器 Agent 的底层工作原理如下：

（1）通过 Java 的 Agent 技术，将探针嵌入应用程序的 JVM 中。

Java 的 Agent 技术是指使用 Java 的 Instrumentation API，向 Java 虚拟机（JVM）动态地添加类定义和修改已加载类的字节码的能力。Skywalking 的 Agent 使用这种技术来将探针嵌入应用程序的 JVM 中。

（2）探针会对应用程序的代码进行拦截，并收集相关的数据信息，如应用程序的性能指标、请求的 Trace 信息等。

探针是 Skywalking 的核心组件之一，负责拦截应用程序的代码和收集数据信息。探针使用字节码修改技术，修改应用程序的字节码，插入相关的代码来收集信息。探针可以收集各种信息，如性能指标、请求追踪信息、方法调用信息等。

（3）Agent 会定期从探针中收集数据，并将其存储到本地内存中。

数据收集器 Agent 是 Skywalking 的后台组件之一，负责从探针中收集数据，并将其存储到本地内存中。Agent 使用定时任务来定期从探针中收集数据，然后将其处理和转换成 Skywalking 内部数据模型，最后存储到本地内存中。存储的数据包括应用程序的性能指标、请求追踪信息、方法调用信息等。

3．数据存储和处理

Skywalking 的数据收集器 Agent 通过内存存储和压缩批量发送的方式，能够高效地收集和处理应用程序的性能信息和调用信息，并将这些信息发送给 Collector 进行处理。

下面对 Skywalking 的 Agent 数据存储和处理底层工作原理进行详细说明。

1）数据收集器 Agent 的存储方式

当 Agent 开始收集应用程序的性能信息和调用信息时，它会将这些信息存储在本地内存中。这些信息包括应用程序的性能指标、调用链信息、方法执行时间、异常信息等。这些信息将存储在内存中，以便 Agent 能够快速地访问这些信息并进行数据处理。

2）数据压缩和批量发送

由于应用程序中可能会产生大量数据，如果每次都将这些数据发送到 Collector 中，则将会占用大量的网络带宽。为了减少网络带宽的压力，Skywalking 的 Agent 会对收集到的数据进行压缩和批量发送。

具体来讲，当 Agent 收集到一定量的数据时，它将会对这些数据进行压缩，然后批量发送给 Collector 进行处理。这样可以大大减少网络带宽的使用，同时也能够保证数据的安全性和完整性。

3）数据发送频率

为了确保 Agent 能够及时地将收集到的数据发送给 Collector 进行处理，Agent 一般会每隔几秒就将数据发送给 Collector。具体的时间间隔可以在配置文件中设置。

4. 数据过滤和聚合

Skywalking Agent 的数据过滤是通过 Matcher 和 Filter 两部分的配合实现的，Matcher 用来匹配数据，Filter 用来过滤数据。通过配置文件和可插拔的设计，数据过滤可以灵活地定制，避免收集不必要的数据，提高数据采集的效率和质量。具体来讲，数据过滤器分为两部分：Matcher 和 Filter。Matcher 是用来匹配数据的规则，可以通过配置文件来定义，也可以通过代码动态添加。Matcher 可以匹配数据中的各个字段，包括 Trace ID、Span ID、Service Name、Endpoint Name 等。可以设置多个 Matcher，它们会按照定义的顺序逐个进行匹配，只有匹配成功的数据才会被传递给下一步过滤器。Filter 用来过滤数据，同样可以通过配置文件来定义，也可以通过代码动态添加。Filter 可以根据 Matcher 匹配成功后的数据进行进一步过滤，根据数据的各个字段进行过滤，例如 Trace ID、Span ID、Service Name、Endpoint Name、Span Type 等。可以设置多个 Filter，它们会按照定义的顺序逐个进行过滤，只有通过所有 Filter 的数据才会被最终采集到。在 Skywalking Agent 的设计中，Matcher 和 Filter 的实现是可插拔的，不同的过滤器实现可以根据具体需求进行定制。例如，可以针对不同的数据源，实现不同的 Matcher 和 Filter，以达到更细粒度的数据过滤效果。

Skywalking Agent 通过聚合多个请求的 Trace 信息，将它们组合成一个单独的 Trace，以此来提高数据可视化的效果，方便用户进行数据分析及监控。在数据聚合方面，Skywalking Agent 使用了一种被称为"分布式追踪"的技术。它基于一个全局唯一的 Trace ID，将一次请求所经过的所有服务的 Trace 信息进行关联，并将它们聚合成一个单独的 Trace，因此，用户可以通过一个单独的 Trace 来跟踪一次完整的请求过程，而不需要分别跟踪每个服务的 Trace 信息，从而提高了数据的可视化效果。具体地，当一个请求发起时，Skywalking Agent 会生成一个 Trace ID，并将其标记到请求中，然后它会在每个服务中收集 Trace 信息（例如调用链、请求参数、响应时间等），并将这些信息发送到 Skywalking

Collector 上。在 Skywalking Collector 上,会根据 Trace ID 对这些信息进行聚合,生成一个包含完整请求过程的"超级 Trace"。值得注意的是,Skywalking Agent 在进行数据聚合时,还要考虑到 Trace 信息的正确性和精确性。因为一个请求可能会在多个服务上执行,因此每个服务的 Trace 信息都有可能受到其他服务的影响。为了解决这个问题,Skywalking Agent 会通过一系列的算法和策略,对 Trace 信息进行去重、合并、校验等操作,以保证最终生成的 Trace 信息是准确和可靠的。

5. 告警和监控

Skywalking 数据收集器 Agent 的告警和监控功能是通过注入代码,采集应用程序的运行数据,根据配置的规则进行监控和告警,确保应用程序的性能和稳定性,并保证数据的可靠性和安全性。为了实现告警和监控功能,Agent 还需要配置相应的告警规则。这些规则通常包括若干阈值,例如响应时间的阈值、CPU 使用率的阈值、内存使用率的阈值等。当采集到的性能指标或 Trace 信息超过了设定的阈值时,Agent 会触发告警,并将告警信息发送给相关人员。在实现告警和监控功能的过程中,Agent 还需要考虑一些性能和稳定性问题。由于 Agent 需要在应用程序的运行时注入代码,因此必须保证注入的代码能够正常运行,并且不会对应用程序的性能和稳定性造成影响。同时,Agent 还需要保证数据的可靠性和安全性,确保采集到的数据不会被篡改或泄露。

6.4.3　Collector

Skywalking 是一个开源的分布式系统跟踪和监控解决方案,其中收集器 Collector 是其重要组成部分之一,负责接收、处理和存储来自 Agent 的数据。Collector 的底层工作原理包括以下几部分。

1. 数据接收

在 Skywalking 系统中,Collector 处于整个数据收集、存储与分析的中心位置,负责接收 Agent 发来的跟踪数据,并将其缓存到内存中,然后定时将这些数据存储到后端存储中,以供后续分析使用。

Collector 使用 gRPC 协议与 Agent 进行通信,这是一种高效的远程调用协议,可以提高数据传输的效率。Skywalking 的 Collector 使用了 Netty 作为底层通信框架,Netty 是一个高性能、异步、事件驱动的网络通信框架,它提供了高效的 I/O 处理能力,并支持多种协议。通过 Netty,Collector 可以在高并发的情况下快速响应 Agent 的请求,并将跟踪数据缓存到内存中。

在 Collector 中,监听 Agent 数据的端口是一个非常关键的步骤。Collector 会通过配置文件指定监听的端口,并且支持同时监听多个端口,以满足不同的场景需求。当 Agent 发来新的跟踪数据时,Collector 会根据数据包的协议版本进行解析,并将数据缓存到内存中。为了提高数据收集的效率,Collector 还会对缓存的数据进行压缩,减小数据传输的大小。除了数据缓存之外,Collector 还会启动一个定时任务,定时将缓存的数据存储到后端存储中。在存储数据时,Collector 需要保证数据的完整性和准确性,因此会对存储的数据进行校验,并在存储失败时进行重试,以确保数据能够被正确地存储到后端存储中。

2.数据处理

Skywalking 数据收集器 Collector 是 Skywalking APM 系统的核心组件之一。主要功能是从各个应用程序的 Agent 收集指标数据并将其转换为可供存储和分析的格式。下面是 Skywalking Collector 的底层工作原理的详细介绍。

1）数据验证

在收到 Agent 发送的数据之前,Collector 会对数据进行验证,以确保数据的完整性和准确性。验证过程包括检查数据格式、数据类型、数据范围和数据有效性等方面。如果数据不符合要求,Collector 则会将其标记为无效,并告诉 Agent 重新发送数据。

2）数据解析

一旦通过验证,Collector 会对数据进行解析。这个过程包括将原始数据转换为 Skywalking 提供的标准数据模型,包括指标名称、指标值、时间戳和标签等。这个过程通常涉及使用解析器来解析各种数据格式,如 JSON、XML 或二进制格式。

3）数据转换

在解析完数据之后,Collector 会将标准数据模型转换为可供存储和分析的格式。这个过程通常包括将数据写入持久性存储(如数据库或文件系统)、将数据转发给其他服务或将数据发送给可视化界面进行实时监控。

4）自定义数据处理

Skywalking Collector 还支持自定义的数据处理逻辑,以便进行更复杂的数据处理操作。例如,可以将多个指标数据合并为一个复合指标、使用自定义的聚合器计算平均值或百分位数等。这些自定义处理逻辑可以通过插件机制实现,使 Collector 可以适应不同的业务需求。

3.数据存储

Skywalking 数据收集器 Collector 是一个用于收集应用程序性能数据的组件。它可以通过多种方式进行数据存储,以满足不同的数据存储需求。当收集器接收到来自被监测应用程序的性能数据时,它会对数据进行处理和解析,并将其转换成适合于存储的格式,然后收集器会将数据存储到指定的数据仓库中,这个数据仓库可以是 Elasticsearch、HBase 或者 MySQL 等。

在将数据存储到数据仓库的过程中,收集器会对数据进行一些优化处理,以确保数据的可读性和易用性。例如,收集器会对数据进行压缩和归档,以减少存储空间的使用。此外,收集器还会对数据进行索引,以提高查询效率。当用户需要查询收集器收集的数据时,他们可以使用支持的查询语言来查询数据。

对于 Elasticsearch 和 HBase 等数据仓库,用户可以使用它们的原生查询语言进行查询。对于 MySQL 等关系数据库,用户可以使用 SQL 语句来查询数据。

4.数据可视化

Collector 可以对收集到的跟踪数据进行可视化,提供给用户一些额外的分析和报告。

在 Skywalking 中,Collector 支持多种可视化方式,包括折线图、柱状图、饼图等。用户可以根据需要选择适合自己的可视化方案,例如,通过折线图来展示应用程序的响应时间,通过柱状图来展示应用程序的访问量,通过饼图来展示应用程序各个服务组件的耗时等。这些图表可以帮助用户更好地了解应用程序的性能及问题发生的原因,从而更好地优化应用程序的性能。

5. 故障检测

Skywalking 数据收集器 Collector 的故障检测基于状态监控和异常检测实现,通过判断 Agent 状态、网络状态和缓存状态等因素,对 Collector 的故障进行及时诊断和处理,以保证跟踪数据的完整性和有效性。

Collector 是负责收集应用程序和服务的性能指标、调用链数据等跟踪信息的组件,因此在 Collector 发生故障时,会对跟踪数据的采集和传输造成影响,严重时甚至会导致数据的丢失或不完整。

底层工作原理如下。

1) 数据存储

Collector 将收集到的跟踪数据存储到本地缓存中,以保证数据在网络传输过程中的完整性和有效性,同时减少数据的重复传输。

2) 状态监控

Collector 会定期监控本地缓存的状态,包括缓存的数据量、缓存的可用空间、缓存的过期时间等,并根据设定的阈值进行状态判断,当缓存状态异常时,会触发故障检测流程。

3) 异常检测

当 Collector 的状态监控检测到异常时,会将异常信息发送给 Agent 进行确认,并启动异常检测流程。异常检测流程包括以下几个步骤。

(1) 判断 Agent 状态:Collector 会向 Agent 发送状态确认请求,如果 Agent 能够响应,则表示 Agent 正常运行,否则认为 Agent 发生故障。

(2) 判断网络状态:Collector 会向服务器端发送网络心跳包,如果服务器端能够及时响应,则认为网络正常,否则认为网络故障。

(3) 判断缓存状态:如果 Collector 的缓存状态异常,则会尝试清空缓存,重新接收和存储数据。

(4) 故障处理:当所有异常检测步骤完成后,如果仍存在故障,则会触发故障处理流程,包括重启 Collector、切换至备份 Collector 等措施。

4) 故障恢复

当 Collector 故障被解决后,会触发恢复流程,包括数据传输恢复、数据删除、状态监控恢复等步骤,以保证数据的完整性和准确性。

6. 性能分析

Skywalking Collector 的性能分析是衡量系统性能的重要指标之一。性能分析的目标是找出系统中的性能瓶颈,并采取相应的措施来优化性能。下面介绍如何进行性能分析。

（1）监控系统资源：在进行性能分析之前，需要对系统资源进行监控，以确定系统是否出现资源瓶颈。常用的监控工具包括 top、htop、vmstat 等。

（2）调整 JVM 参数：Skywalking Collector 是一个 Java 应用程序，因此可以通过调整 JVM 参数来提高其性能。例如，可以增加 JVM 的内存，调整 GC（垃圾回收）算法等。

（3）分析日志：如果收集器出现性能问题，则可以通过分析其日志来定位问题所在。收集器的日志默认存储在 logs 目录下，通过分析日志可以找出系统中的异常和错误信息。

（4）使用性能分析工具：性能分析工具可以诊断系统中的性能问题。例如，可以使用 JProfiler、Visual VM、Java Mission Control 等工具来分析 Skywalking Collector 的性能。

（5）优化代码：可以通过优化 Skywalking Collector 的代码来提高其性能。常用的优化措施包括使用缓存、优化算法、减少锁的使用等。

7. 容量规划

Skywalking Collector 的容量规划功能的底层工作原理是基于性能指标的监控和分析。具体来讲，Skywalking Collector 会收集各种性能指标数据，包括 CPU 利用率、内存使用情况、网络带宽、磁盘 I/O 等。这些指标数据在采集之后，经过处理和分析，可以得出系统的整体负荷情况和趋势等信息。

Skywalking Collector 会根据这些指标数据的分析结果，结合用户给定的容量规划策略，进行容量规划。容量规划策略通常包括以下几个方面。

（1）预估系统的负载：根据分析结果，预估系统未来的负载情况，包括用户量、请求量、并发度等。这个预估可以帮助用户了解未来可能会面临的资源需要。

（2）确定性能指标阈值：根据预估的负载情况，设定性能指标的阈值。例如，当 CPU 利用率超过 80％时需要增加 CPU 资源，当磁盘 I/O 超过一定值时需要增加磁盘资源等。

（3）规划资源分配方案：根据预估的负载情况和设定的阈值，制定资源分配方案。例如，当 CPU 利用率超过 80％时，增加 CPU 资源的数量和容量等。

（4）监控和优化：实施资源分配方案后，需要根据实际使用情况进行监控和优化。如果发现系统的负载情况与预估有偏差，或者资源分配方案存在问题，则需要及时做出调整。

6.4.4 数据存储

数据存储主要分为两部分：存储数据和处理数据。存储数据通常采用时序数据库，如 Elasticsearch、Prometheus 等。处理数据主要是对存储在数据库中的数据进行查询和分析，以便用户可以通过 UI 可视化组件查看和分析数据。

1. 存储数据

Skywalking 数据存储的底层工作原理主要通过一系列组件实现，其中包括时序数据库、数据采集器、数据处理器和数据展示器。这些组件协同工作，实现数据的采集、存储、处理和展示。

时序数据库是 Skywalking 所采用的一种数据存储方式，它主要用于存储时序数据。时序数据是指按照时间顺序排列的数据，例如监控指标、性能数据等。常见的时序数据库包括

Elasticsearch、Prometheus 等。

数据采集器是 Skywalking 中用于采集数据的组件,它可以采集来自多个数据源的数据,并将其发送到数据处理器进行处理。Skywalking 中常用的数据采集器包括 Agent 和 Service Mesh Sidecar 等。

数据处理器主要负责对采集到的数据进行处理和存储,它可以对数据按照一定的规则进行聚合、压缩和转换,并将处理后的数据存储到时序数据库中。Skywalking 中常用的数据处理器包括 Storage 和 Receiver 等。

数据展示器是 Skywalking 中用于展示数据的组件,它可以对存储在时序数据库中的数据进行查询和展示。数据展示器需要提供一系列的查询接口和可视化工具,以方便用户查询和分析数据。Skywalking 中常用的数据展示器包括 UI 和 API 等。

2. 处理数据

Skywalking 是一个开源的分布式系统监测与追踪工具,它通过收集和分析分布式系统中的数据,帮助用户了解系统性能瓶颈和流程。

Skywalking 的后端会对存储在 Elasticsearch 中的数据进行分析。它通过一些特定的算法和统计学工具来计算请求跨度、服务调用、错误情况和度量数据等指标,并将这些指标显示在 Skywalking 的 UI 可视化组件中。此外,Skywalking 还支持用户自定义指标,用户可以根据自己的需求为系统添加指标。Skywalking 的 UI 可视化组件是一个 Web 应用程序,提供了一些可视化工具,帮助用户更加直观地了解系统性能。用户可以查看实时请求跨度、服务拓扑图、调用链或度量图表,也可以设置自定义告警,以便及时发现系统问题。

6.5　数据采集的方式和逻辑

Skywalking 是一种开源的分布式跟踪系统,可以实时监控和分析分布式系统的性能和健康状况。数据采集是 Skywalking 的核心功能之一,主要通过以下两种方式进行。

6.5.1　代理方式

Skywalking 的代理方式主要包括以下几种。

1. JVM 代理

Skywalking 的 JVM 代理是通过 Java Agent 的方式实现的,它会在 JVM 启动时加载到应用程序中,并在应用程序运行时通过字节码操作技术来对应用程序进行增强,从而实现对应用程序的监控。JVM 代理在应用程序内部拦截并修改操作系统的系统调用,它可以监控应用程序中的所有类和方法的调用情况。代理还会拦截应用程序向外部网络进行的所有请求和响应,包括 HTTP、RPC 等协议。具体来讲,JVM 代理的工作流程如下:

(1) JVM 代理会在应用程序的启动时加载,并注入 JVM 中。

(2) 代理会拦截应用程序内部的所有类加载事件,并对被拦截的类进行字节码增强。

(3) 代理在类加载时会对其所有方法中的指令都进行修改,以实现对该方法的监控。

(4)代理会在应用程序运行时收集各种指标和跟踪数据,如响应时间、调用链路、异常情况等信息,并将这些信息发送到Skywalking Server进行处理和分析。

(5)在收集数据时,代理会对数据进行压缩和缓存,以最大限度地减少对应用程序性能的影响。

2. 客户端代理

Skywalking客户端代理是一个用于收集客户端应用程序性能指标和跟踪数据的库。这种代理方式适用于基于Web的应用程序、桌面应用程序和移动应用程序等。它可以帮助开发人员对应用程序进行实时监控和故障排除。Skywalking客户端代理的工作原理是在应用程序代码中添加Skywalking代理库,然后Skywalking代理会拦截应用程序代码执行的一部分,将性能指标和跟踪数据发送到Skywalking服务器进行收集和分析。Skywalking客户端代理的底层工作原理包括以下几个步骤。

(1)代理库的加载:开发人员需要将Skywalking代理库添加到应用程序中,并在应用程序启动时加载代理库。

(2)拦截器的注册:Skywalking代理库会注册拦截器,用于拦截应用程序代码执行的一部分。

(3)拦截器的执行:当应用程序代码执行到被拦截的部分时,Skywalking代理库会执行拦截器的代码,并将性能指标和跟踪数据发送到Skywalking服务器。

(4)数据的收集和分析:Skywalking服务器会收集并分析发送过来的性能指标和跟踪数据,并将结果展示在控制台上。

Skywalking客户端代理的拦截器可以拦截以下几个方面的代码执行:当处理HTTP请求时,拦截器可以截获请求的路径、参数及响应状态码等重要信息,帮助监控和追踪网络服务。在数据库操作方面,拦截器可以捕获所有的SQL语句、执行时间和返回结果等信息,以便对数据库进行监控和追踪。对于RPC调用过程,拦截器可以截获调用方、被调用方及调用的耗时等相关信息,促进监控和追踪分布式系统服务。最后,在方法执行方面,拦截器可以截获方法的名称、执行时间和返回结果等信息,有助于监控和追踪应用程序的内部服务。

通过Skywalking客户端代理,开发人员可以实时监控应用程序的性能指标和跟踪数据,快速发现并解决潜在的故障和性能问题,提高应用程序的可靠性和性能。

3. Service Mesh代理

首先,需要了解一下什么是Service Mesh。Service Mesh是一种用于处理微服务之间通信的架构模型。在Service Mesh中,每个微服务都有一个专用的代理(称为sidecar),该代理位于微服务与网络之间,可以监控和控制微服务之间的通信流量。Skywalking可以集成到Service Mesh中,以收集与Service Mesh相关的指标和跟踪数据。

Skywalking的Service Mesh代理通过以下方式工作:

(1)Skywalking代理作为Service Mesh中的sidecar运行在每个微服务实例中。

(2)Skywalking代理会自动注入微服务的环境变量中,并与Service Mesh中的其他代理通信。

（3）当微服务之间进行通信时，Skywalking 代理会捕获和记录所有的请求和响应信息，并将其发送到 Skywalking 服务器进行处理和解析。

（4）Skywalking 服务器会分析和聚合所有收集到的数据，并根据相应的指标和性能数据提供可视化数据和报告。

（5）开发人员可以使用 Skywalking 提供的可视化工具和 API，来监控和管理 Service Mesh 中的微服务。

4. 代理方式实现的底层工作原理

代理通过 Java Agent 或手动修改应用程序的配置文件，将 Skywalking 的拦截器（Interceptor）和传感器（Sensor）注入应用程序中。Interceptor 用于拦截应用程序中的方法调用和 RPC 请求，Sensor 用于收集系统资源（如 CPU、内存、磁盘等）和应用程序的指标数据（如请求响应时间、调用链路、错误率等）。

当应用程序运行时，Interceptor 用于拦截应用程序中的方法调用和 RPC 请求，并记录相关的调用信息和传输数据。同时，Sensor 用于收集应用程序的指标数据和系统资源，并将数据传输给 Skywalking 的中央服务器。

中央服务器将收集到的数据进行聚合、分析和展示，以便于查看应用程序的性能状况和问题排查。通过代理方式收集应用程序的性能指标和跟踪数据，可以帮助开发人员更好地了解应用程序的运行情况，并及时发现和解决性能问题。同时，Skywalking 的代理方式也具有灵活性和可扩展性，可以自由选择适合自己的代理方式，并支持集成其他系统和工具。

6.5.2　无代理方式

Skywalking 是一个基于开源的应用性能管理系统（APM），它允许用户对分布式系统进行监控和跟踪。除了支持代理方式之外，它还支持一些无代理的数据采集方式，包括 JMX 和 Spring AOP。在这些方式中，Skywalking 利用无代理的方式进行数据采集，同时不需要修改应用程序代码，减少了对应用程序的侵入性和开发人员的工作负担。

无代理的数据采集方式是利用 Skywalking 的 Skywalking Agent 组件，通过 JMX 或 Spring AOP 机制，向应用程序发送请求并收集数据。在这种方式下，Skywalking Agent 并没有直接嵌入应用程序中，而是通过监听应用程序的端口、类路径或方法调用事件，在数据采集时进行拦截和收集。

在 JMX 机制中，Skywalking Agent 通过访问 JMX MBean（管理 Bean）进行数据采集，而 Spring AOP 机制则通过 Spring 框架中的 AOP 机制在应用程序的关键方法执行前后进行拦截并收集数据。无代理的数据采集方式的底层工作原理可以用以下几个步骤来概括：

（1）Skywalking Agent 启动时会自动加载要监控的应用程序和对应的 JMX 或 Spring AOP 配置文件。

（2）当应用程序启动时，Skywalking Agent 会监控相应的端口、类路径或方法调用事件。例如，在 JMX 机制下，Skywalking Agent 监控应用程序的 JMX 端口，并通过 JMX

MBean 进行数据采集；在 Spring AOP 机制下，Skywalking Agent 则通过拦截应用程序的关键方法来收集数据。

（3）Skywalking Agent 通过收集的数据进行分析和处理，并将结果发送到 Skywalking Server 进行存储和展示。

通过无代理的数据采集方式，Skywalking 可以在不修改应用程序代码的情况下监控和跟踪分布式系统的性能，提高了系统的可维护性和开发效率。同时，无代理的数据采集方式还可以降低对应用程序性能的影响，减少了对应用程序的侵入性和开发人员的工作负担。

6.5.3　数据采集的整个逻辑

在 Skywalking 中，数据采集的整个逻辑可以概括为以下几个步骤：

Skywalking 收集器从代理或 JMX、Spring AOP 等无代理采集方式中收集数据，包括应用程序的性能指标和跟踪数据。

收集器将数据转换为标准格式并进行压缩，然后将其发送到 Skywalking 的中央服务器。

中央服务器接收到数据后，进行数据解压和解析，并将数据存储在数据库中。

分析器从数据库中提取数据，并进行分析、聚合和可视化，以便用户可以查看应用程序的性能和健康状况。

用户可以通过 Skywalking 的 Web 界面或 API 访问分析器，查看应用程序的性能指标和跟踪数据，并对系统进行监控和调试。

综上所述，Skywalking 通过代理和无代理方式收集并分析应用程序的性能数据和跟踪信息，为用户提供全面的性能监控和分析服务。

6.6　链路追踪数据模型

Skywalking 的数据模型主要分为 3 个层次：Trace、Segment 和 Span，其中，Trace 是整个分布式系统处理一个请求的所有组件和节点的有向无环图，Segment 是 Trace 中的一个连续子图，Span 是 Segment 中的一个节点。每个 Span 都包含了节点的一些关键信息，如节点名称、开始时间、结束时间、耗时、调用信息等。

6.6.1　Trace

Skywalking 是一个开源的分布式系统监控工具。Skywalking 的数据模型主要基于 Trace 这个概念。Trace 是指分布式系统处理一个请求的所有组件和节点的有向无环图。在 Skywalking 中，Trace 是系统中的一个重要概念，表示分布式系统中的一个请求。

一个 Trace 通常被视为一组跨越多个服务的调用链。每个 Trace 包含一个 Root Span 和一组相关的 Child Span。一个 Span 代表了一个服务请求的一个阶段，例如，数据库查询、网络请求等，而 Child Span 代表了 Span 的子请求。

　　每个 Span 都有一个唯一的标识符,并可以包含其他信息,例如 Span 的开始和结束时间、请求的 URL 等。Skywalking 使用这些 Span 创建 Trace,并将它们存储在 Skywalking 数据存储中。在 Skywalking 中,Trace 经过多个处理步骤,以便收集和处理应用程序的性能数据。以下是 Skywalking Trace 数据模型的主要组成部分。

　　(1) Trace ID:Trace ID 是一次完整的请求过程所对应的唯一标识。在分布式架构中,一次请求经过多个服务、多个节点的处理,每个节点产生的日志和跟踪数据都会被赋予相同的 Trace ID,以此来标识这些数据是属于同一次请求的。Trace ID 是由一串十六进制数字组成的,通常使用 UUID 算法生成。在分布式架构中唯一标识一次请求的所有信息,方便对请求进行跟踪和日志分析。让请求信息在多个服务和节点之间进行传递和关联,方便进行请求链路追踪和异常排查。

　　(2) Span ID:Span ID 是 Trace ID 下的子节点标识,用于标识请求的不同阶段和子过程。一个 Trace ID 可以包含多个 Span ID,每个 Span ID 代表一个请求的一部分操作。在 Trace ID 下标识不同的请求阶段和子过程,方便对请求进行精细化监控和分析。记录每个请求阶段和子过程的时间、耗时等性能指标,方便进行性能优化和故障排查。

　　(3) Trace data:Trace 在 Skywalking 中指的是一个分布式请求的追踪轨迹,它由多个 Span 组成。Trace Data 则是 Trace 的详细信息,包括 Trace ID、Span ID、开始时间、结束时间、持续时间、请求 URL、请求方式等。Trace Data 用于记录整个请求的过程和状态,可以用于监控应用的性能和追踪请求的流转情况。在 Skywalking 中,每个 Trace 都有一个唯一的 Trace ID 用于标识,并且 Trace 中的每个 Span 都以同样的 Trace ID 作为链路标识。Trace Data 可以了解应用的性能瓶颈和异常情况,并且可以提供详细的请求追踪信息,方便进行分析和诊断。

　　(4) Span data:Span 在 Skywalking 中指的是一个请求的一部分操作,例如数据库查询、HTTP 请求、RPC 调用等。Span Data 则是 Span 的详细信息,包括 Span ID、开始时间、结束时间、持续时间、操作类型、调用者、被调用者等。Span Data 用于记录请求的每个操作过程和状态,可以用于监控操作的耗时和异常情况。在 Skywalking 中,每个 Span 都有一个唯一的 Span ID 用于标识,并且 Span 之间可以构成一条完整的请求链路。Span Data 可以了解请求中每个操作的耗时和异常情况,并且可以提供详细的操作追踪信息,方便进行分析和诊断。

　　在 Skywalking 中,Trace ID 和 Span ID 是通过 Skywalking Agent 在应用程序代码中自动添加的。一次请求的 Trace ID 和 Span ID 信息会被收集到 Skywalking 的数据中心,用户可以通过 Skywalking 的 Web 界面进行监控和分析,并进行性能优化和故障排查。

　　应用举例:假设有一个分布式的电商系统,用户通过浏览器发送一个购买请求,请求先经过网关服务,再经过分布式服务调用多个微服务完成订单处理、库存扣减等操作,最终将结果返回给用户。使用 Skywalking 可以记录整个请求的 Trace 和 Span 信息,从而实现对整个请求过程的监控和追踪。例如,可以记录网关服务的请求处理时间,各个微服务的处理时间和异常情况,以及整个请求的总体耗时和响应结果等信息。这些信息可及时发现应用的性能问题和异常情况，并且可以提供详细的请求追踪信息，方便进行分析和诊断。

Skywalking Trace 的创建过程如下：

（1）客户端向服务器端发送一个请求。

（2）服务器端创建一个 Span，将其设置为 Root Span，并将唯一标识符和其他元数据写入 Span。

（3）服务器端将 Span ID 和 Trace ID 写入 HTTP 响应的 Header 中，并将 Span ID 返回客户端。

（4）客户端向下游服务发送请求，并在 HTTP Header 中添加 Trace ID 和 Span ID。

（5）下游服务创建一个新的 Span，并将其 Span ID 设置为从客户端接收的 Span ID，并将 Trace ID 设置为从客户端接收的 Trace ID。

（6）重复步骤 4 和步骤 5，直到 Trace 完成。

Skywalking Trace 的处理过程如下：

（1）Skywalking Agent 捕获所有 Span 和 Trace，并将它们发送到 Skywalking Collector。

（2）Skywalking Collector 将 Span 数据存储在数据库中。

（3）Skywalking UI 从数据库中检索 Span 数据，并将其可视化为 Trace 树。

Skywalking 的 Trace 数据模型是 Skywalking 监控功能的核心。Trace 提供了一种简单有效的方式来跟踪分布式系统中的请求，并提供了有用的性能指标和错误信息。通过 Skywalking，开发人员可以更轻松地识别慢速请求、错误和性能瓶颈，并快速进行故障排除。

6.6.2　Segment

在 Skywalking 的 Trace 中，每个操作或事件都会被表示为一个 Span，而 Segment 就是由多个 Span 组成的一段连续的跟踪数据集合。Segment 通常由一个特定的请求或者操作跟踪组成，因此它是跟踪单个请求或操作的最小单位。当一个请求或操作被触发时，Skywalking 会为它创建一个新的 Span，并将其添加到当前的 Segment 中。随着请求或操作的进行，Skywalking 会不断地收集新的 Span，并将它们添加到 Segment 中。当请求或操作结束时，Segment 就会被上报到 Skywalking 的数据存储中心进行处理和分析。在 Skywalking 中，Segment 的底层工作原理主要涉及以下几个方面。

（1）数据收集：当一个请求或操作被触发时，Skywalking 会为它创建一个新的 Span，并将其添加到当前的 Segment 中。随着请求或操作的进行，Skywalking 会不断地收集新的 Span，并将它们添加到 Segment 中。在 Span 中，会记录当前请求或操作的相关信息，包括操作名称、开始时间、结束时间及操作所在的应用程序实例等。同时，Span 还会对当前请求或操作的上下文进行跟踪，例如当前请求的 URL 网址、用户 ID 等。

（2）数据处理：在 Skywalking 中，Segment 的数据处理是一个非常重要的过程，它涉及数据的存储、计算和分析等多个方面。当一个 Segment 被收集完毕后，Skywalking 会对其进行一系列处理，包括数据的清洗、归类、计算和分析等。在数据处理过程中，Skywalking

可以识别不同请求或操作之间的关联关系，并对其进行分析和处理，以生成有意义的性能指标和监测报告。

（3）数据存储：在 Skywalking 中，Segment 的数据存储是一个非常重要的环节，它决定了 Skywalking 能否对跟踪数据进行持续存储和分析。Skywalking 采用了一种分布式的数据存储机制，可以将跟踪数据存储在多个节点上，以提高数据的稳定性和可扩展性。同时，Skywalking 还提供了一系列的数据可视化和查询工具，可以帮助用户方便地查看和分析跟踪数据，以了解系统的性能和运行状况。

6.6.3　Span

在 Skywalking 的数据模型中，Span 是一个非常重要的概念。它是分布式追踪中的基本单位，记录了一个请求在整个系统中的调用过程。通常情况下，一个请求涉及多个服务之间的交互，这些服务可以运行在不同的进程、机器甚至是数据中心中，因此需要一个能够跨越系统边界、连接不同节点的机制来追踪整个调用过程，Span 就是这样的机制。每个 Span 包含了节点的一些关键信息，如节点名称、开始时间、结束时间、耗时、调用信息等。

在 Skywalking 中，每个 Span 都属于一个 Segment，Segment 是一组 Span 的集合，表示一次完整的请求过程。这个过程可以是一个客户端请求、一个后台任务或者其他任何有意义的操作。当一个跨进程、跨服务的调用发生时，Skywalking 会自动创建一个新的 Segment，然后在这个 Segment 中添加各个节点的 Span，最终组成一个完整的调用链。

在底层实现上，每个 Span 都由一个 TraceSegment 实例来管理，TraceSegment 是表示一次完整的调用链的数据结构。TraceSegment 包含了与调用链相关的所有信息，如链路的上下文、请求的起始时间、请求的标识符等。当一个新的 span 被创建时，Skywalking 会为其分配一个唯一的 ID，这个 ID 会与 TraceSegment 关联，使其可以在整个调用链中保持唯一性。每个 Span 都可以包含多个 tag 和 log，用于记录一些额外的上下文信息，如 HTTP 请求参数、异常信息、日志信息等。

除了上述基本信息之外，Span 还包含了一些重要的属性，如 Span 状态、链路类型、调用方式等，其中，Span 状态指的是 Span 的生命周期，包括 CREATED（已创建）、RUNNING（正在运行）、FINISHED（已完成）等状态；链路类型指的是 Span 所在的调用链类型，如 HTTP、RPC、MQ、Cache 等；调用方式则指的是 Span 所在的调用链的协议或者通信方式，如 HTTP、Thrift、gRPC、Dubbo 等。

在 Skywalking 的实现中，Span 是通过代理模式来管理的。每个服务都需要在运行时启动一个 Skywalking 代理，该代理会自动捕获服务的调用信息并将其转换为 Span。代理会实现多个拦截器来拦截所有的进程内、进程间调用，并将其转换为 Span。这些拦截器可以捕获调用的各种信息，如调用的服务名称、方法名称、参数、返回值、耗时等，然后将这些信息存储在 Span 中。最终，每个代理会将所有的 Span 发送到 Skywalking 服务器进行存储、分析和展示。

6.7　调用堆栈分析和故障排查

Skywalking 是一个开源的分布式系统跟踪解决方案，它提供了一种非常强大的调用堆栈分析和故障排查功能。下面将详细介绍 Skywalking 的这些特性。

6.7.1　调用堆栈分析

Skywalking 的调用堆栈分析功能可以深入了解分布式系统各个组件之间的调用关系，从而更好地理解系统的运行情况。

首先，需要在系统的各个组件中添加 Skywalking 的 Agent，这些 Agent 会收集组件的运行数据并发送给 Skywalking 服务器。

Skywalking 服务器会将所有组件的数据聚合起来，并生成一个全面的调用图。可以使用这张调用图来了解各个组件之间的调用关系，包括调用的次数、调用的时间、请求的结果等。

此外，Skywalking 还提供了一些非常有用的调用堆栈分析工具。

（1）Trace 详情页：可以查看单个请求的所有调用堆栈，跟踪并分析其中的问题。

（2）应用拓扑图：可以查看整个系统的拓扑结构，并了解各个组件之间的调用关系。

（3）服务依赖性分析：可以查看系统中各个服务之间的依赖关系，并发现服务之间的紧密联系。

6.7.2　故障排查

Skywalking 还提供了一些非常有用的故障排查工具，可以快速找到分布式系统中出现的问题，并迅速解决。

（1）Trace 详情页：可以查看单个请求的所有调用堆栈，跟踪并分析其中的问题，例如各个调用所花费的时间、错误的发生原因等。

（2）报警机制：Skywalking 可以根据指定的规则自动报警，例如当某个请求的响应时间超过一定阈值时，可以自动发送警报。

（3）分布式日志追踪：Skywalking 可以追踪分布式系统中的所有日志，并将它们聚合到一起，以便可以更轻松地找到问题的根本原因。

6.8　自定义指标的收集和分析

Skywalking 是一个开源的 APM（应用性能管理）系统，可以帮助开发者监控和分析分布式系统中的性能问题，包括应用程序、服务、数据库和消息队列等。Skywalking 对性能指标的管理和监控非常强大，可以使用默认的指标，也可以自定义指标进行收集和分析。

本节将介绍 Skywalking 自定义指标的收集和分析，包括指标的定义、指标的收集和指标的分析。

6.8.1　指标的定义

在 Skywalking 中,指标的定义基于元数据定义。元数据用于定义指标的运行时名称、类型和描述,包括以下几个关键字段:

1. name

必填,指标的名称,可以包含空格和特殊字符。

2. type

必填,指标的类型,包括以下几种类型。

(1) Gauge:表示一个瞬时的测量值,例如内存使用率。

(2) Counter:表示一个计数器,用于记录某个事件的发生次数,例如请求数量。

(3) Histogram:表示一个度量值的分布情况,例如响应时间分布。

3. labels

可选,指标的标签,用于聚合和过滤指标数据,可以是键-值对的形式。

4. documentation

可选,指标的描述,用于说明指标的含义和使用场景。

6.8.2　指标的收集

Skywalking 提供了多种方式来收集自定义指标,主要包括以下几种。

1. Skywalking Agent

Skywalking Agent 是一个 Java 代理程序,可以嵌入应用程序中进行指标收集。使用 Skywalking Agent 收集指标的步骤如下。

(1) 添加依赖项,代码如下:

```
<dependency>
    <groupId>org.apache.skywalking</groupId>
    <artifactId>apm-toolkit-trace</artifactId>
    <version>7.0.0</version>
</dependency>
```

(2) 实例化指标,使用 MetricsCreator 实例化指标,并注册到 MetricManager 中,代码如下:

```
Gauge gauge =MetricsCreator.createGauge("my_gauge", "my_gauge_description");
MetricManager.register(gauge);
```

(3) 更新指标,在指标值发生变化时,调用指标对象的 update 方法进行更新,代码如下:

```
gauge.update(100);
```

2. Prometheus

Prometheus 是一个开源的监控和告警系统，通过 HTTP 接口来收集和查询指标数据。Skywalking 自带了与 Prometheus 集成的插件，以便将 Skywalking 指标发布到 Prometheus 中。

使用 Prometheus 收集指标的步骤如下。

（1）启用 Skywalking-Prometheus 插件，在 Skywalking 的配置文件中启用插件，代码如下：

```
collector.prometheus.enabled=true
```

（2）配置 Prometheus，将 Skywalking 的 HTTP 接口添加到 Prometheus 的配置文件中，代码如下：

```
scrape_configs:
  -job_name: 'skywalking'
    metrics_path: '/metrics'
    static_configs:
      -targets: ['localhost:12800']
```

（3）访问指标，在浏览器中输入 Prometheus 的地址，可以看到 Skywalking 发布的指标数据。

3. HTTP 接口

Skywalking 还提供了 HTTP 接口来收集指标数据，可以使用任何支持 HTTP 的框架来发送指标数据。

使用 HTTP 接口收集指标的步骤如下。

1）调用接口

将自定义指标数据封装成 JSON 格式，通过 HTTP 接口发送到 Skywalking，代码如下：

```
[{
  "name": "my_gauge",
  "type": "Gauge",
  "value": 100
}]
```

2）查看指标

在 Skywalking 的 UI 界面中，可以查看自定义指标的数据。

6.8.3　指标的分析

Skywalking 提供了丰富的指标分析功能，可以对自定义指标进行分析和可视化。以下是几个常用的指标分析方法。

（1）折线图：折线图可以用于展示指标的变化趋势，可以通过 Skywalking 的 UI 界面来生成自定义指标的折线图。

（2）直方图：直方图可以用于展示指标的分布情况，可以通过 Skywalking 的 UI 界面来生成自定义指标的直方图。

（3）百分位数：百分位数可以用于衡量指标的性能，可以通过 Skywalking 的 UI 界面来计算自定义指标的百分位数。

6.9　静态配置和动态配置的实现原理

Skywalking 的静态配置和动态配置是实现 Skywalking 集成和监测的关键之一。下面将详细介绍 Skywalking 静态配置和动态配置的实现原理。

6.9.1　静态配置

Skywalking 的静态配置是指在启动 Skywalking Agent 时，通过配置文件进行配置。静态配置主要包括 Agent 的基本信息、探针的配置、日志的配置等。Skywalking 使用 XML 或者 YAML 格式的配置文件进行静态配置，这些配置文件一般放置在 Skywalking Agent 的文件夹中。

（1）agent.config：Agent 的基本信息配置。

（2）application.yml：探针的配置和日志的配置。

在 Skywalking 中，静态配置是启动 Skywalking Agent 时通过配置文件进行的一些基本设置和参数指定，以便 Agent 能够正常运行。Agent 的基本信息配置（agent.config）中包括了 Agent 的名称、IP 地址、端口号等信息，探针的配置（application.yml）包括了需要监测的应用、服务、数据库等信息，日志的配置（application.yml）包括了日志路径、日志级别等信息。静态配置主要包括 Agent 的基本信息、探针的配置、日志的配置等。

Skywalking 的静态配置工作原理如下。

（1）读取配置文件：Skywalking Agent 在启动时，会读取指定的配置文件。配置文件的路径可以通过系统属性或者环境变量指定，也可以使用默认的配置文件。

（2）解析配置信息：Skywalking Agent 会解析配置文件中的信息，并将解析后的结果保存在内存中。

（3）应用配置信息：Skywalking Agent 将解析后的配置信息应用到 Agent 运行时环境中，以便 Agent 能够正常运行。

（4）监听配置变更：Skywalking Agent 还可以在运行时监听配置文件的变更，并在配置文件发生变化时自动重新加载配置信息。这样可以避免需要重启 Agent 才能应用新的配置信息。

需要注意的是，静态配置是在 Skywalking Agent 启动时进行的，因此如果需要修改配置信息，则需要重启 Agent 才能生效。此外，Skywalking 还提供了动态配置功能，可以在运行时通过 API 或命令行修改配置信息。

6.9.2 动态配置

Skywalking 的动态配置是指在应用的运行过程中，通过 RESTful API、MQTT 协议或者 ZooKeeper 等方式进行动态配置。动态配置主要包括节点的注册、探针的启停、指标的采集等。Skywalking 使用 HTTP 或者 MQTT 协议进行动态配置，支持手动和自动配置方式。节点的注册是指在应用程序启动时，将应用程序节点注册到 Skywalking Server 中，Skywalking Server 会为每个节点分配一个唯一的标识符，并收集每个节点的指标数据。探针的启停是指在应用的运行过程中，可以根据需要配置哪些探针进行监测，哪些探针不进行监测。指标的采集是指可以根据需要对某些指标进行实时监测，例如 CPU 使用率、内存使用率等。

Skywalking 的动态配置实现原理如下。

1）系统准备

Skywalking Agent 在启动时，需要根据配置文件，初始化一些参数，例如探针的配置、连接 Skywalking Server 的地址等。Skywalking Server 需要与 Agent 建立连接，接收探针发送的数据。

2）Skywalking Agent 和 Skywalking Server 的交互

Skywalking Agent 和 Skywalking Server 之间的交互主要通过 HTTP 和 MQTT 协议实现。Agent 会定期向 Server 发送心跳信息，Server 会向 Agent 发送配置信息。Agent 接收到 Server 发送的配置信息后，会根据配置信息启动或停止相应的探针。

3）配置信息的存储和持久化

Skywalking Server 会将配置信息存储到数据库中或者 ZooKeeper 中，并使用 ZooKeeper 或者其他工具保证配置信息的持久化。如果配置信息发生变化，Skywalking Server 则会向 Agent 发送新的配置信息。

4）动态配置的实现

Skywalking 的动态配置实现是基于事件驱动的。当配置信息有变化时，Skywalking Server 会将通知消息发送给 Agent，Agent 收到消息后执行相应的操作。例如，当某个探针需要停止时，Agent 会根据通知消息停止相应的探针。当需要新开探针时，Agent 会根据通知消息启动相应的探针。

综上所述，Skywalking 的静态配置和动态配置是实现 Skywalking 集成和监测的关键之一。静态配置主要包括 Agent 的基本信息配置、探针的配置和日志的配置等，动态配置主要包括节点的注册、探针的启停、指标的采集等，基于事件驱动机制，可通过 RESTful API、MQTT 协议或者 ZooKeeper 等方式进行动态配置。

6.10 安全性和权限管理

Skywalking 是一个开放源代码的应用程序性能监测系统，具有良好的安全性和权限管理。下面是关于其安全性和权限管理的详细介绍。

6.10.1　安全性

Skywalking 的安全性可从以下方面进行考虑。

（1）通信安全：Skywalking 使用 HTTPS 进行通信，保证了传输过程中数据的安全。

（2）认证与授权：Skywalking 采用了 OAuth 2.0 作为认证和授权机制，该机制是目前比较流行的认证授权标准之一，可以有效地保证系统中的访问权限。

（3）数据库安全：Skywalking 对于敏感的数据库信息采用了加密措施，保证了数据的安全性。

（4）对外接口安全：Skywalking 在对外接口进行开放时，使用了防火墙等安全机制，保证了系统的安全性。

6.10.2　权限管理

Skywalking 的权限管理分为两个层次，分别是 RBAC 和插件权限管理。

1. RBAC

Skywalking 采用的是基于角色的访问控制（RBAC），分为 4 个角色：管理员、标准用户、可读用户和只读用户。管理员可以配置系统的所有功能，包括用户、角色和插件管理。标准用户可以读写大部分数据，只读用户可以查看数据，但不能修改。可读用户只能查看某些数据，而无任何修改权。通过 RBAC，Skywalking 可以针对不同的用户设置不同的权限，从而保证了系统的安全性。

2. 插件权限管理

Skywalking 还采用了插件权限管理机制，可以对不同的插件进行权限控制。例如，可以对某个插件的配置进行限制，只允许管理员进行配置。这种权限管理机制能够有效地提升系统的安全性。

Skywalking 的权限管理是基于拦截器机制实现的，它主要涉及以下两个方面。

（1）拦截器：Skywalking 使用拦截器的方式对请求进行拦截，并判断用户是否有权限执行该请求。这样，即使用户尝试越权访问系统，也会被拦截并阻止其操作。

（2）AOP：Skywalking 采用了 AOP 技术，实现了对系统的切面控制，可以对系统的每个功能进行拦截和控制。这种 AOP 机制可以在不影响系统性能的情况下，对系统进行权限控制。同时，AOP 机制可以提供动态编织的功能，方便将新的功能添加到系统中。

综上所述，Skywalking 的安全性和权限管理主要通过 HTTPS、OAuth 2.0、RBAC、插件权限管理、拦截器和 AOP 等机制实现。这些机制在系统设计中起到了至关重要的作用，保障了系统的安全性和稳定性。

6.10.3　容器化部署和高可用性架构

在容器化部署和高可用性架构上，Skywalking 提供了多种方式和示例，具体如下。

1. 容器化部署

1）Docker

Skywalking 官方提供了 Docker 镜像，可以直接在 Docker 上运行 Skywalking。示例代码如下：

```
#运行 Docker 容器
docker run -d \
#将主机的 8080 端口映射到容器中的 8080 端口
-p 8080:8080 \
#将主机的 12800 端口映射到容器中的 12800 端口
-p 12800:12800 \
#将环境变量 SW_STORAGE_TYPE 设置为 elasticsearch
-e SW_STORAGE_TYPE=elasticsearch \
#将环境变量 SW_STORAGE_ES_CLUSTER_NODES 设置为 localhost:9200
-e SW_STORAGE_ES_CLUSTER_NODES=localhost:9200 \
#将容器的名称设置为 skywalking
--name skywalking \
#使用 apache/skywalking-oap-server:8.3.0 镜像
apache/skywalking-oap-server:8.3.0
```

2）Kubernetes

Skywalking 官方提供了 Kubernetes 配置文件和 Helm Chart，可以直接使用 Kubernetes 部署 Skywalking。

使用 Kubernetes 配置文件并使用 kubectl 命令，在 Kubernetes 集群上应用指定的 YAML 文件，指定要应用的 YAML 文件，该文件从指定的 GitHub 仓库中获取，代码如下：

```
kubectl apply - f https://raw. GitHubusercontent. com/apache/skywalking -
kubernetes/main/oap-server/kubernetes.yaml
```

使用 Helm Chart，代码如下：

```
#添加 Skywalking 的 Helm Chart 源
helm repo add skywalking https://apache.github.io/skywalking-kubernetes
#使用 Helm 安装 Skywalking
helm install skywalking skywalking/skywalking
```

2. 高可用性架构

1）集群部署

Skywalking 可以通过部署多个节点组成一个集群，提高系统的可用性和性能。使用 Docker，代码如下：

```
docker run -d \#-d: 后台运行
-p 8080:8080 \#-p: 端口映射,将容器内部的端口映射到主机上,分别将容器内部的 8080
#11800、12800 端口映射到主机的 8080、11800、12800 端口
-p 11800:11800 \
-p 12800:12800 \
```

```
    -e SW_STORAGE_TYPE=elasticsearch \#-e:环境变量设置,将 Skywalking OAP Server 的存
 #储类型设置为 elasticsearch,设置 Elasticsearch 集群节点地址,将 Skywalking OAP
 #Server 部署设置为独立模式,设置 ZooKeeper 集群节点地址
    -e SW_STORAGE_ES_CLUSTER_NODES=es-node1:9200,es-node2:9200 \
    -e SW_CLUSTER=standalone \
    -e SW_CLUSTER_ZK=zk-node1:2181,zk-node2:2181 \
    --name skywalking \#--name: 将容器的名称指定为 Skywalking
 apache/skywalking-oap-server:8.3.0#apache/skywalking-oap-server:8.3.0: 运行
 #的镜像名称和版本号
```

使用 kubectl 命令,执行 Kubernetes 集群中的应用部署,将 kubernetes-cluster.yaml 文件中的配置应用到 Kubernetes 集群中,kubernetes-cluster.yaml 文件的配置来自 Apache Skywalking 项目中 oap-server 的 Kubernetes 部署配置,代码如下:

```
kubectl apply - f https://raw. GitHubusercontent. com/apache/skywalking -
kubernetes/main/oap-server/kubernetes-cluster.yaml
```

2) 负载均衡

Skywalking 可以通过负载均衡器将请求分发到多个节点,从而提高系统的可用性和性能。

使用 Nginx,代码如下:

```
//第 6 章/6.10.3 Nginx 配置
#定义一个名为 skywalking 的 upstream,其中包含两个服务器,分别为 oap-node1 和 oap-
#node2,使用 8080 端口
upstream skywalking {
    server oap-node1:8080;
    server oap-node2:8080;
}
#定义一个 server,监听 80 端口,使用 skywalking.example.com 作为域名
server {
    listen       80;
    server_name  skywalking.example.com;
    #当请求路径为'/'时,将请求转发到名为 Skywalking 的 upstream 上
    location / {
        proxy_pass http://skywalking;
    }
}
```

使用 Kubernetes,代码如下:

```
//第 6 章/6.10.3 Kubernetes 配置
#API 版本为 v1
apiVersion: v1
#资源类型为 Service
kind: Service
#元数据部分
metadata:
```

```
    #服务名称为 skywalking
    name: skywalking
    #标签为 app:skywalking
    labels:
        app: skywalking
#规范部分
spec:
    #关于服务器端口的配置
    ports:
    -name: http
      port: 8080
      targetPort: 8080
    #选择标签为 app:skywalking 的容器
    selector:
        app: skywalking
    #负载均衡器类型
    type: LoadBalancer
```

6.11　网络通信延时和传输损耗的影响

Skywalking 是一个开源的分布式系统追踪解决方案,可以监控分布式系统中的所有组件,并分析它们之间的相互作用。网络通信延时是分布式系统面临的一个主要挑战之一,同时也是 Skywalking 关注的重点之一。

在 Skywalking 中,可以通过跟踪分布式系统中不同组件之间的通信来分析网络延迟的影响。网络通信延时可以影响分布式系统的性能,导致应用程序响应时间变长,系统吞吐量降低,甚至可能会导致服务崩溃,因此,在分析和优化分布式系统时,需要深入了解网络延迟如何影响系统的各方面。

下面以一个简单的示例来说明网络通信延时的影响。假设有一个基于微服务架构的电子商务网站,其中包含购物车服务、订单服务和库存服务。这些服务需要相互通信才能完成用户的请求。

在正常情况下,这些服务之间的通信会非常快速。例如,当用户向购物车服务添加商品时,该服务会调用订单服务来创建订单,随后又会调用库存服务来更新库存信息。整个过程应该只需几毫秒的时间,用户就可以看到他们的购物车已被更新,但是,如果出现网络延迟,就会导致整个流程变得十分缓慢。

假设在订单服务和库存服务之间出现了延迟,这将导致整个流程的时间变长。在这种情况下,用户可能需要等待更长时间才能看到购物车更新,从而影响了他们的购物体验。此外,由于请求需要花费更长的时间来完成,系统的吞吐量也可能会降低。

在 Skywalking 中,可以通过跟踪各个服务之间的通信来检测网络延迟。通过这种方式,可以了解到分布式系统中各个组件之间的网络延迟情况,并采取相应的措施来优化系统性能。综上所述,网络通信延时在分布式系统中的影响非常大。Skywalking 通过跟踪分布式系统中各个组件之间的通信来检测网络延迟,从而优化分布式系统的性能。

在传输数据时,由于网络、协议、编解码等方面的因素,可能会发生数据丢失、延迟或损坏,影响 Skywalking 对应用程序的监控和分析。

传输损耗对 Skywalking 的影响主要有以下 3 方面。

6.11.1　数据不完整

由于传输过程中数据包可能丢失或损坏,Skywalking 服务器无法获取完整的跟踪数据。如果丢失了重要的信息,例如关键调用链的一部分,则可能会导致 Skywalking 无法正确监控或诊断应用程序的问题。

例如,如果某个函数调用链的最后一个节点的跟踪信息丢失了,则 Skywalking 将无法确定该链的结束时间和持续时间,因此无法准确计算该链的吞吐量和延迟时间。

6.11.2　延迟

传输数据时,网络延迟、Skywalking 服务器负载等因素可能会导致数据传输延迟。如果延迟过高,Skywalking 则无法及时收集监控数据,可能会导致延迟敏感的问题无法及时发现和诊断,从而影响应用程序的性能和可用性。

例如,如果 Skywalking 服务器的负载过高,无法及时处理传入的跟踪数据,则这些数据可能会被延迟处理,导致无法及时发现和诊断一些性能问题。

6.11.3　格式错误

在传输数据时,跟踪数据需要经过编码和解码,如果编解码器出现错误或版本不兼容,数据则可能会被损坏或无法解析。这可能会导致 Skywalking 无法正确解析跟踪数据,从而无法准确监控应用程序的性能和行为。

例如,如果应用程序的跟踪数据使用了不兼容的编解码器,Skywalking 则可能无法识别数据格式,从而导致无法正确解析跟踪数据。

总之,传输损耗对 Skywalking 的监控和诊断功能有着重要的影响,需要开发人员和运维人员注意。为了最大限度地减少传输损耗,可以采取以下措施:

(1) 使用可靠的网络协议,例如 TCP。

(2) 部署多个 Skywalking 服务器,以便负载均衡和故障恢复。

(3) 定期检查跟踪数据的编解码器是否兼容。

6.12　优化方案

在这个充满挑战与机遇的时代,微服务架构已成为企业信息系统的主流选择,然而,随着微服务的不断增加,系统性能追踪与管理的挑战也日益突出。为了应对这一挑战,一位年轻的架构师张三决定采用一个名为 Skywalking 的性能追踪与管理工具。

　　张三深知 Skywalking 的强大功能，但在实际应用中，他发现仍有一些优化空间。他首先意识到，在处理追踪数据时，可以使用数据压缩与去重技术，以降低存储空间和缩短查询时间。此外，针对分布式事务管理，采用了 TCC（Try Confirm Cancel）或 XA 事务等技术，确保了数据的一致性和可靠性。

　　为了进一步提高查询性能，张三利用了 Elasticsearch 的多线程或多节点并行查询与计算功能。在聚合查询方面，采用了向量化查询、列式存储等高效计算方法，缩短了查询时间并降低了内存消耗。

　　同时，张三针对监控与告警策略进行了优化。根据系统实际运行状况调整监控指标和告警阈值，降低不必要的告警通知，降低系统负载。此外，考虑将 Skywalking 与其他开源项目（如 Prometheus、Zabbix 等）结合使用，以实现全面且高效的性能追踪与管理。

　　在日志分析与事件管理方面，张三选择了 ELK（Elasticsearch、Logstash、Kibana）作为解决方案。这样一来，可以实时查询应用程序的运行日志，快速定位问题。

　　为了提高查询性能，张三还利用了 Elasticsearch 的缓存策略。针对常用查询结果，他设定了缓存以避免重复查询，从而节省了时间和资源。

　　通过对这些优化方案的合理调整与优化，张三成功地发挥了 Skywalking 在实际应用中的性能追踪与管理作用。Skywalking 成为微服务系统性能优化和稳定性提升的强有力支持，助力企业在数字化时代取得更好的发展。

Spring Cloud Alibaba Sentinel

Spring Cloud Alibaba Sentinel 提供了包括熔断、流量控制、系统保护、服务降级等多种解决方案,能够帮助企业应对高并发、大流量、微服务架构等场景下的问题,提高应用的稳定性和可靠性。Spring Cloud Alibaba Sentinel 是阿里巴巴开发的一个轻量级流量控制框架,采用了面向 AOP 编程的方式,将流量控制逻辑划分为切面,通过对切面进行动态代理来处理流量控制,同时还提供了强大的监控和报警功能。

在 Spring Cloud Alibaba Sentinel 中,每个服务都可以自定义流量控制策略,通过配置规则来控制流量的动态控制和自适应调节,从而保证了系统的稳定性。此外,Sentinel 还提供了全链路限流,可在整个请求链路上进行限流控制,以管理服务间的依赖关系,避免雪崩效应发生。不仅如此,Spring Cloud Alibaba Sentinel 还支持多种语言,如 Java、Python、Go 等,能够满足企业的多语言服务需求,而且 Sentinel 与 Spring Cloud 集成非常方便,只需在 pom.xml 文件中引入相应的依赖,同时还提供了对 Spring Cloud Gateway 和 Feign 等组件的支持。总之,Spring Cloud Alibaba Sentinel 是一个简单、易用、高效的流量控制和服务框架,广泛应用于企业微服务架构中,对维护系统的稳定性和可靠性具有重要的作用。

本节从流控组件对比介绍、限流/熔断/降级、动态规则/服务治理、流量控制方式、核心组件、Sentinel 的 4 种规则,到持久化推送模式等方面全面介绍 Sentinel 的相关概念、特性、应用场景及规则配置技巧等。希望在阅读本书的过程中,读者能够深入理解 Sentinel 的基本原理和使用方法,并能够灵活地应用到工作中。

7.1 流控组件对比介绍

案例剖析:假设正在构建一个分布式电商系统,该系统包含了多个微服务,如订单处理、库存管理和购物车功能。在面临高并发场景时,系统的性能和稳定性至关重要,因此,选择合适的流量控制组件非常重要。

在这种情况下,可以使用 Sentinel 作为流量控制组件。Sentinel 具备实时监控和规则管理功能,可以灵活地根据系统的实际情况进行限流和熔断。在高并发场景下,Sentinel 表现出优秀的性能和稳定性。

相比其他流控组件，Sentinel 在高并发场景下具有更好的性能和稳定性。它与 Spring Cloud 生态系统紧密集成，使开发者能够更容易地设置限流规则，并根据实际需求进行调整。

尽管 Hystrix 和 Zuul Semaphore 也具备实时监控和规则管理功能，但在高并发场景下，它们的性能和稳定性相对较差。Google Cloud RNames 和 SCN 在特定场景下具有优势，但它们的功能较为单一，与现有技术栈的兼容性也不如 Sentinel。

在这个案例中，Sentinel 是最佳选择。它能够在高并发场景下确保系统的稳定性和性能，并且与 Spring Cloud 生态系统紧密集成，然而，在实际应用中，选择流量控制组件时需要考虑多种因素，如系统需求、性能、稳定性及与现有技术栈的兼容性。在其他场景下，其他流量控制组件可能具有更好的表现。在实际项目中，应根据具体需求和场景选择合适的流量控制组件。

7.2　限流/熔断/降级

在繁华的城市中，许多微服务商店繁忙运营。为确保商店间的流畅体验，推荐选用 Spring Cloud Alibaba Sentinel。这是一个基于 Java 的分布式系统流量控制组件，能实现限流、熔断、降级等功能。

以繁忙商店 A 为例。顾客增加导致其通信路径拥堵。为保障商店 A 稳定运行，采用 Sentinel 限流。Sentinel 创建 QPS 计数器，限制商店 A 与商店 B 之间每分钟通信请求数量。当请求数量超过阈值时自动拦截过量请求，避免商店 A 被压垮。

Sentinel 还具备熔断功能。当商店 A 与商店 B 通信出现故障（如响应超时、错误率上升）时，熔断整个请求链路，如同交通拥堵路段设置红绿灯，防止故障蔓延至其他商店。为了更好地调整系统资源，Sentinel 提供降级功能。当商店 A 资源紧张时，自动减少与商店 C 的通信请求，确保核心业务正常运行。

当商店 A 的通信状况变化时，Sentinel 更新限流规则和熔断规则。实时监控系统状态，了解运行状况，优化系统调整。此故事展示了 Spring Cloud Alibaba Sentinel 如何借助限流、熔断、降级功能，在高并发场景中保证系统稳定性和性能。

7.2.1　熔断机制

Sentinel 的熔断机制是一种保护机制，用于保护应用程序免受不可避免的故障和错误的影响。其底层工作原理是通过 Circuit Breaker 实现的。Circuit Breaker 是一种设计模式，用于控制访问失败的服务。它由关闭状态、开放状态和半开状态三种状态组成。

在关闭状态下，服务正常运行；当错误率或响应时间超过设定阈值时，Circuit Breaker 会进入开放状态，停止服务调用。在开放状态下，Circuit Breaker 不会调用服务，并且会将一个错误信息返回给客户端。在开放状态下，Circuit Breaker 会定期尝试请求服务，如果请求成功，则进入半开状态；在半开状态下，服务会恢复正常运行。

Sentinel 的熔断机制可以根据不同的业务场景和需求设置不同的阈值和时间窗口。例如,可以根据请求次数、响应时间、错误率等指标设置阈值,以控制服务调用的质量和稳定性。总之,Sentinel 的熔断机制通过 Circuit Breaker 来保护服务,从而提高应用程序的健壮性和稳定性。它可以快速地检测和响应故障,并及时恢复服务,使之正常运行,保障用户的使用体验。

7.2.2　降级机制

Sentinel 的降级机制是实现服务可靠性的重要手段之一,它能够在服务出现异常情况时自动降低服务的访问量或关闭服务,从而保证整个系统的稳定性。Sentinel 的降级机制通过 Degrade Rule 实现,当服务调用错误率或响应时间超过设定的阈值时,Degrade Rule 会触发,系统会自动进行降级处理。下面是 Sentinel 降级机制的底层工作原理。

（1）定义 Degrade Rule：首先,需要在 Sentinel 中定义 Degrade Rule,Degrade Rule 包含了对服务调用错误率或响应时间的阈值设定,一旦服务的错误率或响应时间超过设定的阈值,Degrade Rule 便会被触发。

（2）统计服务调用情况：Sentinel 会对服务的调用情况进行统计,包括服务的错误率和响应时间等指标,并实时更新这些指标的数据。

（3）判断是否触发 Degrade Rule：当服务的错误率或响应时间超过设定的阈值时,Degrade Rule 会被触发,系统会根据降级规则设置来判断是否对服务进行降级处理。

（4）执行降级策略：如果降级规则被触发,系统则会按照预设的降级策略来执行相应的降级操作。例如,可以设置降低服务访问量的 QPS 阈值或关闭服务等操作。

（5）恢复处理：一段时间后,系统会自动尝试恢复服务的正常状态,并逐步恢复服务的访问量,最终完成服务的恢复。

总体来讲,Sentinel 的降级机制通过对服务调用情况的实时监控和统计,在服务出现异常情况时能够自动进行降级处理,从而保证整个系统的稳定性和可靠性。在实际使用中,需要根据具体的业务场景和需求来定义合适的 Degrade Rule,以达到最佳的降级效果。

7.2.3　限流机制

Sentinel 实现限流的底层工作原理主要包括以下几个方面。

（1）流量控制规则的配置：Sentinel 提供了丰富的流量控制规则配置方式,包括基于 QPS、线程数等多个指标进行限流,可以根据应用特点选择合适的规则配置方式。

（2）实时监控流量情况：Sentinel 在底层通过利用 Nacos、ZooKeeper、Spring Cloud 等注册中心来监控应用的流量情况,实时获取应用请求的 QPS、线程数等指标,以便进行流量控制。

（3）动态限流策略调整：根据监控到的流量情况,Sentinel 会动态调整限流策略,以保证应用流量的控制和稳定运行。

（4）限流器的实现：Sentinel 在底层实现了多种限流器,包括计数器限流器、令牌桶限流器、漏桶限流器等，可以根据应用特点选择合适的限流器进行限流操作。

（5）限流处理：当应用请求超出了配置的流量控制规则时，Sentinel 会对请求进行限流处理，如拒绝请求、延迟请求等，以避免系统过载。同时，Sentinel 也提供了可定制的限流处理策略，可以根据应用场景进行定制。

总体来讲，Sentinel 的限流是通过动态监控应用流量情况并在底层实现多种限流器和定制化的限流处理策略实现的。通过灵活配置流量控制规则，Sentinel 能够在高并发场景下为应用提供稳定、可靠的服务。

7.3 动态规则/服务治理

Sentinel 是一种基于注解的限流、熔断、降级框架，在使用过程中，用户可以通过配置限流的规则、熔断的规则、降级的规则等来保障系统的稳定性和可靠性。

7.3.1 动态规则

动态规则是指用户在运行时可以通过注册中心（如 Apollo、Nacos 等）来动态修改限流规则、熔断规则、降级规则等。在 Sentinel 框架中，动态规则的实现主要基于以下两个机制。

1. 定时更新机制

Sentinel 框架中的动态规则实现，基于定时的更新机制。在应用程序启动时，Sentinel 会从注册中心上拉取已经配置好的规则并缓存到本地。对于动态规则，在本地缓存规则的基础上，会定时去注册中心更新规则。

此外，Sentinel 还提供了动态推送机制。当用户在注册中心上修改了规则时，Sentinel 会及时感知并将最新规则推送到本地缓存中，以保持最新的状态。

2. 事件驱动机制

除了定时更新机制，Sentinel 框架还提供了事件驱动机制。具体来讲，在 Sentinel 框架中，每当规则发生变化时都会发布一个事件，并且将事件传递给该规则的所有监听器。这些监听器可以是 Sentinel 框架内部的组件，也可以是用户自定义的组件。

当用户需要动态修改规则时，只需通过调用 Sentinel 提供的 API 方法，将修改的规则信息发布出去。此时，Sentinel 会触发相应的事件，并将事件传递给所有的监听器。在监听器中，用户可以对事件做出相应的处理，例如将修改的规则更新到本地缓存中，以实现动态规则的生效。

综上所述，Sentinel 的动态规则主要基于定时更新机制和事件驱动机制实现：在应用程序启动时，Sentinel 会从注册中心上拉取已经配置好的规则并缓存到本地，而对于动态规则，则基于定时更新机制和事件驱动机制实现规则的动态修改和生效。这样，用户可以在运行时根据实际情况动态修改规则，确保系统的稳定性和可靠性。

7.3.2　服务治理

Sentinel 是一个开源的轻量级服务治理框架,它可以通过集成注册中心和 Dashboard 实现服务治理功能,可以动态管理流控规则、熔断规则、降级规则等,实现服务的动态治理。它可以为服务提供实时的监控和精细的控制,可以帮助开发者更好地保障服务的可用性,从而提高系统的稳定性和效率。

Sentinel 的底层工作原理如下。

(1)数据采集:Sentinel 会通过 Agent 采集应用程序的各种统计数据,包括请求的 QPS、响应时间、错误率等,这些数据可以帮助 Sentinel 分析当前服务的状况并做出相应的控制策略。

(2)流量控制:Sentinel 会通过限流算法对请求进行流量控制,当系统负载达到阈值时,Sentinel 会拒绝一部分请求,防止系统过载而导致服务不可用。

(3)熔断降级:Sentinel 还支持熔断降级功能,当系统出现异常时,Sentinel 会根据事先设定的规则对服务进行熔断或降级处理,确保系统的稳定性和可用性。

(4)规则配置:Sentinel 支持动态配置规则,用户可以通过 Dashboard 或 API 动态增加、修改、删除规则,规则的修改会立即生效,可以帮助开发者更好地进行服务治理。

(5)监控告警:Sentinel 还支持实时监控和告警功能,当服务出现问题时,Sentinel 可及时发送告警信息,通知开发者进行处理,保障系统的稳定性。

总之,Sentinel 是一个强大的服务治理框架,它可以帮助开发者更好地进行服务治理,保障系统的可用性和稳定性。它的流控、熔断、降级等功能可以有效地避免系统过载而导致服务不可用,而动态的规则配置和监控告警功能可以帮助开发者及时发现和处理问题,从而提高系统的效率和稳定性。

7.4　流量控制方式

Sentinel 的流量控制方式包括 Flow Rule、Degrade Rule、System Rule、Authority Rule 等。

7.4.1　Flow Rule

Sentinel 的流量控制方式包括基于 QPS 和基于并发数两种,其中基于 QPS 的方式最为常用。基于 QPS 的流量控制方式主要依靠 Flow Rule 实现。Flow Rule 是 Sentinel 中比较重要的一种策略,它可以控制系统在一定时间窗口内的请求流量。Flow Rule 的底层工作原理主要有以下几个步骤:

首先,需要定义 Flow Rule 的规则,包括触发流量控制的阈值、流量控制的模式(直接拒绝或等待)、时间窗的大小和具体的限流策略等。例如,可以定义一个 Flow Rule,将一分钟内的流量控制到 30 个请求/秒,并且如果超过这个限制,则直接拒绝请求。

当请求到来时，Sentinel 进行统计，记录请求的数量，并根据时间窗口的大小将请求分配到不同的时间段中。根据规则中定义的阈值和时间窗口的大小，Sentinel 判断当前时间窗口内请求的流量是否超过了规则中定义的阈值，如果超过了，则根据规则中定义的流量控制模式进行相应处理。根据规则中定义的限流策略，Sentinel 会执行相应的操作。例如，可以设置为直接拒绝请求，或者等待一段时间后再处理请求。在执行限流策略后，Sentinel 还会更新统计信息，以便下一次流量控制的处理。

以上就是 Flow Rule 的底层工作原理。Flow Rule 通过对请求流量进行统计和限制，可以有效地控制请求的流量，保护系统的稳定性和安全性。在实际应用中，可以根据具体的需求，设置不同类型的 Flow Rule，以达到最优的流量控制效果。

7.4.2　Degrade Rule

Degrade Rule 的核心思想是在系统负载过高或资源不足时，通过降低系统服务的质量来保证系统的可用性和稳定性。在这种情况下，Degrade Rule 可以根据不同的指标，如 RT、异常比例、错误次数等，对请求进行限流，从而保护底层资源不被过度消耗，同时保证系统的整体响应速度。Degrade Rule 的底层工作原理如下。

1. 监控请求

Sentinel 会监控系统中所有的请求，包括请求的 URL、参数、方法等信息，同时会统计每个请求的 RT、异常比例、错误次数等信息。

2. 判断负载

Sentinel 会通过统计系统的负载情况来判断系统的运行状态，包括 CPU、内存、网络等指标。如果发现系统负载过高或资源不足，Sentinel 就会触发 Degrade Rule。

3. 限流请求

当 Degrade Rule 被触发时，Sentinel 会对请求进行限流，具体实现方式有以下两种。

（1）基于并发线程数进行限流：当系统负载过高时，Sentinel 会拒绝部分请求，从而限制系统的并发线程数，降低系统负载。

（2）基于 QPS 进行限流：当系统负载过高时，Sentinel 会限制每秒请求的数量，从而保护底层资源。

4. 恢复请求

Sentinel 会在 Degrade Rule 被触发一定时间后，自动恢复对请求的限流，从而保证系统的可用性和稳定性。

总之，Degrade Rule 是 Sentinel 中非常重要的一个流量控制算法，它可以保证系统在负载过高或资源不足的情况下，仍然可以稳定运行。

7.4.3　System Rule

在 Sentinel 中，System Rule 是一个用于针对整个 JVM 实例进行流量控制的规则。它可以限制整个应用的并发数、CPU 使用率、平均响应时间等。System Rule 能够确保整个

JVM 实例的稳定和可用性,避免超负荷情况下的宕机和资源耗尽。

System Rule 的底层工作原理如下。

(1) 定义规则:用户在 Sentinel 控制台或通过编程的方式定义规则,设置系统负载、CPU 使用率等参数阈值。

(2) 监控指标:Sentinel 通过 Agent 或其他方式收集系统性能指标,如 CPU 使用率、内存使用率、线程数等,不断更新这些指标的值。

(3) 触发规则:当监控指标的值触及或超过用户设定的阈值时,System Rule 生效。根据规则限制,当 JVM 实例达到预设的负载或 CPU 使用率等阈值时,System Rule 执行相应的流量控制策略,如熔断、流控等。

(4) 应用控制:System Rule 生效后,Sentinel 会限制整个 JVM 实例的流量,直到监控指标值低于阈值。在这个过程中,Sentinel 还会收集相关的资源、请求和异常信息,以便后续分析。

总体来讲,System Rule 是一种基于监控指标的流量控制方式,它能够有效地避免 JVM 实例的超负荷情况,并通过限制资源使用量,保持服务的高可用性和稳定性。

7.4.4　Authority Rule

Authority Rule 是一种基于黑白名单的流量控制方式,可以用于限制某个接口、方法或者 URL 的访问。其具体的底层工作原理如下:

(1) Sentinel 在运行时会维护一个规则集合,其中包括所有的黑白名单规则。

(2) 每次请求到达时,Sentinel 会根据请求的上下文信息(如接口、方法、URL 等)去匹配规则集合中的规则。匹配过程中,Sentinel 会先判断是否有白名单规则,如果存在,则只有规则列表中的接口、方法或者 URL 可以被访问,否则请求会被拒绝。

(3) 如果不存在白名单规则,则 Sentinel 会继续判断是否存在黑名单规则。如果存在,则规则列表中的接口、方法或者 URL 被认为是不允许访问的,请求同样会被拒绝。

(4) 如果既没有白名单规则,也没有黑名单规则,则请求会被放行,允许访问。

(5) Sentinel 的规则集合是可以实时更新的,因此当规则发生变化时,Sentinel 会自动重新加载规则集合,保证流量控制的实时性和准确性。

通过以上几个步骤,Authority Rule 能够对请求进行黑白名单的过滤,从而实现对接口、方法或者 URL 的流量控制。此外,Sentinel 还提供了其他流量控制方式,如 QPS 控制并发线程数控制等,可以根据具体的应用场景和需求选择合适的流量控制方式。

7.5　核心组件

Sentinel 的核心组件包括 Flow Control、Circuit Breaking、System Protection、Cluster Flow Control 和 Authority Control 等。这些组件提供了全面的流量控制和保护机制,能够保护应用程序免受外部压力和攻击。

7.5.1 Flow Control

对于每个应用程序，Sentinel 都会分配一个资源 ID 来标识该应用的资源。Sentinel 通过对每个资源的实时监控实现流量限制。

具体流程如下。

（1）限制请求的并发数量和速度：Sentinel 会对每个应用程序的请求进行实时监控，并将其与设定的阈值进行比较，从而产生限制请求的操作。

（2）使用滑动窗口算法来保证流量平滑：Sentinel 会使用滑动窗口算法来平滑限制请求。在滑动窗口内，Sentinel 会根据请求量来限制请求速度，从而使请求得到平滑的流量控制。

（3）基于 QPS、线程数、CPU 负载等指标来限制请求：Sentinel 可以根据应用程序的 QPS、线程数、CPU 负载等指标设置限制请求的阈值，从而保护系统免受过载和故障。

（4）实时监控资源状态：Sentinel 会实时监控流量，当流量超出阈值时，会进行限流操作，以保护系统免受过载和故障。

总之，Flow Control 是 Sentinel 最重要的组件之一，通过限制请求的并发数量和速度来控制流量，从而保护系统避免过载和出现故障。Sentinel 使用滑动窗口算法来保证流量平滑，并可以根据应用程序的 QPS、线程数、CPU 负载等指标设置限制请求的阈值，实时监控资源状态并进行流量控制。

7.5.2 Circuit Breaking

Circuit Breaking 是一种用于保护系统稳定性的重要组件，它可以根据系统的负载情况和错误率，动态地控制服务的流量，并在系统出现故障时快速地切断对该服务的请求，从而避免系统崩溃。Circuit Breaking 的实现主要基于 3 个核心组件：熔断器、触发器和恢复器。

熔断器是 Circuit Breaking 的核心组件，它负责监控系统的请求量和错误率，并在达到一定的阈值后，将该服务的状态切换为"开启熔断"，从而拒绝所有针对该服务的请求。当熔断器切换到"开启熔断"状态时，它会等待一段时间，然后尝试重新开启服务，如果重新开启服务成功，则将熔断器的状态切换为"关闭熔断"，否则继续等待一段时间后重试。

触发器是用于触发熔断器的组件，它可以根据不同的保护级别，设置不同的阈值和恢复策略，从而实现针对不同类型的系统故障进行不同的处理。例如，当系统的请求量过大时，触发器可以将熔断器的阈值设置为较低的值，从而保护系统不受过多请求的影响，而当系统的错误率过高时，触发器可以将熔断器的阈值设置为较高的值，从而允许一定数量的请求进入系统，同时通过错误数据收集和分析，优化系统性能和稳定性。

恢复器是用于恢复系统服务的组件，它可以在熔断器开启后，通过不同的恢复策略尝试重新开启系统服务。例如，恢复器可以先执行一些简单的恢复操作，如检查服务状态和重新加载配置文件等，如果这些操作无法恢复服务，则进行更复杂的恢复操作，如重新部署服务或调整系统架构等。

除了以上 3 个核心组件外,Circuit Breaking 还可以使用自适应控制算法来动态地调整阈值和恢复策略,以保证系统在高负载情况下的稳定性。自适应控制算法可以根据系统的实时性能数据和预测模型自动调整熔断器的阈值和触发器的保护级别,从而优化系统的性能和稳定性。总之,Circuit Breaking 是一个非常重要的系统保护组件,它可以帮助系统在高负载和出现故障的情况下保持稳定,并提高系统的可靠性和安全性。

7.5.3　System Protection

Sentinel 核心组件 System Protection 是一个用于保护系统资源不被滥用的工具,它可以限制不合理的请求,如恶意攻击、异常请求等。System Protection 的底层工作原理可以分为以下几步。

(1)采集请求信息:System Protection 会通过 Sentinel 的 Tracer 模块采集请求信息,包括请求路径、请求参数、请求来源、请求次数等。

(2)进行规则匹配:System Protection 会将采集到的请求信息与事先定义好的规则进行匹配。规则可以分为基于熔断器、黑名单、白名单等不同类型,也可以使用自定义规则进行限制。基于熔断器的规则会在请求量达到一定阈值时禁止请求,直到下次重试;黑名单则会禁止特定 IP 或者用户的请求;白名单则会为指定的 IP 或者用户提供特殊的访问权限。

(3)执行限制策略:如果匹配到了规则,则 System Protection 会执行相应的限制策略,如返回错误码、拒绝请求等。如果没有匹配到规则,则请求会正常进行。

(4)记录日志:System Protection 会将所有的请求信息、匹配结果和限制策略记录到日志中,以便后续分析和调试。

综上所述,System Protection 通过采集请求信息、规则匹配、执行限制策略和记录日志等步骤实现对不合理请求的限制。这个过程可以保护系统资源不被滥用,确保系统的稳定性和安全性。

7.5.4　Cluster Flow Control

Sentinel 的 Cluster Flow Control 是通过 Sentinel 集群实现的,一个 Sentinel 集群通常由多个 Sentinel 节点组成,这些节点相互协作,通过共享流量信息和限流规则来保证整个系统的稳定性。当一个节点接收到流量时,它会根据限流规则判断是否需要进行限流处理,如果需要进行限流,则会将限流请求发送给集群中的其他节点,这些节点也会根据限流规则判断是否需要进行限流。如果所有节点都判断不需要进行限流,则请求会被放行。

在 Cluster Flow Control 中,每个节点都会维护一个流量监控指标,用于记录当前节点的流量情况和限流情况。每个节点也会将自己的监控指标和限流规则同步给其他节点,以便其他节点能够了解当前节点的流量情况和限流规则。这样,当一个节点需要进行限流处理时,其他节点也能够知道这个节点的流量情况和限流规则,并进行相应调度。

实现 Cluster Flow Control 的核心组件是 Sentinel 的分布式流量控制器,它有以下 4 个主要功能。

（1）分布式流量监控：每个节点会定期收集自己的监控指标，并将其他节点的监控指标同步到本地，以便能够了解整个系统的流量情况。

（2）分布式限流规则：每个节点会根据自己的限流规则进行限流处理，并将限流请求发送到其他节点，以便其他节点能够了解当前节点的限流情况。

（3）分布式限流调度：当一个节点需要进行限流处理时，其他节点也能够知道这个节点的流量情况和限流规则，并进行相应调度，以保证整个系统的稳定性。

（4）高可用性：如果一个节点宕机或者网络中断，其他节点则会立即接管该节点的工作，并保证整个系统的稳定性。

总之，Sentinel 的 Cluster Flow Control 可以帮助分布式系统实现流量控制、限流和调度，保障整个系统的稳定性和可靠性。

7.5.5　Authority Control

Sentinel 的 Authority Control 核心组件是使用基于 AOP（Aspect Oriented Programming，面向切面编程）实现的拦截器来控制访问权限的。该组件的底层工作原理与 Spring Security 类似，通过 AOP 在方法调用前进行拦截，并根据用户的身份和权限信息来判断是否有权限进行该操作。

首先，Authority Control 需要进行用户身份认证，这是 Sentinel 中另一个核心组件 Authenticator 的工作内容。Authenticator 将在用户登录时对用户进行身份认证，并将用户信息存储在当前线程的 ThreadLocal 中。Authority Control 通过 ThreadLocal 获取当前用户身份和权限信息，从而进行权限控制。

其次，Authority Control 需要进行权限判断。在 Sentinel 中，权限控制是通过一个规则实现的，这个规则定义了哪些用户拥有哪些权限，以及如何对访问进行限制。可以通过配置文件或者代码来定义这些规则，规则的匹配是通过 Antlr4 实现的。在进行权限判断时，Authority Control 会通过 Antlr4 解析匹配规则，并根据用户身份和匹配的规则判断该用户是否有权限访问该方法。

最后，Authority Control 会将权限判断的结果返给 Sentinel 的 BlockHandler，如果权限判断通过，则会正常执行业务方法，否则会触发 BlockHandler 中定义的流控、降级或者熔断等策略。

总体来讲，Authority Control 是 Sentinel 中非常重要的一个核心组件，它可以灵活地控制访问权限，通过自定义规则进行权限控制，从而保障系统的安全性和稳定性。

7.6　Sentinel 的 4 种规则

本节将详细讲解 Sentinel 的 4 种规则，包括普通规则、限流规则、降级规则和热点规则，并且深入到源码级别，解释它们的工作原理及这样设计的原因。

7.6.1 普通规则

Sentinel 普通规则是一个用于流量控制的轻量级框架，它的主要目的是在高负载时保护应用程序免受过多请求的影响。为了达到这个目的，Sentinel 采用了一系列的控制策略，包括限流、熔断、降级等。在这些控制策略中，限流是 Sentinel 最核心的功能。

限流的本质就是限制每个 API 或服务在一定时间内允许被访问的次数。当请求超过这个限制时，Sentinel 就会拒绝这些请求或者采取其他措施进行限制。Sentinel 支持基于时间窗口的限流算法，其中时间窗口是指固定的时间段，例如 1s 或者 1min。在每个时间窗口内，Sentinel 会记录下请求的数量，当请求的数量超过了限制时，Sentinel 就会拒绝这些请求或者采取其他措施进行限制。

Sentinel 限流的底层实现依赖于桶算法和滑动窗口算法。具体来讲，Sentinel 将每个 API 或服务看成一个桶，桶中记录了在每个时间窗口内的请求数量。当请求到达时，Sentinel 会根据当前的时间戳计算出对应的桶，并对桶中的计数器进行增加操作。在每个时间窗口结束时，Sentinel 会清空对应的桶，并将计数器清零。

桶算法和滑动窗口算法都是一种高效且可扩展的算法，能够支持大规模并发请求的处理。同时，Sentinel 的底层实现也采用了一些优化策略，包括异步处理和线程池等，能够最大限度地提高处理效率和吞吐量。

总之，Sentinel 普通规则是一个基于流量控制的轻量级框架，能够有效地保护应用程序免受高并发请求的影响。其底层实现采用了桶算法和滑动窗口算法等控制策略，并且采用了异步处理和线程池等优化策略，能够最大限度地提高处理效率和吞吐量。

以下是使用 Spring Cloud Alibaba Sentinel 普通规则的代码示例。

添加依赖，代码如下：

```xml
<dependency>
    <groupId>com.alibaba.cloud</groupId>
    <artifactId>spring-cloud-starter-alibaba-sentinel</artifactId>
    <version>2.2.1.RELEASE</version>
</dependency>
```

在 application.yml 文件中配置 Sentinel，代码如下：

```yaml
//第 7 章/7.6.1 Spring Cloud 项目中使用的 Sentinel 配置
spring:
  cloud:
    sentinel:
      #Sentinel 的传输层配置，用于启用 Sentinel Dashboard
      transport:
        #Sentinel Dashboard 的端口号
        port: 8719
        #Sentinel Dashboard 的地址
        dashboard: localhost:8080
```

```
#定义了 Sentinel 数据源的配置
datasource:
    #将数据源的名称定义为 ds1
    ds1:
        #配置了使用 Nacos 作为数据源
        nacos:
            #Nacos 的地址
            server-addr: localhost:8848
            #Sentinel 数据源的 ID
            dataId: ${spring.application.name}-sentinel-datasource
            #Sentinel 数据源的分组名称
            groupId: DEFAULT_GROUP
            #数据源的类型为 JSON 格式
```

添加 Controller 类，代码如下：

```
//第 7 章/7.6.1 添加 Controller 类
@RestController
public class DemoController {
    @GetMapping("/hello")
    //@SentinelResource 是 Sentinel 提供的一个注解,它可以将资源(本例中是方法 hello)
    //定义为一个 Sentinel 保护的资源,并提供一些额外的功能,例如指定异常处理函数。value =
    //"hello"表示资源名称为 hello。blockHandler ="blockHandler"表示当资源被限流或降级时,
    //调用的处理逻辑就是 blockHandler()方法。hello()方法返回"Hello Sentinel!"这个字符串
    @SentinelResource(value ="hello", blockHandler ="blockHandler")
    public String hello() {
        return "Hello Sentinel!";
    }
    //blockHandler()方法接受一个 BlockException 参数,返回一个字符串"请求过于频繁,
    //请稍后再试!"
    public String blockHandler(BlockException ex) {
        return "请求过于频繁,请稍后再试!";
    }
}
```

添加启动类，代码如下：

```
//第 7 章/7.6.1 添加启动类
/**
 * @SpringBootApplication:Spring Boot 应用注解,表示该类是 Spring Boot 应用的入口
 * @EnableDiscoveryClient:启用服务注册与发现,将该微服务注册到服务注册中心并发现其
他的微服务
 * @EnableFeignClients:启用 Feign 客户端,用于调用其他微服务的 API
 * @EnableCircuitBreaker:启用断路器,用于监控微服务的状态并实现服务的自我保护
 * @EnableSwagger2:启用 Swagger2 API 文档生成工具,方便用户查看微服务的 API 文档
 */
@SpringBootApplication
@EnableDiscoveryClient
@EnableFeignClients
```

```
@EnableCircuitBreaker
@EnableSwagger2
public class DemoApplication {
    public static void main(String[] args) {
        SpringApplication.run(DemoApplication.class, args);
    }
}
```

在以上代码示例中完成了以下几项任务：

（1）添加了 Spring Cloud Alibaba Sentinel 的依赖。

（2）在 application.yml 文件中配置了 Sentinel 的相关信息，包括 transport、dashboard 和 datasource。

（3）添加了一个 Controller 类，并在该类的方法上使用了 @SentinelResource 注解，指定了限流规则的资源名和限流处理方法。

（4）添加了启动类，并开启了对其他 Spring Cloud 组件的支持，如服务发现、Feign、Hystrix 和 Swagger 等。

7.6.2　限流规则

Sentinel 限流规则的底层工作原理涉及两个核心概念：令牌桶算法和滑动窗口算法。

令牌桶算法是一种基于固定容量令牌桶来限制服务调用频率的算法。具体来讲，令牌桶中会以恒定的速率生成令牌，并将其存放在桶中，调用服务的请求会请求令牌，如果桶中有足够的令牌，则请求可以通过，否则请求将被拒绝。这种算法的优点是可以平稳地控制服务的请求频率，可以在一定程度上防止瞬时请求的过载，同时也可以减轻服务的压力。

滑动窗口算法是一种基于时间窗口来限制服务调用频率的算法。具体来讲，该算法会将时间窗口分为若干等份的小时间段，并记录每个小时间段内的服务请求次数。当服务请求次数超过限制时，将拒绝接受新的请求。这种算法的优点是可以更灵活地控制请求频率，同时可以快速地适应请求压力的变化。

在 Sentinel 限流规则中，可以根据实际需求选择合适的算法来保证服务的正常运行。同时，Sentinel 还支持多种维度的限流，例如根据 IP、URL、参数等进行限流，可以更加精准地控制服务的请求频率。

总之，Sentinel 限流规则的底层工作原理涉及令牌桶算法和滑动窗口算法，可以保证服务的正常运行，防止系统被恶意攻击或超过其处理能力。以下是一个使用 Spring Cloud Alibaba Sentinel 进行限流的示例。

在 pom.xml 文件中添加 Sentinel 和 Spring Cloud Alibaba 依赖，代码如下：

```
//第 7 章/7.6.2 添加 Sentinel 和 Spring Cloud Alibaba 依赖
<dependencies>
    <!--Spring Cloud Alibaba Sentinel -->
    <dependency>
```

```
            <groupId>com.alibaba.cloud</groupId>
            <artifactId>spring-cloud-starter-alibaba-sentinel</artifactId>
    </dependency>
    <!--Spring Cloud Alibaba Core -->
    <dependency>
            <groupId>com.alibaba.cloud</groupId>
            <artifactId>spring-cloud-alibaba-core</artifactId>
            <version>2.1.0.RELEASE</version>
    </dependency>
</dependencies>
```

在启动类中添加注解@EnableCircuitBreaker 和@EnableBinding，代码如下：

```
@SpringBootApplication//@SpringBootApplication 标识此类为 Spring Boot 应用的入
//口类,包含了 Spring Boot 的自动配置功能和启动配置的配置类
@EnableCircuitBreaker//@EnableCircuitBreaker 开启 Hystrix 的断路器功能
@EnableBinding(Sink.class)//@EnableBinding(Sink.class) 绑定了 Sink 作为输入通
//道,用于接收消息
public class Application {
    //...
}
```

在控制器中添加@SentinelResource 注解进行限流，代码如下：

```
//第 7 章/7.6.2 在控制器中添加@SentinelResource 注解进行限流
@RestController
public class UserController {
    @GetMapping("/user/{id}")
    @SentinelResource(value ="user", blockHandler ="handleUserBlock")
    public User getUser(@PathVariable Long id) {
        //获取用户信息,返回 User 对象
    }
    //处理限流的方法,返回自定义的结果
    public User handleUserBlock(Long id, BlockException e) {
        return new User();
    }
}
```

在 application.yml 文件中配置 Sentinel，代码如下：

```
//第 7 章/7.6.2 配置 Sentinel
spring:
  cloud:
    sentinel:
      transport:
        dashboard: localhost:8080 #Sentinel 控制台地址
      datasource:
        ds1:
          nacos:
            server-addr: localhost:8848 #Nacos 服务器地址
```

```
dataId: sentinel-service #Sentinel 配置文件 ID
groupId: DEFAULT_GROUP #Sentinel 配置文件组
```

在以上示例中,控制器中的 getUser 方法添加了 @SentinelResource 注解,并将 value 指定为 user,表示对该方法进行限流。同时,添加了 blockHandler 参数,指定了 handleUserBlock 方法,表示当该方法被限流时,会调用 handleUserBlock 方法进行处理。在 handleUserBlock 方法中,可以返回自定义的结果或处理异常。

7.6.3　降级规则

Sentinel 降级规则是 Sentinel 中的一种重要规则,它用于在系统出现异常时,快速地减少对 API 或服务的请求,以保证系统的可用性。Sentinel 降级规则的底层工作原理可以分为以下 3 个步骤。

1. 监控

Sentinel 通过监控系统中的 API 或服务来了解系统当前的负载情况。监控可以采用不同的方式,例如通过统计 API 或服务的响应时间、响应失败率等指标进行监控。

2. 判断

一旦 Sentinel 监控到系统出现异常,它会根据降级规则进行判断是否需要进行降级操作。降级规则可以根据不同的业务场景进行设置,例如可以设置在系统出现异常时,对 API 或服务的请求减少 50%。

3. 降级

如果 Sentinel 判断需要进行降级操作,则会实时地改变系统的请求流量,并将请求流量减少到降级规则所设置的数值。降级可以采用多种方式,例如直接返回一个错误响应、延迟请求处理等。

总体来讲,Sentinel 降级规则通过监控、判断和降级 3 个步骤实现系统的自动降级,从而保证系统的可用性。它是一种非常有效的保护系统的方法,在高负载或异常情况下尤为重要。

以下是使用 Spring Cloud Alibaba Sentinel 降级规则的代码示例。

在 pom.xml 文件中引入以下依赖,代码如下:

```
<dependency>
  <groupId>com.alibaba.cloud</groupId>
  <artifactId>spring-cloud-starter-alibaba-sentinel</artifactId>
  <version>2.1.0.RELEASE</version>
</dependency>
```

在启动类上添加 @EnableCircuitBreaker 注解来启用断路器功能,代码如下:

```
@SpringBootApplication
@EnableCircuitBreaker
public class Application {
```

```
public static void main(String[] args) {
    SpringApplication.run(Application.class, args);
  }
}
```

在业务方法上添加@SentinelResource注解，用于指定降级处理方法，代码如下：

```
//第7章/7.6.3 在业务方法上添加@SentinelResource注解
@Service
public class UserService {
  @SentinelResource(value ="getUserById", fallback ="defaultUser")
  public String getUserById(Long id) {
    //调用用户服务，获取用户信息，并返回
    return "User name:xxx";
  }
  public String defaultUser(Long id, Throwable e) {
    //返回默认值
    return "User name: default";
  }
}
```

在上面的代码中，当getUserById方法出现异常时，会调用defaultUser方法作为降级处理方法。最后，可以在Sentinel控制台中配置规则来触发降级：进入Sentinel控制台，选择流控规则。单击添加规则，选择降级规则。配置降级规则，例如URI为/＊，降级策略为RT，最大响应时间为100ms，降级模式为返回指定内容，指定降级后返回的内容为"服务不可用，请稍后重试"。保存规则，测试业务方法是否触发了降级处理。

7.6.4　热点规则

热点规则是Sentinel中的一种规则类型，用于发现并处理系统中的热点数据，防止热点数据对系统造成过大压力。热点规则的底层工作原理包括以下几个方面。

1. 统计热点数据

热点规则会根据预先设定的热点参数对系统中的数据进行统计。例如，对订单系统来讲，可以将同一时段内购买量最高的商品作为热点数据。当然，根据实际应用场景，热点数据的定义是可以灵活配置的。

2. 计算QPS

热点规则需要对热点数据的访问频率进行监控，以此来判断热点数据是否已经超过了系统的承载能力。为此，需要计算每秒的请求数量（QPS），并将其与事先设定的阈值进行比较，确定该热点数据是否已经达到了限流条件。

3. 判断热点阈值

热点规则设定了一个阈值作为限流条件，当某个热点数据的QPS超过了这个阈值时，就会触发限流措施，例如拒绝请求或者延迟处理等。

4.动态调整阈值

对于热点规则来讲,阈值的设定是非常关键的,如果设定过低,则会导致热点数据被频繁限流,影响系统的正常运行,而设定过高则会导致系统压力过大,无法承载。因此,在实际应用中,需要动态调整热点阈值,根据热点数据的变化情况和系统的实时压力来确定最佳的阈值。

5.快速失效

在热点规则中,需要考虑到热点数据的变化性。一些原本并不是热点数据的数据,可能在某些时间段内暂时成为热点数据,因此,热点规则需要具备快速失效的特性,能够很快地判断热点数据的变化,以及时调整阈值或者取消限流措施,尽可能地避免对系统的干扰。

总之,Sentinel 热点规则的底层工作原理是通过对热点数据的统计分析和动态调整,实现对系统热点数据的保护和流量控制,以此来确保系统的稳定性和可靠性。

下面是使用 Spring Cloud Alibaba Sentinel 热点规则的代码示例。

首先,需要在 pom.xml 文件中添加相应的依赖,代码如下:

```
<dependency>
    <groupId>com.alibaba.cloud</groupId>
    <artifactId>spring-cloud-starter-alibaba-sentinel</artifactId>
    <version>${spring-cloud-alibaba-version}</version>
</dependency>
```

然后在需要添加热点规则的方法上加上 @SentinelResource 注解,并指定热点参数的索引,代码如下:

```
@SentinelResource(value ="hotSpotMethod", blockHandler =
"handleHotSpotMethodBlock")
public void hotSpotMethod(@RequestParam("hotParam") String hotParam) {
    //method code
}
```

在上述代码中,@SentinelResource 注解的 value 属性表示规则名称,blockHandler 属性表示触发熔断时的处理方法。

接着,在启动类上加上 @EnableSentinel 注解以启用 Sentinel,代码如下:

```
/**
 * @SpringBootApplication:Spring Boot 应用注解,表示该类是 Spring Boot 应用的入口
 * @EnableDiscoveryClient:启用服务注册与发现,将该微服务注册到服务注册中心并发现其
 * 他的微服务
 * @EnableFeignClients:启用 Feign 客户端,用于调用其他微服务的 API
 * @EnableCircuitBreaker:启用断路器,用于监控微服务的状态并实现服务的自我保护
 * @EnableSentinel:启用 Sentinel,用于服务限流和熔断功能的实现
 */
@SpringBootApplication
@EnableDiscoveryClient
@EnableFeignClients
```

```
@EnableCircuitBreaker
@EnableSentinel
public class Application {
    public static void main(String[] args) {
        SpringApplication.run(Application.class, args);
    }
}
```

最后，配置热点规则。可以在应用启动时通过代码进行配置，也可以通过配置文件进行配置，下面是通过代码进行配置的示例，代码如下：

```
//第 7 章/7.6.4 配置热点规则
try {
    //配置热点参数的限制规则
    HotParamRule hotParamRule = new HotParamRule();
    hotParamRule
        //设置规则名称
        .setResource("hotSpotMethod")
        //设置热点参数的索引
        .setParamIdx(0)
        //将参数类型设置为字符串
        .setParamType(RuleConstant.PARAM_TYPE_STRING)
        //将阈值类型设置为 QPS
        .setControlBehavior(RuleConstant.CONTROL_BEHAVIOR_RATE_LIMITER)
        //将阈值设置为 10
        .setCount(10);
    //将热点规则添加到规则管理器中
    FlowRuleManager.loadRules(Collections.singletonList(hotParamRule));
} catch (Exception e) {
    e.printStackTrace();
}
```

在以上代码中，创建了一个热点参数限制规则 HotParamRule，并将其添加到规则管理器中。该规则的作用是对 hotParam 参数进行限制，每秒最多只能被请求 10 次。通过配置热点参数的限制规则，可以有效地防止因某个参数被过多请求而导致的系统崩溃。注意，在以上代码中的 try-catch 块仅为示例，在实际应用中需要根据具体情况进行异常处理。

7.7 持久化推送模式

Spring Cloud Alibaba Sentinel 的持久化推送模式分为以下 3 种。

（1）基于 ZooKeeper 的持久化推送模式：Sentinel 利用 ZooKeeper 实现服务注册与发现，从而达到服务动态更新的目的。

（2）基于 Nacos 的持久化推送模式：Sentinel 利用 Nacos 作为注册中心，可以实现微服务的动态发现和实时更新。

（3）基于 Kubernetes 的持久化推送模式：Sentinel 利用 Kubernetes 的 APIServer 来实

时获取微服务的状态,实现动态更新。

7.7.1　基于 ZooKeeper 的持久化推送模式

Sentinel 能够基于 ZooKeeper 提供的 Watcher 机制实现持久化推送模式,即当服务注册中心发生变化时,Sentinel 能够及时感知到并进行相应处理。下面将详细介绍 Sentinel 基于 ZooKeeper 的持久化推送模式的底层工作原理。

1. Sentinel 与 ZooKeeper 的集成方式

Sentinel 与 ZooKeeper 的集成过程主要分为两部分:注册中心的连接和监听器的注册。

1）注册中心的连接

在 Sentinel 中,ZooKeeper 的连接是通过 ZookeeperRegistryServiceImpl 类实现的。在这个类中,Sentinel 调用 ZooKeeper 客户端的 API 来连接 ZooKeeper 服务器端。具体来讲,Sentinel 通过调用 ZookeeperRegistryServiceImpl 的 init 方法来连接 ZooKeeper 服务器端,该方法主要实现以下步骤:创建 ZooKeeper 客户端实例,Sentinel 通过调用 ZooKeeper 的 newZooKeeper 方法来创建客户端实例。在创建客户端实例时,Sentinel 可以通过传递相应的参数来指定要连接的 ZooKeeper 服务器端的地址、会话超时时间等信息;设置 ZooKeeper 客户端监听器,Sentinel 通过调用客户端实例的 register 方法设置监听器。这里,Sentinel 设置的监听器是 ZookeeperRegistryServiceListener,它是一个接口,主要用于监听 ZooKeeper 服务注册中心上节点的变化。

2）监听器的注册

在 Sentinel 中,如果要对 ZooKeeper 服务注册中心上节点的变化进行监听,则需要使用 ZooKeeper 客户端提供的 Watcher 机制。Watcher 是 ZooKeeper 的一个重要特性,它能够实现对 ZooKeeper 服务注册中心节点的变化进行监听。ZooKeeper 客户端能够在注册一个 Watcher 时返回一个 WatchedEvent 对象,从而向客户端通知节点的变化。在 Sentinel 中,要实现对 ZooKeeper 服务注册中心节点的监听就需要实现 ZookeeperRegistryServiceListener 接口。在该接口中定义了一些方法,其中最重要的是 onChange 方法,该方法用于监听 ZooKeeper 服务注册中心上节点的变化并进行相应处理。

2. Sentinel 的监听事件类型

在 Sentinel 中,如果要实现对 ZooKeeper 服务注册中心上节点的监听,则需要使用 ZooKeeper 客户端提供的 Watcher 机制。根据 ZooKeeper 客户端定义的 Watcher 事件类型,Sentinel 中的监听事件类型主要包括下面 4 种。

（1）None:表示 Znode 的状态没有变化。

（2）NodeCreated:表示一个新的 Znode 被创建。

（3）NodeDeleted:表示一个 Znode 被删除了。

（4）NodeDataChanged:表示一个 Znode 的数据被修改了。

3. Sentinel 监听事件的处理流程

Sentinel 监听事件的处理流程主要包括 3 个步骤：获取监听事件、处理监听事件并更新服务信息、将处理后的服务信息更新到内存中的摘要信息。

1）获取监听事件

Sentinel 通过 ZookeeperRegistryServiceListener 监听器中的 onChange 方法获取 ZooKeeper 服务注册中心上节点的变化信息。当发现节点信息发生变化时，Sentinel 就会获取对应的监听事件类型。

2）处理监听事件并更新服务信息

当获取监听事件后，Sentinel 就会根据监听事件类型进行相应处理，主要包括以下 3 个方面。

（1）新增服务：当收到 NodeCreated 事件时，Sentinel 就会向服务列表中新增对应的服务信息。

（2）删除服务：当收到 NodeDeleted 事件时，Sentinel 就会从服务列表中删除对应的服务信息。

（3）更新服务：当收到 NodeDataChanged 事件时，Sentinel 就会更新对应服务的信息。

3）更新内存中的摘要信息

Sentinel 在处理完监听事件后，会将处理后的服务信息更新到内存的摘要信息中，从而使整个系统能够及时感知到服务变化信息，实现服务动态更新的目的。

4. Sentinel 持久化推送模式的实现原理

Sentinel 基于 ZooKeeper 的持久化推送模式，主要包括以下两个方面。

1）数据持久化

在 Sentinel 中，服务注册中心的数据是通过 ZooKeeper 管理的，当 ZooKeeper 服务注册中心上的节点信息发生变化时，Sentinel 就会根据监听事件类型进行相应处理，并将处理后的服务信息保存到 ZooKeeper 中。具体来讲，在 ZookeeperRegistryServiceImpl 中，Sentinel 调用 ZooKeeper 客户端提供的 setData 方法来将处理后的服务信息更新到 ZooKeeper 中，从而实现数据的持久化。

2）数据推送

当 ZooKeeper 服务注册中心上的节点信息发生变化时，Sentinel 会根据监听事件类型进行相应处理。同时，Sentinel 还会将处理后的服务信息发送到 Sentinel 的所有客户端，从而使所有客户端都能及时感知到服务变化信息，实现服务动态更新的目的。

在 Sentinel 中，数据推送的实现主要依赖于 Netty 库。Sentinel 通过创建一个 Netty 服务器来与客户端进行通信，并通过 Netty 的 API 实现数据的推送。具体来讲，在 ZookeeperRegistryServiceImpl 中，Sentinel 通过继承 SimpleChannelInboundHandler 并重写 channelRead 方法实现数据的推送。当有新的服务信息更新时，Sentinel 就会调用 channelRead 方法来将数据推送到所有客户端。

以下是基于 ZooKeeper 的持久化推送模式的代码示例。

注册中心的连接，代码如下：

```java
//第 7 章/7.7.1 注册中心的连接
//定义实现了 RegistryService 接口的 ZookeeperRegistryServiceImpl 类
public class ZookeeperRegistryServiceImpl implements RegistryService {
    //定义会话超时时间常量
    private static final int SESSION_TIMEOUT = 5000;
    //定义 ZooKeeper 客户端变量
    private ZooKeeper zkClient;
    //定义 ZooKeeper 服务器端地址变量
    private String zkAddress;
    //构造方法，传入 ZooKeeper 服务器端地址
    public ZookeeperRegistryServiceImpl(String zkAddress) {
        this.zkAddress = zkAddress;
    }
    //初始化 ZooKeeper 客户端方法
    public void init() throws Exception {
        //构造 CountDownLatch 实例
        CountDownLatch latch = new CountDownLatch(1);
        //使用 ZooKeeper 构造函数创建 ZooKeeper 客户端
        zkClient = new ZooKeeper(zkAddress, SESSION_TIMEOUT, new Watcher() {
            @Override
            public void process(WatchedEvent event) {
                //如果连接成功，则计数器减一，唤醒等待的线程
                if (event.getState() == Event.KeeperState.SyncConnected) {
                    latch.countDown();
                }
            }
        });
        //等待连接成功
        latch.await();
        //设置监听器
        zkClient.register(new ZookeeperRegistryServiceListener());
    }
}
```

监听器的注册，代码如下：

```java
//定义一个实现了 Watcher 和 RegistryServiceListener 接口的
// ZookeeperRegistryServiceListener 类，当注册中心发生改变时，会触发 onChange 方法
//在 onChange 方法中可以编写处理节点变化事件的代码
public class ZookeeperRegistryServiceListener implements Watcher,
RegistryServiceListener {
    public void onChange(RegistryEvent event) {
        //处理节点变化事件
    }
}
```

更新服务信息，代码如下：

```java
//第 7 章/7.7.1 更新服务信息
public void onChange(RegistryEvent event) {
    String path =event.getPath();
    String data =event.getData();
    EventType eventType =event.getEventType();
    switch (eventType) {
        case NODE_ADDED:
            //新增服务
            break;
        case NODE_REMOVED:
            //删除服务
            break;
        case NODE_UPDATED:
            //更新服务信息
            break;
        default:
            break;
    }
}
```

数据持久化,代码如下:

```java
public void onChange(RegistryEvent event) {
    //将处理后的服务信息更新到 ZooKeeper 中
    zkClient.setData(event.getPath(), event.getData().getBytes(), -1);
}
```

数据推送,代码如下:

```java
//第 7 章/7.7.1 数据推送
//SentinelServer 类
public class SentinelServer {
    //开始方法
    public void start() {
        //创建 bossGroup 和 workerGroup 事件循环组
        EventLoopGroup bossGroup =new NioEventLoopGroup();
        EventLoopGroup workerGroup =new NioEventLoopGroup();
        try {
            //创建 ServerBootstrap 实例
            ServerBootstrap bootstrap =new ServerBootstrap()
                //设置 bossGroup 和 workerGroup 事件循环组
                .group(bossGroup, workerGroup)
                //将通道类型设置为 NioServerSocketChannel
                .channel(NioServerSocketChannel.class)
                //设置子处理器
                .childHandler(new ChannelInitializer<SocketChannel>() {
                    @Override
                    //初始化 channel
                    public void initChannel(SocketChannel ch) throws Exception {
```

```
                                   //添加 SimpleChannelInboundHandler 处理器
                                   ch.pipeline().addLast(new
SimpleChannelInboundHandler<String>() {
                                       @Override
                                       //处理客户端传来的数据
                                       public void channelRead (ChannelHandlerContext
ctx, String msg) throws Exception {
                                           //将服务信息推送到客户端
                                           ctx.writeAndFlush(msg);
                                       }
                                   });
                               }
                           });
                //绑定端口
                bootstrap.bind(8888).sync();
            } catch (InterruptedException e) {
                e.printStackTrace();
            } finally {
                //关闭 bossGroup 和 workerGroup 事件循环组
                bossGroup.shutdownGracefully();
                workerGroup.shutdownGracefully();
            }
        }
    }
```

7.7.2　基于 Nacos 的持久化推送模式

在 Sentinel 中,可以通过集成 Nacos 实现持久化推送模式,即将限流规则、熔断降级规则等配置信息持久化到 Nacos 中,然后通过 Nacos 的监听机制,实现实时更新。

具体的工作原理如下:

(1) Sentinel 启动时,会先初始化 NacosConfigService,即获取 Nacos 的配置服务。通过该服务,Sentinel 可以从 Nacos 中获取配置信息。

(2) Sentinel 会从 Nacos 中获取所有的限流规则、熔断降级规则等配置信息,并将这些信息存储到内存的 RuleManager 中。同时,Sentinel 会向 Nacos 注册一个监听器,用于监听 Nacos 中配置信息的变化。

(3) 当 Nacos 中的某个配置信息变更时,监听器会收到通知,并将更新后的配置信息推送给 Sentinel。Sentinel 会将新的配置信息存储到内存的 RuleManager 中,并根据新的配置信息来更新相应的限流规则、熔断降级规则等。

(4) 在运行时,Sentinel 会根据内存中的配置信息来执行相应的限流、熔断降级操作。在此过程中,如果需要更新配置信息,则 Sentinel 会先从 Nacos 中获取最新的配置信息,然后更新内存中的配置信息。

通过以上工作原理,Sentinel 就可以实现基于 Nacos 的持久化推送模式,实现实时更新限流策略、熔断降级策略等配置信息。这种方式可以大大简化配置管理工作,同时也可以提高系统的可靠性和稳定性。

以下是基于 Nacos 的持久化推送模式的代码示例，代码如下：

```java
//第 7 章/7.7.2 基于 Nacos 的持久化推送模式
import com.alibaba.csp.sentinel.config.SentinelConfig;
import com.alibaba.csp.sentinel.datasource.Converter;
import com.alibaba.csp.sentinel.datasource.ReadableDataSource;
import com.alibaba.csp.sentinel.datasource.nacos.NacosDataSource;
import com.alibaba.nacos.api.PropertyKeyConst;
import com.alibaba.nacos.api.naming.pojo.Instance;
import com.alibaba.nacos.api.naming.NamingService;
import com.alibaba.nacos.api.naming.NamingFactory;
import com.alibaba.nacos.api.exception.NacosException;
//使用 Nacos 实现持久化推送模式
public class NacosPersistMode {
    //Nacos 配置信息
    private static final String serverAddr = "127.0.0.1:8848";
    private static final String groupId = "SENTINEL_GROUP";
    private static final String dataId = "limit_rule";
    public static void main(String[] args) {
        //初始化 Nacos 的 NamingService
        NamingService namingService = null;
        try {
            namingService = NamingFactory.createNamingService(serverAddr);
        } catch (NacosException e) {
            e.printStackTrace();
        }
        //将限流规则持久化到 Nacos 中
        String rule = "[\n" +
            "  {\n" +
            "    \"resource\": \"/test\",\n" +
            "    \"limitApp\": \"default\",\n" +
            "    \"grade\": 1,\n" +
            "    \"count\": 10,\n" +
            "    \"strategy\": 0,\n" +
            "    \"controlBehavior\": 0,\n" +
            "    \"clusterMode\": false\n" +
            "  }\n" +
            "]";
        try {
            namingService.registerInstance("sentinel-nacos", "127.0.0.1", 8080);
            namingService.registerInstance("sentinel-nacos", "127.0.0.1", 8081);
        } catch (NacosException e) {
            e.printStackTrace();
        }
        //创建 NacosDataSource,并将其作为 ReadableDataSource 传递给 Sentinel
        ReadableDataSource< String, List< FlowRule > > flowRuleDataSource = new
NacosDataSource< > (serverAddr, groupId, dataId, new Converter< String, List<
FlowRule>>() {
```

```
            @Override
            public List<FlowRule>convert(String s) {
                return JSON.parseObject(s, new TypeReference<List<FlowRule>>() {});
            }
        });
        FlowRuleManager.register2Property(flowRuleDataSource.getProperty());
    //将 Nacos 中的限流规则注册到 RuleManager 中
        //创建 NacosDataSource,并将其作为 ReadableDataSource 传递给 Sentinel
        ReadableDataSource<String, List<DegradeRule>>degradeRuleDataSource =
    new NacosDataSource<>(serverAddr, groupId, dataId, new Converter<String,
    List<DegradeRule>>() {
            @Override
            public List<DegradeRule>convert(String s) {
                return JSON.parseObject(s, new TypeReference<List<DegradeRule>>() {});
            }
        });
        DegradeRuleManager. register2Property ( degradeRuleDataSource.
    getProperty()); //将 Nacos 中的熔断降级规则注册到 RuleManager 中
    }
}
```

7.7.3　基于 Kubernetes 的持久化推送模式

在 Kubernetes 中,Sentinel 可以与 Kubernetes 的 API Server 进行集成,实现对微服务的动态监控。

在使用 Sentinel 基于 Kubernetes 的持久化推送模式时,Sentinel 会不断地从 Kubernetes 的 API Server 中获取微服务的实时状态,并将这些状态信息保存到本地的监控缓存中。同时,Sentinel 会监控微服务的状态变化,一旦发现有状态变化,就会将最新的状态信息推送到 Sentinel 的网关节点中,从而实现了动态更新。

具体来讲,Sentinel 基于 Kubernetes 的持久化推送模式的底层工作原理如下:

(1) 首先,Sentinel 会通过 Kubernetes 的 API Server 获取当前的微服务的状态信息,包括运行状态、负载情况等。

(2) Sentinel 将这些状态信息保存到本地的监控缓存中,以便之后进行访问和查询。

(3) Sentinel 会不断地监控微服务的状态变化,一旦发现有状态变化,就会将最新的状态信息推送到 Sentinel 的网关节点中。

(4) Sentinel 的网关节点会根据收到的状态信息,动态地调整微服务的流量分配,实现对微服务流量的动态管理。

(5) Sentinel 还支持对微服务进行预警和警告,当微服务的负载或性能达到一定阈值时,Sentinel 会通过邮件、短信等方式通知相关人员,从而避免因为微服务出现问题而导致整个系统崩溃的情况发生。

总体来讲,Sentinel 基于 Kubernetes 的持久化推送模式实现了对微服务的实时监控和动态管理,从而确保了微服务系统的稳定性和高可用性。

Apache ShardingSphere

在远古的 IT 世界中,有一个名为 Apache ShardingSphere 的神秘国度。在这片广袤的土地上,无数计算机系统共同运作,以应对复杂多样的数据处理任务,然而,随着数据量的不断增长,Apache ShardingSphere 国王开始感受到他的系统资源愈发难以支撑处理需求。

为了解决这一问题,Apache ShardingSphere 开始探寻新的解决方案。在探索过程中,他从众多科技领域的朋友那里学到了一种名为分片的技术。分片是一种将数据分布在不同服务器或存储设备上的方法,能够减轻单个服务器的压力,从而提高数据处理效率。

Apache ShardingSphere 决定将分片技术引入他的国度。他将国度划分成若干部分,每部分都有独立的服务器负责处理各自的数据。这些部分被称为分片,Apache ShardingSphere 的子民们也成了这些分片的守护者。

当有新的数据需要处理时,Apache ShardingSphere 会将数据分配到不同的分片上。这样,每个分片的压力得到了有效分散,数据处理效率也大幅提升。Apache ShardingSphere 的国度因此繁荣昌盛。他的子民们为 Apache ShardingSphere 的英明决策感到钦佩,坚信这个国度将继续蓬勃发展,成为 IT 世界中的一颗璀璨明珠。

这个故事展示了 Apache ShardingSphere 如何通过应用分片技术,实现数据的分片处理,从而提高数据处理效率和系统的扩展性。Apache ShardingSphere 是一个开源的数据库中间件产品,它提供了数据库分片、读写分离、数据治理等功能。

本章节将为读者深入解析 Apache ShardingSphere 的各项功能和底层实现原理。本章共分为 11 节,其中包括同类产品对比介绍、分片策略、数据脱敏、分布式事务、数据库读写分离、数据库主从同步、数据库集群管理、跨库分页、垂直拆分和水平拆分、广播表与绑定表及底层实现原理。希望通过对本节的阅读,能够帮助读者更好地理解和应用 Apache ShardingSphere,在实际项目中提高数据处理的效率和精度,实现业务创新和增长。

8.1 同类产品对比介绍

在现代软件开发领域,数据库中间件扮演着至关重要的角色。Apache ShardingSphere 是其中一个领先的数据库中间件项目,提供了全面的数据库功能支持。它的独特架构使数据库访问层与业务逻辑层实现解耦,便于独立升级和维护。

在 Apache ShardingSphere 之前,通常会使用 MyCat 实现读写分离,以及 OracleCloudInfrastructureDBA 对多个 Oracle 数据库进行统一管理,然而,MyCat 需要在应用层面实现读写分离,而 OracleCloudInfrastructureDBA 则价格相对较高。

要在项目中使用 Apache ShardingSphere,首先需要引入相关依赖。接下来,配置数据源并设置数据库分片策略。利用 Apache ShardingSphere 的读写分离功能,可以有效地减轻数据库负担,然后根据业务需求,配置合适的数据分片策略。Apache ShardingSphere 的优点包括灵活性强,可以根据业务场景选择合适的数据库分片策略;实现数据库与业务分离,有利于独立升级和维护;高度可扩展,能轻松地应对业务规模的增长。

尽管 Apache ShardingSphere 的功能丰富,学习曲线较为陡峭,社区活跃度相对较低,但是,通过优化资源占用和提升易用性,Apache ShardingSphere 仍具有很高的使用价值。为了推动 Apache ShardingSphere 的发展,可以从优化资源占用、提升易用性、加强社区建设等方面入手。展望未来,Apache ShardingSphere 可能会在支持更多数据库系统、与其他云服务集成等方面进行改进和扩展。

8.2　分片策略

Apache ShardingSphere 是一个开源的分布式数据库中间件,具有数据分片、读写分离、分布式事务、治理和统一的 SQL 解析等功能。其中,分片(Sharding)是其最重要的功能之一,它可以把一个大的数据库水平分割成多个小的数据库,每个小的数据库都可独立运行,以提高数据库的性能和可用性。

8.2.1　Inline

InlineShardingStrategy 是 Sharding-JDBC 提供的一种高效的分片策略,它的主要任务是根据配置的分片键值和算法,计算出分片结果,并在运行时动态拼接 SQL 语句,从而访问正确的数据源。InlineShardingStrategy 适用于需要按照分片键值进行分片的场景,例如将用户数据水平分布在不同的数据库中,以便提高读写性能并避免单点故障。其底层工作原理是通过配置分片键值和算法,然后在运行时根据查询条件获取分片值,将其代入算法中得出所在分片,最后通过动态拼接 SQL 语句并通过 JDBC 访问目标数据源,代码如下:

```
//第 8 章/8.2.1 Inline 分片策略
#哈希分片策略
#分库分表 奇数分到 m2 库的 tb_user_2,偶数分到 m1 库的 tb_user_1
#测试方法:com.example.apacheshardingspheredemo.ShardingJDBCTest.addUser
#设置数据源名称为 m1
spring.shardingsphere.datasource.names=m1,m2
#设置数据源类型为 Druid 数据源
spring.shardingsphere.datasource.m1.type=com.alibaba.druid.pool.DruidDataSource
```

```
#设置数据源驱动为 MySQL 的 JDBC 驱动
spring.shardingsphere.datasource.m1.driver-class-name=com.mysql.cj.
jdbc.Driver
#设置数据源连接 URL(本地 MySQL 数据库的 userdb 库)
spring.shardingsphere.datasource.m1.url=jdbc:mysql://127.0.0.1:3306/demo?
serverTimezone=GMT%2B8
#设置连接数据库所需的用户名和密码
spring.shardingsphere.datasource.m1.username=root
spring.shardingsphere.datasource.m1.password=root
#设置数据源名称为 m2
spring.shardingsphere.datasource.m2.type=com.alibaba.druid.
pool.DruidDataSource
spring.shardingsphere.datasource.m2.driver-class-name=com.mysql.cj.
jdbc.Driver
spring.shardingsphere.datasource.m2.url=jdbc:mysql://127.0.0.1:3306/demo2?
serverTimezone=GMT%2B8
spring.shardingsphere.datasource.m2.username=root
spring.shardingsphere.datasource.m2.password=root
#设置分片表的实际数据节点,对应两个数据表:m1.tb_user_1 和 m1.tb_user_2 及 m2.tb_user
#_1 和 m2.tb_user_2
spring.shardingsphere.sharding.tables.tb_user.actual-data-nodes=m$->{1..
2}.tb_user_$->{1..2}
#设置分片键为 area_id
spring.shardingsphere.sharding.tables.tb_user.key-generator.column=area_id
#设置分布式 ID 生成算法为 SNOWFLAKE 算法,worker ID 为 1
spring.shardingsphere.sharding.tables.tb_user.key-generator.type=SNOWFLAKE
#Spring Boot 应用配置项:ShardingSphere 分库分表配置之课程表的主键生成策略配置项,
#属性名:worker.id;属性值:1 (表示该应用程序所使用的 Snowflake 算法的工作节点 ID 为 1)
spring.shardingsphere.sharding.tables.tb_user.key-generator.props.worker.id=1
#Inline 常用的分片策略
#设置分表算法为 Inline 分片算法,分片列为 area_id,分片规则为 area_id 值为偶数的记录在
#m1.tb_user_1 表中,area_id 值为奇数的记录在 m2.tb_user_2 表中
spring.shardingsphere.sharding.tables.tb_user.table-strategy.inline.sharding-
column=area_id
#table-strategy.inline:表示使用内联表达式的分片策略
#lgorithm-expression:表示表名生成算法表达式
#tb_user_$->{area_id%2+1}:表示生成的表名,即 tb_user 后面接下标为(area_id%2+1)的表
#area_id 是表中的一个自增主键,%2 表示对 2 取余数,+1 表示取余结果加 1,即 area_id 值为偶
#数进入 tb_user_1 表,area_id 值为奇数进入 tb_user_2 表
spring.shardingsphere.sharding.tables.tb_user.table-strategy.inline.
algorithm-expression=tb_user_$->{area_id%2+1}
#使用 Spring 和 ShardingSphere 进行数据库分片,将 tb_user 表根据 area_id 字段进行分
#片,数据库策略为 Inline,即使用算法表达式进行分片
spring.shardingsphere.sharding.tables.tb_user.database-strategy.inline.
sharding-column=area_id
#用户 ID 对 2 取余再加 1,结果为 1 或 2,根据结果选择数据库 m1 或 m2 进行存储
spring.shardingsphere.sharding.tables.tb_user.database-strategy.inline.
algorithm-expression=m$->{area_id%2+1}
#设置 SQL 显示开启,方便调试
```

```
spring.shardingsphere.props.sql.show=true
#允许覆盖 Bean 定义,用于调试时快速更新配置
spring.main.allow-bean-definition-overriding=true
```

8.2.2　Standard

StandardShardingStrategy 将数据根据指定的分片键进行划分,从而实现数据分散存储和查询加速。以 tb_redpacket_record 表为例,假设这是一个红包记录表,存储了用户领取红包的信息。在使用 StandardShardingStrategy 分片策略的情况下,可以指定分片键为记录 ID,数据会根据不同的记录 ID 被分散存储到不同的数据库中。

在 StandardShardingStrategy 中,需要配置三个参数:分片键、精确分片算法类名和范围分片算法类名,其中分片键是指用来作为分片依据的字段,例如用户 ID、记录 ID 等。精确分片算法类名是指用来实现=或 IN 逻辑的分片算法,例如根据记录 ID 的奇偶性进行分片。范围分片算法类名是指用 Between 条件进行分片,例如根据记录 ID 范围进行分片。可以自定义这些分片算法类,从而实现个性化的分片规则,代码如下:

```
//第 8 章/8.2.2 Standard 分片策略配置
##standard 标准分片策略
##使用 standard 标准分片策略定义 tb_redpacket_record 表的分片策略
spring.shardingsphere.sharding.tables.tb_redpacket_record.table-strategy.
standard.sharding-column=record_id
##指定 precise-algorithm-class-name 为
#RedpacketRecordPreciseTableShardingAlgorithm,用于精确分片
spring.shardingsphere.sharding.tables.tb_redpacket_record.table-strategy.
standard.precise-algorithm-class-name=com.example.apacheshardingspheredemo.
algorithem.RedpacketRecordPreciseTableShardingAlgorithm
##指定 range-algorithm-class-name 为
#RedpacketRecordRangeTableShardingAlgorithm,用于范围分片
spring.shardingsphere.sharding.tables.tb_redpacket_record.table-strategy.
standard.range-algorithm-class-name=com.example.apacheshardingspheredemo.
algorithem.RedpacketRecordRangeTableShardingAlgorithm
##指定数据库分片键为 record_id
spring.shardingsphere.sharding.tables.tb_redpacket_record.database-strategy.
standard.sharding-column=record_id
##指定 precise-algorithm-class-name 为
#RedpacketRecordPreciseDSShardingAlgorithm,用于精确分片
spring.shardingsphere.sharding.tables.tb_redpacket_record.database-strategy.
standard.precise-algorithm-class-name=com.example.apacheshardingspheredemo.
algorithem.RedpacketRecordPreciseDSShardingAlgorithm
##指定 range-algorithm-class-name 为
#RedpacketRecordRangeDSShardingAlgorithm,用于范围分片
spring.shardingsphere.sharding.tables.tb_redpacket_record.database-strategy.
standard.range-algorithm-class-name=com.example.apacheshardingspheredemo.
algorithem.RedpacketRecordRangeDSShardingAlgorithm
//第 8 章/8.2.2 Standard 分片策略精确分表
```

```java
import org.apache.shardingsphere.api.sharding.standard.
PreciseShardingAlgorithm;
import org.apache.shardingsphere.api.sharding.standard.PreciseShardingValue;
import java.math.BigInteger;
import java.util.Collection;
/**
 * 分表
 */
public class RedpacketRecordPreciseTableShardingAlgorithm implements
PreciseShardingAlgorithm<Long>{
    //该算法用于实现 tb_redpacket_record 表的分片,可以用 SQL 作为精确查询 select *
from tb_redpacket_record where record_id =? or record_id in (?,?)
    @Override
    public String doSharding (Collection < String > availableTargetNames,
PreciseShardingValue<Long>shardingValue) {
        //获取逻辑表名
        String logicTableName =shardingValue.getLogicTableName();
        //获取分片列名
        String recordId =shardingValue.getColumnName();
        //获取分片列的值
        Long recordIdValue =shardingValue.getValue();
        //实现 record_id_$ ->{record_id%2+1}
        BigInteger shardingValueB =BigInteger.valueOf(recordIdValue);
        BigInteger resB = (shardingValueB.mod(new BigInteger ("2"))).add(new
BigInteger("1"));
        //拼接分片表名
        String key =logicTableName+"_"+resB;
        if(availableTargetNames.contains(key)){
            //如果可用目标名称中包含分片表名,则返回该分片表名
            return key;
        }
        //否则抛出异常
        throw new UnsupportedOperationException("route "+key +" is not supported
,please check your config");
    }
}
//第 8 章/8.2.2 Standard 分片策略精确分库
import
org.apache.shardingsphere.api.sharding.standard.PreciseShardingAlgorithm;
import
org.apache.shardingsphere.api.sharding.standard.PreciseShardingValue;
import java.math.BigInteger;
import java.util.Collection;
/**
 * 分库
 */
public class RedpacketRecordPreciseDSShardingAlgorithm implements
PreciseShardingAlgorithm<Long>{
```

```java
//可以用于处理 sql:select * from tb_redpacket_record where record_id =? or
//record_id in (?,?)
@Override
    public String doSharding (Collection < String > availableTargetNames,
PreciseShardingValue<Long>shardingValue) {
        //获取逻辑表名,列举出来,暂时不用
        String logicTableName =shardingValue.getLogicTableName();
        //获取分片键,即用于分库分表的字段,列举出来,暂时不用
        String recordId =shardingValue.getColumnName();
        //获取分片键值,即分库分表条件的值
        Long recordIdValue =shardingValue.getValue();
    //实现 tb_redpacket_record_$ ->{record_id%2+1},此处假设分片键类型为 Long 型
        BigInteger shardingValueB =BigInteger.valueOf(recordIdValue);
        BigInteger resB = (shardingValueB. mod (new BigInteger ("2"))). add (new
BigInteger("1")); //计算出分区的编号
        String key ="m"+resB; //生成分区名称
        if(availableTargetNames.contains(key)){ //判断该分区是否可用
            return key;
        }
        //如果该分区不可用,则抛出异常
        throw new UnsupportedOperationException("route "+ key +" is not supported,
please check your config");
    }
}
//第 8 章/8.2.2 Standard 分片策略范围分表
import
org.apache.shardingsphere.api.sharding.standard.RangeShardingAlgorithm;
import
org.apache.shardingsphere.api.sharding.standard.RangeShardingValue;
import java.util.Arrays;
import java.util.Collection;
//分表:定义一个 RedpacketRecordRangeTableShardingAlgorithm 类并实现
//RangeShardingAlgorithm 接口
public class RedpacketRecordRangeTableShardingAlgorithm implements
RangeShardingAlgorithm<Long>{
    //重写 doSharding 方法,并实现它。该方法用于处理范围查询:select * from
    //tb_redpacket_record where record_id between 1000 and 2000;
    @Override
    public Collection<String>doSharding(Collection<String>
availableTargetNames, RangeShardingValue<Long>shardingValue) {
        //获取逻辑表的名称
        String logicTableName =shardingValue.getLogicTableName();
        //获取查询范围的上限值
        Long upperVal =shardingValue.getValueRange().upperEndpoint();//2000
        //获取查询范围的下限值
        Long lowerVal =shardingValue.getValueRange().lowerEndpoint();//1000
        //判断查询范围的上限值是否小于查询范围的下限值
        if (upperVal <lowerVal) {
            throw new IllegalArgumentException();
```

```
        }
        //根据查询范围的上限值和查询范围的下限值设计返回分片后的目标数据表名称
        //例如,假设有一个数据表名为 tb_redpacket_record,这个表的数据被分成了若干
        //片段,每个片段的范围为 1000,第 1 个片段的起始值为 0,第 2 个片段的起始值为
        //1000,以此类推
        //tb_redpacket_record 表插入了 1000 条数据,分片后的目标数据表名称为 tb_
        //redpacket_record_1; tb_redpacket_record_2 表插入了 1000 条数据,分片后的
        //目标数据表名称为 tb_redpacket_record_2
        //要查询 tb_redpacket_record 表中所有 record_id 在 1000~2000 的用户,可以直
        //接查询 tb_redpacket_record_2 表,这个表中的值都是奇数,所以查询的值是 1000~
        //2000 的奇数
        if (upperVal <=1000) {
            //返回分片后的目标数据表名称,Arrays.asList 将指定的数组转换成 List 集合
            return Arrays.asList(logicTableName+"_1");
        }else if (upperVal <=2000 && lowerVal >=1000) {
            //返回分片后的目标数据表名称,Arrays.asList 将指定的数组转换成 List 集合
            return Arrays.asList(logicTableName+"_2");
        }
        //返回全部表
        return Arrays.asList(logicTableName+"_1",logicTableName+"_2");
    }
}
//第 8 章/8.2.2 Standard 分片策略范围分库
import
org.apache.shardingsphere.api.sharding.standard.RangeShardingAlgorithm;
import
org.apache.shardingsphere.api.sharding.standard.RangeShardingValue;
import java.util.Arrays;
import java.util.Collection;
/**
 * 分库
 */
public class RedpacketRecordRangeDSShardingAlgorithm implements
RangeShardingAlgorithm<Long>{
    //自定义范围分片规则算法实现类,继承自 RangeShardingAlgorithm 接口,指定分片键的
//类型为 Integer
    @Override
    public Collection < String > doSharding ( Collection < String >
availableTargetNames, RangeShardingValue<Long>shardingValue) {
        //可以用于处理 sql:select * from tb_redpacket_record where record_id
//between 1000 and 2000;
        //获取分片键的上下限值
        Long upperVal =shardingValue.getValueRange().upperEndpoint(); //2000
        Long lowerVal =shardingValue.getValueRange().lowerEndpoint(); //1000
        //获取分片键的列名
        String columnName =shardingValue.getColumnName();
        //获取逻辑表名
        String logicTableName =shardingValue.getLogicTableName();
        //判断查询范围的上限值是否小于查询范围的下限值
```

```
        if (upperVal < lowerVal) {
            throw new IllegalArgumentException();
        }
        //根据查询范围的上限值和查询范围的下限值设计返回分片后的目标数据表名称
        //例如,有一个数据表名为 tb_redpacket_record,这个表的数据被分成了若干片段,
        //每个片段的范围为 1000,第 1 个片段的起始值为 0,第 2 个片段的起始值为 1000,以此类推
        //tb_redpacket_record 表插入了 1000 条数据,分片后的目标数据表名称为 tb_
        //redpacket_record_1; tb_redpacket_record_2 表插入了 1000 条数据,分片后的
        //目标数据表名称为 tb_redpacket_record_2
        //查询 tb_redpacket_record 表中所有 record_id 在 1000~2000 的用户,可以直接
        //查询 tb_redpacket_record_2 表,这个表中的值都是奇数,所以查询的值是 1000~
        //2000 的奇数
        if (upperVal <=1000) {
            //返回分片后的目标数据表名称,Arrays.asList 将指定的数组转换成 List 集合
            return Arrays.asList("m1");
        }else if (upperVal <=2000 && lowerVal >=1000) {
            //返回分片后的目标数据表名称,Arrays.asList 将指定的数组转换成 List 集合
            return Arrays.asList("m2");
        }
        //返回分片结果,这里模拟只有两个数据源
        return Arrays.asList("m1", "m2");
    }
}
```

8.2.3　Complex

复杂的分片策略叫作 ComplexShardingStrategy,可以支持多个分片键。配置参数包括 complex.sharding-columns 指定多个分片列,complex.algorithm-class-name 指向一个实现了 org.apache.shardingsphere.api.sharding.complex.ComplexKeysShardingAlgorithm 接口的 Java 类。这个算法可以按照多个分片列进行综合分片,代码如下:

```
SELECT * FROM tb_redpacket_record WHERErecord_id BETWEEN ? AND ? AND user_id =?
```

对应的配置代码如下:

```
#使用复杂分片策略方式对表 tb_redpacket_record 进行分片
#对 tb_redpacket_record 表采用复杂分片策略,指定分片依据的列为 record_id 和 user_id
spring.shardingsphere.sharding.tables.tb_redpacket_record.table-strategy.
complex.sharding-columns=record_id,user_id
#指定使用 RedpacketRecordComplexTableShardingAlgorithm 这个类实现分片算法
spring.shardingsphere.sharding.tables.tb_redpacket_record.table-strategy.
complex.algorithm-class-name= com.example.apacheshardingspheredemo.
algorithem.RedpacketRecordComplexTableShardingAlgorithm
#对 tb_redpacket_record 表的数据源采用复杂分片策略,指定分片依据的列为 record_id 和
#user_id
spring.shardingsphere.sharding.tables.tb_redpacket_record.database-strategy.
complex.sharding-columns=record_id,user_id
#指定使用 RedpacketRecordComplexDSShardingAlgorithm 这个类实现数据源分片算法
```

```
# spring. shardingsphere. sharding. tables. tb _ redpacket _ record. database -
strategy.complex.algorithm- class-name=com.example.apacheshardingspheredemo.
algorithem.RedpacketRecordComplexDSShardingAlgorithm
```

复杂分片策略配置分表示例，代码如下：

```
//第 8 章/8.2.3 复杂分片策略配置分表
import com.google.common.collect.Range;
import
org.apache.shardingsphere.api.sharding.complex.ComplexKeysShardingAlgorithm;
import
org.apache.shardingsphere.api.sharding.complex.ComplexKeysShardingValue;
import java.math.BigInteger;
import java.util.ArrayList;
import java.util.Collection;
import java.util.List;
//定义类 RedpacketRecordComplexTableShardingAlgorithm 实现接口
ComplexKeysShardingAlgorithm<Long>
public class RedpacketRecordComplexTableShardingAlgorithm implements
ComplexKeysShardingAlgorithm<Long>{
    //重写接口方法,m2 ::: SELECT
record_id,user_id, redpacket_id, activity_id, area_id, amount, create_time    FROM
tb_redpacket_record_2 WHERE (record_id BETWEEN ? AND ? AND user_id =?) ORDER BY
record_id DESC ::: = [1000, 2000, 1111]
    @Override
    public Collection<String>doSharding(Collection<String>
availableTargetNames, ComplexKeysShardingValue<Long>shardingValue) {
        //获取 record_id 列对应的范围
        Range<Long>cidRange =
shardingValue.getColumnNameAndRangeValuesMap().get("record_id");
        //获取 user_id 列对应的分片值
        Collection<Long>userIdCol =
shardingValue.getColumnNameAndShardingValuesMap().get("user_id");
        //获取范围的上限值和下限值
        Long upperVal =cidRange.upperEndpoint();//2000
        Long lowerVal =cidRange.lowerEndpoint();//1000
        //创建一个字符串列表 res
        List<String>res =new ArrayList<>();
        //对于每个 user_id 的值,进行以下操作
        for(Long userId: userIdCol){
            //tb_redpacket_record_{userID%2+1}
            //将 user_id 值转换为 BigInteger 类型
            BigInteger userIdB =BigInteger.valueOf(userId);//1111
            //进行取模运算和加法运算,求出分片键的值
             BigInteger target = (userIdB.mod(new BigInteger("2"))).add(new
BigInteger("1"));//2
            //获取逻辑表名
            String logicTableName =shardingValue.getLogicTableName();
            //将分片键的值和逻辑表名拼接成字符串
```

```
                res.add(logicTableName +"_"+target);
            }
            //返回字符串列表
            return res;
        }
}
```

复杂分片策略配置分库的代码如下：

```
//第 8 章/8.2.3 复杂分片策略配置分库
import com.google.common.collect.Range;
import
org.apache.shardingsphere.api.sharding.complex.ComplexKeysShardingAlgorithm;
import
org.apache.shardingsphere.api.sharding.complex.ComplexKeysShardingValue;
import java.math.BigInteger;
import java.util.ArrayList;
import java.util.Collection;
import java.util.List;
//定义一个类 RedpacketRecordComplexDSShardingAlgorithm,实现了
//ComplexKeysShardingAlgorithm<Long>接口
public class RedpacketRecordComplexDSShardingAlgorithm implements
ComplexKeysShardingAlgorithm<Long>{
    //重写 doSharding 方法,根据红包记录 id 和用户 id 来做分库分表,SELECT * FROM
//tb_redpacket_record WHERE  record_id BETWEEN ? AND ? AND user_id =?
    @Override
    public Collection<String>doSharding(Collection<String>
availableTargetNames, ComplexKeysShardingValue<Long>shardingValue) {
        //获取 record_id 的范围
        Range<Long>recordIdRange =
shardingValue.getColumnNameAndRangeValuesMap().get("record_id");//1000,2000
        //获取 user_id 的值
        Collection<Long>userIdCol =
shardingValue.getColumnNameAndShardingValuesMap().get("user_id");//1111
        //获取范围的上限值和下限值
        Long upperVal =recordIdRange.upperEndpoint();//2000
        Long lowerVal =recordIdRange.lowerEndpoint();//1000
        //定义结果集
        List<String>res =new ArrayList<>();
        //根据用户 id 选择目标库表
        for(Long userId: userIdCol){
            //tb_redpacket_record_{userID%2+1}
            BigInteger userIdB =BigInteger.valueOf(userId);//1111
            BigInteger target = (userIdB.mod(new BigInteger ("2"))).add(new
BigInteger("1"));//2
            //将目标库表加入结果集中
            res.add("m"+target);
        }
        //返回结果集
```

```
        return res;
    }
}
```

8.2.4　Hint

HintShardingStrategy 是一种强制分片策略，它的分片键不再与 SQL 语句相关。当 SQL 语句较为复杂无法通过 SQL 语句指定分片键时，可通过程序指定分片键，例如按照 userid 奇偶进行分片，指定 1 作为分片键，然后自定义分片策略。在配置时需要指定分片算法实现类，可以通过 HintManager.addDatabaseShardingValue 方法（分库）和 HintManager.addTableShardingValue（分表）来指定分片键。需要注意的是分片键是线程隔离的，在当前线程有效，使用后应立即关闭或使用 try 资源方式打开。由于复杂分片策略绕开了 SQL 解析，对于某些复杂的语句，复杂分片策略性能可能更好，代码如下：

```
#强制路由策略
spring.shardingsphere.sharding.tables.tb_redpacket_record.table-strategy.
hint.algorithm-class-name = com.example.apacheshardingspheredemo.
algorithem.RedpacketRecordrHintTableShardingAlgorithm
```

对应的 RedpacketRecordrHintTableShardingAlgorithm 类的代码如下：

```
//第 8 章/8.2.4 复杂分片策略配置
import org.apache.shardingsphere.api.sharding.hint.HintShardingAlgorithm;
import org.apache.shardingsphere.api.sharding.hint.HintShardingValue;
import java.util.Arrays;
import java.util.Collection;
//定义 RedpacketRecordrHintTableShardingAlgorithm 类实现
//HintShardingAlgorithm 接口,泛型参数为 Integer
public class RedpacketRecordrHintTableShardingAlgorithm implements
HintShardingAlgorithm<Integer>{
    //实现 doSharding 方法,返回 Collection<String>类型的可用目标数据源名集合
    //--不支持 UNION,不支持多层子查询,不支持函数计算。ShardingSphere 只能通过 SQL
    //字面提取用于分片的值
    @Override
    public Collection<String>doSharding(Collection<String>
availableTargetNames, HintShardingValue<Integer>shardingValue) {
        //从 shardingValue 中获取逻辑表名和分片值,拼接为分片键 key
        String key =shardingValue.getLogicTableName() +"_" +
shardingValue.getValues().toArray()[0];
        //如果可用目标数据源名集合包含 key,则返回包含 key 的集合
        if(availableTargetNames.contains(key)){
            return Arrays.asList(key);
        }//未能匹配到可用数据源,则抛出运行期异常,提示错误信息
```

```
        throw new UnsupportedOperationException ( " Route " + key +" is not
supported, please check your config");
    }
}
```

8.3 数据脱敏

Apache ShardingSphere 提供了数据脱敏的功能,可以对敏感数据进行部分或全部脱敏,保护用户的隐私。下面介绍 Apache ShardingSphere 数据脱敏的底层工作原理。

在网络世界里每天都有无数的数据在流动着,其中也包括一些非常敏感的个人信息,例如姓名、身份证号、银行卡号等。如果这些信息不得不被传输或存储,则必须采取一些措施来保证用户隐私和数据安全。

于是,在网络世界的某个角落里,出现了一支勇敢的小队——脱敏战士。他们的任务就是保护那些敏感数据。不同的脱敏战士有不同的技能,例如替换脱敏的战士可以将真实姓名变成星号,加密脱敏的战士会把信息加密成一串看不懂的字符,随机数脱敏的战士可以将用户的真实银行卡号更换成随机生成一组虚假的银行卡号,而删除脱敏的战士则会直接删除敏感信息,让它不再存在。

每当有敏感数据需要处理时,这些小战士们就会快速出击,完成自己的任务,让这些数据变得安全起来,不再容易被黑客攻击。脱敏方法主要包括替换脱敏、加密脱敏、随机数脱敏、删除脱敏等。

8.3.1 替换脱敏

将指定字符串中的敏感信息替换为固定字符或者其他字符串,代码如下:

```
/**
 * 将字符串中的敏感信息替换为固定字符
 * @param text          原始文本
 * @param replaceStr    替换字符
 * @param startIndex    替换起始位置(从 0 开始)
 * @param endIndex      替换终止位置
 * @return              替换敏感信息后的字符串
 */
public String replaceSensitive(String text, String replaceStr, int startIndex,
int endIndex) {
    char[] array =text.toCharArray();
    for (int i =startIndex; i <endIndex; i++) {
        if (Character.isLetterOrDigit(array[i])) {
            array[i] =replaceStr.charAt(0);
        }
    }
    return new String(array);
}
```

8.3.2　加密脱敏

将敏感信息进行加密处理，保护信息安全，代码如下：

```java
/**
 * 对指定字符串进行加密处理
 * @param text        待加密文本
 * @param algorithm   加密算法
 * @return            加密后的文本
 */
public String encryptSensitive (String text, String algorithm) throws
NoSuchAlgorithmException {
    MessageDigest md =MessageDigest.getInstance(algorithm);
    md.update(text.getBytes());
    Byte[] digest =md.digest();
    return DatatypeConverter.printHexBinary(digest).toLowerCase();
}
```

8.3.3　随机数脱敏

将敏感信息进行随机数替换，保障信息安全，代码如下：

```java
/**
 * 将指定字符串中的敏感信息替换为随机数
 * @param text        原始文本
 * @param startIndex  替换起始位置(从 0 开始)
 * @param endIndex    替换终止位置
 * @return            替换敏感信息后的字符串
 */
public String randomSensitive(String text, int startIndex, int endIndex) {
    char[] array =text.toCharArray();
    Random random =new Random();
    for (int i =startIndex; i <endIndex; i++) {
        if (Character.isLetterOrDigit(array[i])) {
            array[i] =(char) ('0' +random.nextInt(10));
        }
    }
    return new String(array);
}
```

8.3.4　删除脱敏

直接将敏感信息删除，代码如下：

```java
/**
 * 删除指定字符串中的敏感信息
 * @param text        原始文本
 * @param startIndex  删除起始位置(从 0 开始)
```

```
 *  @param endIndex        删除终止位置
 *  @return                删除敏感信息后的字符串
 */
public String deleteSensitive(String text, int startIndex, int endIndex) {
    StringBuilder sb = new StringBuilder(text);
    sb.delete(startIndex, endIndex);
    return sb.toString();
}
```

不同场景下需要选择不同的脱敏策略,才能达到最佳的保护敏感信息的目的。

8.4　分布式事务

ShardingSphere 的分布式事务实现原理较早版本是基于两阶段提交(Two-Phase Commit)协议,通过协调多个参与者(Participant)达成分布式事务的一致性。后续版本则引入了基于 XA 协议的分布式事务实现方式。

8.4.1　2PC

下面将详细介绍分布式事务中 2PC 协议的底层工作原理。

1. 2PC 协议简介

分布式系统中的 2PC 协议是一种保证系统数据一致性的重要协议。该协议由协调者和参与者组成。在协调者的协调下,所有参与者的操作要么全部提交成功,要么全部回滚,从而确保系统的数据一致性。

2. 2PC 阶段

2PC 是一种分布式事务协议,可以分为准备阶段和提交阶段。在准备阶段,协调者会向所有参与者发送请求,询问它们是否可以执行该操作。如果参与者都准备好了,则它们将告诉协调者可以提交该操作。如果有参与者未准备好,则它们将告诉协调者不能提交该操作。在提交阶段,协调者会向所有参与者发送请求,告诉它们是否可以提交该操作。如果所有参与者都可以提交该操作,则它们将提交该操作并告诉协调者已经提交成功。如果有参与者不能提交该操作,则它们将回滚该操作并告诉协调者已经回滚成功。

3. 2PC 协议

在分布式事务中,每个分布式事务都包含一个协调者和多个参与者。协调者负责管理事务的提交和回滚,而参与者负责实际执行事务操作。当一个分布式事务需要提交时,协调者会向所有参与者发送 PreCommit 请求,以确认它们是否准备好执行操作。如果所有参与者都准备好了,则协调者将发送 Commit 请求并等待参与者的响应,以确认它们是否已经成功提交。如果所有参与者都成功提交,则该分布式事务将被视为成功提交,否则如果任何一个参与者未能成功提交,则该分布式事务将被回滚。

4. 2PC 协议的底层工作原理

2PC 协议首先向所有参与者发送分布式事务。参与者执行相应的操作,并将结果返回协调者。协调者将所有参与者的结果进行统计，并判断是否可以提交或回滚该分布式事务。如果所有参与者都已经成功提交或回滚，则该分布式事务将被确认完成；否则将回滚。

所有参与者的状态都会被记录在事务管理器中，如果发现有任何一个参与者没能提交或回滚成功，则事务管理器将会采用补偿机制对该错误进行修正。综上所述，早期的 ShardingSphere 分布式事务通过 2PC 协议实现系统数据的一致性，并通过记录参与者的状态及补偿机制来保障事务处理的可靠性。

5. 2PC 实现步骤

下面来分析分布式事务 2PC 的具体实现步骤：

（1）初始化阶段：当一个分布式事务发起时，在参与者中选举出一个协调者（Coordinator）作为事务的领导者，其他参与者则作为事务的执行者（Participant）。协调者首先向所有执行者发起预备请求，请求执行者为该事务预留资源。

（2）执行阶段：如果所有执行者都成功分配了资源，它们将向协调者发送同意响应。协调者在收到所有执行者的同意响应后，会发起提交请求，请求执行者提交它们所分配的资源。如果有任何一个执行者因为故障或其他原因没有响应，协调者会发起回滚请求，请求执行者回滚之前所做的操作。

（3）结束阶段：当所有执行者都完成提交或回滚操作后，会向协调者发送完成响应。协调者在收到所有执行者的完成响应后，会结束该事务。

8.4.2　XA 事务

为了更好的阐述 XA 事务的概念，本节将采用故事的方式进行描述。

从前，有一个叫作 Apache ShardingSphere 的神奇工具，它可以帮助我们管理和适配多个数据源，并且还能进行分布式事务的处理，但是这个工具当初并没有实现 XA 的功能，于是它又有了一个叫作 XAShardingSphereTransactionManager 的分布式事务的 XA 实现类，让它能够更好地处理分布式事务。

一天，XAShardingSphereTransactionManager 突然接到了接入端的 set autoCommit＝0 请求，这时它就会调用具体的 XA 事务管理器来开启一个 XA 全局事务，然后为每个数据库连接注册一个 XAResource。当接入端发起 SQL 操作时，XAShardingSphereTransactionManager 会将 SQL 操作标记为 XA 事务。

当接入端需要提交或回滚事务时，XAShardingSphereTransactionManager 就会委托实际的 XA 事务管理器进行相应的操作。首先，事务管理器会收集所有注册的 XAResource，并发送 end 指令；然后，事务管理器会依次发送 prepare 指令，以收集每个 XAResource 的反馈结果。如果所有 XAResource 的反馈结果都正确，则事务管理器就会调用 commit 指令进行最终提交；如果有任意一个 XAResource 的反馈结果不正确，则事务管理器就会调用 rollback 指令进行回滚。事务管理器发出指令后，还会对任何产生的异常进行恢复日志处理，以保证提交阶段的操作原子性和数据强一致性。

这样，通过 XAShardingSphereTransactionManager 的管理和适配，以及 XA 事务的处

理,就能够实现多数据源的分布式事务处理,避免了数据错乱的情况出现,让我们的工作更加顺畅。

8.4.3　Seata 柔性事务

为了更好的阐述 Seata 柔性事务的概念,本节将采用故事的方式进行描述。

曾经有一个名叫小明的程序员,他正在帮一家大公司设计一个分布式系统,但是这个系统里面有很多需要事务管理的地方。他想了很久,终于想到了一个叫 Seata AT 的神奇技术,可以帮助他处理分布式事务。

小明知道 Seata AT 需要将 TM、RM 和 TC 的模型与 Apache ShardingSphere 的分布式事务生态融合在一起。这样才能在数据库资源上通过对接 DataSource 接口实现 JDBC 操作,同 TC 进行远程通信。Apache ShardingSphere 也是面向 DataSource 的接口,对用户配置的数据源进行聚合,因此,将 DataSource 封装为基于 Seata 的 DataSource 后,就可以将 Seata AT 事务融入 Apache ShardingSphere 的分片生态中。

于是小明开始了引擎初始化,他将 Seata 的柔性事务应用启动,用户配置的数据源就会根据 seata.conf 的配置,适配为 Seata 事务所需的 DataSourceProxy,并且注册至 RM 中,然后开启了全局事务,由 TM 控制全局事务的边界。TM 通过向 TC 发送 Begin 指令,获取全局事务 ID,所有分支事务通过此全局事务 ID,参与到全局事务中。全局事务 ID 的上下文存放在当前线程变量中。

最后,小明让 Seata AT 执行真实分片 SQL,处于 Seata 全局事务中的分片 SQL 通过 RM 生成 undo 快照,并且发送 participate 指令至 TC,加入全局事务中。当提交或回滚事务时,TM 会向 TC 发送全局事务的提交或回滚指令,TC 根据全局事务 ID 协调所有分支事务进行提交或回滚。小明成功地将 Seata AT 事务融入 Apache ShardingSphere 的分片生态中,为公司的分布式系统提供了更可靠的事务管理。

8.5　数据库读写分离

Apache ShardingSphere 是一种开源的分布式数据库中间件,它可以提供数据分片、读写分离等功能,可以帮助开发人员轻松地处理分布式环境下的数据库访问问题,其中,读写分离是 ShardingSphere 的一个重要功能,本节将详细介绍其底层工作原理。

8.5.1　读写分离的概念

在传统的单机数据库环境中,读写操作由同一个数据库实例处理,但在分布式环境中,为了提高系统的性能和可扩展性,通常会进行水平分片,将数据分散存储在多个节点上。为了实现负载均衡,提高系统吞吐量,需要采用读写分离的方法,将读操作和写操作路由到不同的节点上进行处理。

读写分离的好处有很多,主要有以下几点:

（1）分离读写操作可以将负载分摊到多个节点上，从而提高系统的并发处理能力和稳定性。

（2）读操作通常占用的资源少，可以在从节点上执行，减轻主节点压力，从而提高系统的读性能。

（3）由于从节点只负责读操作，因此可以采用更加经济实用的硬件配置，降低系统成本。

8.5.2　读写分离的实现

当发起读操作时，ShardingSphere 会随机从库进行读取，实现读写分离；当发起写操作时，ShardingSphere 会选择主库进行写入操作，保证数据的一致性。同时，ShardingSphere 还会根据分片规则将路由请求到不同的数据源上，实现对分布式数据库的访问。

假设配置两个数据源 m1 和 s1，m1 是主数据库，s1 是从数据库，表 tb_user 被分片处理，生成的主键使用了 Snowflake 算法。读写分离规则是 m1 为写库，s1 为读库，代码如下：

```
//第 8 章/8.5.2 读写分离配置
#配置主从数据源,要基于 MySQL 主从架构
spring.shardingsphere.datasource.names=m1,s1
#设置数据源 m1 的类型为 DruidDataSource,驱动类型为 com.mysql.cj.jdbc.Driver,连
#接的数据库为 jdbc:mysql://192.168.122.128:3306/demo? serverTimezone=GMT%2B8
spring.shardingsphere.datasource.m1.type=com.alibaba.druid.pool.
DruidDataSource
spring.shardingsphere.datasource.m1.driver-class-name=com.mysql.cj.jdbc.
Driver
spring.shardingsphere.datasource.m1.url=jdbc:mysql://192.168.122.128:3306/
demo? serverTimezone=GMT%2B8
#设置连接数据库所需的用户名和密码
spring.shardingsphere.datasource.m1.username=root
spring.shardingsphere.datasource.m1.password=bfb8f36cc2616995
#设置数据源 s1 的类型为 DruidDataSource,驱动类型为 com.mysql.cj.jdbc.Driver,连接
#的数据库为 jdbc:mysql://192.168.122.128:3307/demo? serverTimezone=GMT%2B8
#并设置连接数据库所需的用户名和密码
spring.shardingsphere.datasource.s1.type=com.alibaba.druid.pool.
DruidDataSource
spring.shardingsphere.datasource.s1.driver-class-name=com.mysql.cj.jdbc.
Driver
spring.shardingsphere.datasource.s1.url=jdbc:mysql://192.168.122.128:3306/
demo2? serverTimezone=GMT%2B8
spring.shardingsphere.datasource.s1.username=root
spring.shardingsphere.datasource.s1.password=bfb8f36cc2616995
#读写分离规则,m1 为主库,s1 和 s2 为从库
spring.shardingsphere.sharding.master-slave-rules.db1.master-data-source-
name=m1
spring.shardingsphere.sharding.master-slave-rules.db1.slave-data-source-
names[0]=s1
#基于读写分离的表分片规则,将表 tb_user 分片
```

```
spring.shardingsphere.sharding.tables.tb_user.actual-data-nodes=db1.tb_user
#设置 tb_user 分片所使用的主键列和主键生成算法
spring.shardingsphere.sharding.tables.tb_user.key-generator.column=user_id
spring.shardingsphere.sharding.tables.tb_user.key-generator.type=SNOWFLAKE
spring.shardingsphere.sharding.tables.tb_user.key-generator.props.worker.id=1
#显示 SQL 语句
spring.shardingsphere.props.sql.show =true
#允许 bean 的定义被覆盖
spring.main.allow-bean-definition-overriding=true
```

查询时的日志 SQL 代码如下：

```
Actual SQL: s1 ::: SELECT  user_id,area_id,user_name,status,age,create_time,
update_time  FROM tb_user
```

写入数据时的日志 SQL 代码如下：

```
m1 ::: INSERT INTO tb_user  ( user_id, area_id, user_name, status, age, create_
time )  VALUES  (?, ?, ?, ?, ?, ?)
```

8.5.3　通过 JDBC 层的透明拦截实现

ShardingSphere 通过拦截 JDBC 的数据源接口，将连接请求转发至数据源的代理组件，从而实现读写分离功能。JDBC 的数据源接口是 Java 程序连接数据库最基本的手段之一，通过该接口，Java 程序可以连接各种类型的数据库，在 ShardingSphere 中，该接口被数据源拦截器进行了增强，实现了多数据源的动态路由。

在 ShardingSphere 中，读写分离的实现可以分为以下几个步骤。

（1）创建数据源代理：在 ShardingSphere 中，每个数据源都有一个代理组件，用于接收和处理连接请求。代理组件接收到连接请求后，会根据请求的类型和路由规则，将请求转发给对应的数据库节点。同时，代理组件还会统计请求的数据源使用情况，以便进行负载均衡。

（2）路由规则解析：当代理组件接收到连接请求后，会读取配置中的路由规则，解析出数据源的分片和读写分离信息。ShardingSphere 支持多种路由规则，可以根据需求进行配置。

（3）数据节点选择：根据路由规则，代理组件选择对应的数据节点。对于读请求，代理组件会选择一个只读数据节点；对于写请求，代理组件会选择一个可写的数据节点。

（4）数据源切换：代理组件根据选择的数据节点，切换数据源，并将连接请求转发给相应的数据源。

（5）数据源监控：代理组件会对数据源的使用状况进行监控，并根据监控结果进行负载均衡。如果某个数据源使用过多，代理组件则会将请求路由到其他的数据源上，以避免负载过高。

以上就是 ShardingSphere 数据库读写分离的底层工作原理。通过透明拦截 JDBC 层的数据源接口,ShardingSphere 实现了动态路由、负载均衡等功能,使应用程序可以更方便地进行数据库读写分离。

8.6　数据库主从同步

数据库主从同步的实现方式有多种,其中基于二进制日志(binlog)的方式是最常见的一种。例如,在 MySQL 数据库中,主数据库记录所有的写操作到二进制日志中,从数据库则通过读取主数据库的二进制日志实现同步。这种方式具有高效、实时性好等优点,但是,数据库主从同步也有一些缺点,例如可能出现主从数据延迟导致数据不一致的问题,因此,需要在实际应用中根据具体需求给出解决方案。

8.6.1　主从延迟与数据不一致

1. 并行复制

假设有一个电商网站,里面有很多商品和用户,所有的商品、用户信息都存储在主服务器上。网站的主服务器写入速度非常快,而从服务器的复制速度跟不上,这就会导致从服务器上商品、用户信息的更新有延迟,影响网站用户的访问体验。

为了解决这个问题,电商网站管理员在从服务器上启用了并行复制功能。具体操作是,管理员设置了 slave_parallel_workers 参数为 4,表示从服务器使用 4 条线程来同时复制数据。管理员还设置了 slave_parallel_type 参数为 LOGICAL_CLOCK,这样可以确保从服务器的数据与主服务器的数据保持一致,不会出现数据错误或丢失的情况。

现在,每当主服务器更新了商品或用户信息,它会将更新记录在 binlog 中,并将 binlog 发送到从服务器。此时,从服务器就会使用 4 条线程同时复制数据,这样就能更快地更新从服务器上的商品或用户信息,减少了延迟的问题。

但是,虽然并行复制可以提高性能,但也有一定的风险。如果主服务器写入速度非常快,则从服务器的并行复制可能无法及时保证数据的一致性,在这种情况下就需要管理员及时处理,避免出现数据不一致的情况。

2. 消息中间件路由

假设小明正在使用一个名为“小度”的购物 App,他在 App 中浏览了很多商品,并选择了一件心仪的衣服进行购买,同时提交了订单。小度的后台系统通过消息中间件路由将这个购买请求发到了主库,并记录下了这个购买请求对应的 key,即订单编号。

当小明再次登录 App 查询自己的订单时,小度的后台系统会先检查这个订单编号是否存在。如果存在,则将请求路由到主库进行查询,但过了一段时间后,小度的后台系统认为主库和从库已经同步完成,就会删除这个订单编号的记录,并将后续的查询路由转到从库,以减轻主库的压力。

这种消息中间件路由的设计能够有效地降低主库的请求负载,提高系统的性能和稳定性,但缺点是需要增加一个中间件,使系统架构变得更为复杂,同时也增加了业务开发和维护的难度和学习成本。

3. Redis 缓存路由

用户在网站上浏览商品时,如果是首次访问,则需要向主库发出读取请求。主库将数据返回后,同时会将该商品信息存储到 Redis 缓存中,并设置缓存失效时间。接下来的一段时间里,如果再有其他用户浏览该商品,就可以直接从 Redis 缓存中取出,这样就可以大大提高读取效率。

当有用户购买商品时,需要向主库发出写请求,主库处理完写请求后,同样会更新 Redis 缓存中对应的商品信息。此时需要设置缓存的失效时间为主从的延时。这段时间可以根据实际情况设定,一般为几秒到几分钟。

在读取商品信息时,首先判断 Redis 缓存中是否存在该商品信息。如果存在,则说明刚刚发生过写操作,此时需要操作主库;如果不存在,则说明近期内没有写操作,此时可以直接从从库读取商品信息,提高读取效率。

这种 Redis 缓存路由的优点是成本较低,可以大大提高读取效率,但缺点是增加了一个缓存组件,所有读写之间又多了一步缓存操作,有可能会导致数据一致性问题,因此,需要在设计时仔细考虑缓存路由的实现方式,确保数据的一致性。

8.6.2　主从同步配置

修改主数据库的 MySQL 配置文件/etc/my.cnf,代码如下:

```
vi /etc/my.cnf
```

打开配置后,主要修改以下配置:

```
[mysqld]
#设置 MySQL 实例 ID
server-id=47
#开启二进制日志
log_bin=master-bin
#指定二进制日志索引文件名称
log_bin-index=master-bin.index
#跳过 DNS 反查,提高查询性能
skip-name-resolve
```

然后重启服务,代码如下:

```
service mysqld restart
```

接着给 root 用户分配一个复制从属的权限,代码如下:

```
#登录主数据库
mysql -u root -p
GRANT REPLICATION SLAVE ON *.* TO 'root'@'%';
flush privileges;
```

查看主节点同步状态，代码如下：

```
show master status;
```

修改从节点配置文件 my.cnf，代码如下：

```
[mysqld]
#主库和从库需要不一致
server-id=48
#打开 MySQL 中继日志
relay-log-index=slave-relay-bin.index
relay-log=slave-relay-bin
#打开从服务二进制日志
log-bin=mysql-bin
#将更新的数据写进二进制日志中
log-slave-updates=1
```

重启从数据库服务，启动 MySQL 的服务，并设置主节点同步状态，代码如下：

```
#登录从服务
mysql -u root -p;
#设置同步主节点
CHANGE MASTER TO
MASTER_HOST='127.0.0.1',
MASTER_PORT=3306,
MASTER_USER='root',
MASTER_PASSWORD='root',
MASTER_LOG_FILE='master-bin.000004',
MASTER_LOG_POS=156
GET_MASTER_PUBLIC_KEY=1;
```

开启 slave，代码如下：

```
start slave;
```

查看主从同步状态，代码如下：

```
show slave status \G;
```

8.7　数据库集群管理

　　MySQL 数据库集群管理可以通过多种技术实现，如复制、切分、分区等。下面是基于复制的 MySQL 数据库集群管理的底层工作原理。

8.7.1　复制原理

　　MySQL 数据库的复制是通过将一个 Master 节点的 binlog 日志实时传递到 Slave 节点的 relay log 日志，最终达到数据同步的目的。Master 节点上的任何更新都会被记录到

binlog 日志中,然后由 Slave 节点通过 relay log 日志执行相同的更新操作。MySQL 数据库复制的底层工作原理可以分为以下几个步骤。

1. 配置 Master 节点与 Slave 节点

在 MySQL 数据库复制之前,需要先对 Master 节点和 Slave 节点进行配置。Master 节点是主节点,负责向 Slave 节点传递数据;Slave 节点是从节点,负责接收 Master 节点传递的数据并进行同步。在配置时,需要指定 Master 节点的 IP 地址、端口号、用户名、密码等信息,并在 Slave 节点上设置数据同步的规则和方式,例如有哪些表需要同步、是否需要过滤某些数据等。

2. 启用 binlog 日志

binlog 日志是 MySQL 数据库的二进制日志,用于记录数据库的所有操作。在 Master 节点上启用 binlog 日志后,所有的更新操作都会被记录到 binlog 日志中。

3. 解析和传递 binlog 日志

Master 节点将 binlog 日志传递给 Slave 节点的过程可以分为以下两个步骤。

（1）解析 binlog 日志:在 Master 节点上,MySQL 数据库会将 binlog 日志解析成 SQL 语句,然后将这些 SQL 语句发送给 Slave 节点。

（2）传递 binlog 日志:在 Slave 节点上,将接收的 binlog 日志保存到 relay log 日志中,并执行其中的 SQL 语句,以达到与 Master 节点数据同步的目的。

4. 同步数据

在 Master 节点上进行更新操作后,会实时记录到 binlog 日志中,并通过网络传递给 Slave 节点。Slave 节点会将 binlog 日志保存到 relay log 日志中,并执行其中的 SQL 语句,以达到与 Master 节点数据同步的目的。这样,就可以保证 Master 节点和 Slave 节点之间的数据同步。

通过以上步骤,MySQL 数据库的复制就可以实现数据同步的目的了。Master 节点将 binlog 日志实时传递给 Slave 节点,Slave 节点再将接收的 binlog 日志保存到 relay log 日志中,并执行其中的 SQL 语句,以达到与 Master 节点数据同步的目的。这种方式可以大大地提高数据的可靠性和安全性,并且可以支持分布式架构。

8.7.2　主从复制模式

在 MySQL 数据库的主从复制模式下,Master 节点负责写入和更新数据,而 Slave 节点则负责读取数据,这样就可以将读和写请求分离,提高了数据库的并发能力。Master 节点会将更新操作记录到 binlog 中,并发送给 Slave 节点,Slave 节点则通过 relay log 执行相应的更新操作,以保证数据的一致性。MySQL 数据库主从复制模式的底层工作原理包括以下几个方面。

1. Master 节点将更新操作记录到 binlog 中

在 MySQL 数据库主从复制模式中,Master 节点负责写入和更新数据。当 Master 节点执行写入和更新操作时,会将这些操作记录到 binlog(二进制日志)中。binlog 是 MySQL

数据库的一项特性，它可以记录 SQL 语句或二进制格式的数据更改。binlog 包含了数据库更新的详细记录，包括执行的 SQL 语句、执行的时间、数据的改变等，可以用于数据恢复和数据复制。

2. Master 节点将 binlog 发送给 Slave 节点

Master 节点将更新操作记录到 binlog 后，会将 binlog 发送给 Slave 节点。在 MySQL 中，有两种方式可以将 binlog 发送给 Slave 节点，一种是基于文件（file-based）的复制，另一种是基于语句（statement-based）的复制。基于文件的复制是将 Master 节点上的 binlog 文件直接复制到 Slave 节点，这种复制方式效率高，但不够灵活；基于语句的复制是将 Master 节点上的更新语句发送给 Slave 节点，这种复制方式比较灵活，但在某些情况下可能会导致数据不一致。

3. Slave 节点将 binlog 记录到 relay log 中

Slave 节点接收到 Master 节点发送的 binlog 后，会将 binlog 记录到自己的 relay log（中继日志）中。relay log 是 Slave 节点的一种特殊日志，用于记录 Master 节点发送过来的 binlog。在 Slave 节点上执行的查询请求也会记录到 relay log 中，因为 Slave 节点需要知道在哪个位置执行了查询请求，以便在执行 binlog 时跳过这些查询操作。

4. Slave 节点执行 relay log 中的更新操作

Slave 节点在执行 binlog 时，会先执行 relay log 中的更新操作。执行 relay log 中的更新操作会使 Slave 节点的数据与 Master 节点的数据保持一致，因为在 Master 节点执行更新操作时，已经在 binlog 中记录了这些操作，Slave 节点只需按照顺序执行这些操作。在执行 relay log 中的更新操作时，Slave 节点会将更新后的数据持久化到自己的数据库中。

需要注意的是，在 MySQL 数据库主从复制模式下，Master 节点是单点写入，即只有 Master 节点可以执行写操作。Slave 节点只能执行读操作，因此不能在 Slave 节点上执行更新操作。此外，在执行 binlog 时，需要保证 Master 节点和 Slave 节点的时间戳是一致的，否则可能会导致数据不一致。

8.7.3　复制链路

MySQL 数据库的复制链路由多个 Slave 节点组成，形成一种链式结构，每个节点向前面的 Slave 节点请求 binlog 日志，并把自己的 relay log 日志发送给下一级节点。这种结构可以扩展至数百个节点，但会受到网络延迟和复制延迟的影响。

每个 Slave 节点都包括两个日志文件：relay log 和 binlog，分别记录了其接收的上一级 Slave 节点的 binlog 记录和 Master 节点上的数据修改操作。为了保证复制链路的稳定性，需要对其进行监控和管理。常用的工具包括 MySQL 提供的 SHOW SLAVE STATUS 和 SHOW PROCESSLIST 命令，可以查看复制延迟、错误等信息，并监测当前复制进程。此外，复制链路中的每个节点需要及时从前一个节点获取 binlog 日志并执行，否则会出现复制延迟。若出现节点故障，则整个复制链路可能失效。

8.7.4 高可用性

为了保证 MySQL 数据库集群管理的高可用性,在 Master 节点宕机时,需要通过故障转移来保证服务的持续性。通常情况下,会使用一个虚拟 IP 地址(VIP)来代替 Master 节点的真实 IP 地址,并将 VIP 绑定到当前活跃的 Slave 节点上。当 Master 节点宕机时,通过 VIP 地址可以快速地将客户端请求重定向到新的 Master 节点上。MySQL 数据库高可用性的底层工作原理主要涉及以下几个方面。

1. 故障检测和故障转移

在 MySQL 数据库集群中,通过监控 Master 节点的状态实现故障检测和故障转移。一般情况下,通过心跳机制实现节点之间的通信和状态监测。当 Master 节点发生故障时,Slave 节点会检测到 Master 节点的异常并且开始执行故障转移操作,将当前 VIP 地址绑定到自身上,接管 Master 节点的角色。

2. 虚拟 IP 地址(VIP)的使用

为了保证服务的持续性,在 Master 节点宕机时,需要通过 VIP 地址来代替 Master 节点的真实 IP 地址,并将 VIP 地址绑定到当前活跃的 Slave 节点上。通过这种方式,客户端请求可以通过 VIP 地址快速地被重定向到新的 Master 节点上,从而避免了服务中断的情况。

3. 数据同步和一致性

在 MySQL 数据库集群中,数据同步和一致性是非常重要的一环。当前 Slave 节点接管 Master 节点时,需要确保数据的一致性,需要通过数据同步实现。一般情况下,会通过二进制日志和事务复制实现数据同步和一致性。

4. 自动扩容

通过自动扩容的方式来动态地增加集群的节点数量,从而提高整个集群的性能和可用性。

总体来讲,MySQL 数据库集群的高可用性是通过故障检测和故障转移、VIP 地址的使用、数据同步和一致性、负载均衡和自动扩容等多种技术手段实现的。这些技术手段相互协作,构建了一个高可用性的 MySQL 数据库集群环境,为应用程序提供了高效、可靠、稳定的服务。

8.7.5 负载均衡

负载均衡在 MySQL 数据库集群管理中扮演着重要的角色。它通过将来自客户端的请求均衡地分配到多个 Slave 节点上来提高数据库的负载能力。负载均衡器是一个独立的服务器,使用各种算法(例如轮询、随机和哈希等)来处理客户端请求。

在 MySQL 数据库集群中,有硬件负载均衡和软件负载均衡两种方式。硬件负载均衡器是一台物理设备,拥有强大的处理能力和稳定性,但成本较高,而软件负载均衡器通过在服务器上安装特定软件实现,成本相对较低。

负载均衡器接收客户端请求,并根据预设算法将请求发送到一个或多个 Slave 节点上进行处理。Slave 节点是已连接到负载均衡器的 MySQL 服务器,它们一起构成了 MySQL 数据库集群。在实际应用中,负载均衡器不会直接将请求发送给 Slave 节点。通常负载均衡器会先将请求发送到一个中间层(如 HAProxy、LVS 等)进行处理和转发。中间层会根据负载均衡器设置的算法将请求分配到具体的 Slave 节点上,并将结果返回客户端。这样,客户端请求就能均衡地分布到不同的 Slave 节点上,从而实现负载均衡。

MySQL 数据库负载均衡在集群管理中扮演着重要角色。负载均衡器需要确保数据同步,通常使用 MySQL Replication 实现。此外,负载均衡器的可靠性是集群稳定和可用性的关键,多台负载均衡器进行冗余备份是一种保障。最后,算法选择直接影响集群的性能和稳定性,合适的选择可以提高集群的负载能力和稳定性。通过合理的设置和调整,MySQL 数据库负载均衡可以为业务开展提供良好支撑。

8.8 跨库分页

Apache ShardingSphere 在处理跨库分页时需要特别注意,因为查询涉及多个库,最终结果需要合并,因此常见的做法是使用子查询实现跨库分页。简单来讲,跨库分页可以分为两部分。

第一部分是查询分页所需的数据 ID 等信息,仅需要查询第 N 页的数据 ID,具体实现方法可以根据具体情况进行选择;第二部分则是根据第一部分获取的数据 ID 等信息,查询对应的详细数据信息,在这个过程中需要考虑数据的合并和去重,确保结果的准确性,代码如下:

```
--第一部分,查询分页所需数据 ID 等信息
SELECT id FROM orders WHERE user_id =1 ORDER BY id LIMIT 10, 10;
--第二部分,利用第一部分获取的 ID 等信息查询详细数据
SELECT * FROM orders WHERE id IN (SELECT id FROM orders WHERE user_id =1 ORDER BY
id LIMIT 10, 10 );
```

8.9 垂直拆分和水平拆分

ShardingSphere 的拆分方式主要分为垂直拆分和水平拆分两种。

8.9.1 垂直拆分

垂直拆分是将一个大的数据库按照业务功能拆分为多个小的数据库,每个小的数据库只存储某个业务功能的相关数据。垂直拆分的方式可以提高数据库的并发能力和运行效率,但需要考虑数据一致性和跨数据库查询问题。

垂直拆分通常是手动创建的,因为它需要人为地将原始表的列分开到不同的表中。在

手动创建时，需要根据数据的特点和需求来确定每个拆分表中应包含哪些列。当然，也可以写代码来自动化垂直拆分，但是需要了解拆分的原则及如何将数据分散到不同的表中。

8.9.2 水平拆分

水平拆分是将一个大的表按照某个字段的取值范围拆分为多个小的表，每个小的表只存储某个范围内的数据。水平拆分的方式可以提高数据存储和查询的效率，但需要考虑数据分片和数据迁移问题。

通过 MyBatis 直接进行水平拆分，将主表拆分成多个子表，并保证子表和主表一致，代码如下：

```
//第 8 章/8.9.2 根据主表生成子表的方法
/**
 * 创建子表
 */
@Test
public void createSubtable(){
    List<String>list =new ArrayList<>();
    list.add("1");       //后缀
    list.add("2");
    ConfigDB configDB =new ConfigDB();
    configDB.setTableName("tb_status");       //表名称
    configDB.setDatabaseName("demo");       //数据库名称
    configDB.setLabCodes(list);
    configDB.setSourceType(0);
    //创建子表结构
    createTable(configDB);
    //同步子表结构
    syncAlterTableColumn(configDB.getTableName(),configDB.getDatabaseName());
    //同步子表索引
    syncAlterConfigIndex(configDB.getTableName());
}
/**
 * 创建子表结构
 * {
 *     "tableName": "tb_user",
 *     "labCodes": [
 *         "sh",      //上海
 *         "gz",      //广州
 *         "bj"      //北京
 *     ]
 * }
 */
public Boolean createTable(ConfigDB reqObject) {
    if (CollectionUtils.isEmpty(reqObject.getLabCodes())) {
        return false;
    }
```

```java
            List<String>labCodes =reqObject.getLabCodes();
            //主表表名
            String tableName =reqObject.getTableName();
            //数据库名称
            String databaseName =reqObject.getDatabaseName();
            for (String labCode: labCodes){
                //子表后表名
                String newTable =String.format("%s_%s", tableName, labCode);
                //校验子表是否存在
                Integer checkMatrix =configDBMapper.checkTable(newTable, databaseName);
                if(checkMatrix ==null || checkMatrix.intValue() <0){
                    //创建子表结构
                    configDBMapper.createConfigTable(tableName, newTable);
                }
            }
            return true;
    }
    /**
     * 主表字段同步到子表
     * @param masterTable 主表
     * @return
     */
    private Boolean syncAlterTableColumn(String masterTable,String database) {
        String table =masterTable +"%";
        //获取子表名
        List<String>tables = configDBMapper.getTableInfoList(table);
        if(CollectionUtils.isEmpty(tables)){
            return false;
        }
        //获取主表结构列信息
        List<ColumnInfo>masterColumns =
configDBMapper.getColumnInfoList(masterTable,database);
        if (masterColumns.isEmpty()){
            return false;
        }
        String alterName =null;
        for (ColumnInfo column: masterColumns) {
            column.setAlterName(alterName);
            alterName =column.getColumnName();
        }
        for(String tableName : tables){
            if(StringUtils.equalsIgnoreCase(tableName, masterTable)){
                continue;
            }
            //获取子表结构列信息
            List<ColumnInfo>columns =configDBMapper.getColumnInfoList(tableName,
database);
            if(CollectionUtils.isEmpty(columns)){
                continue;
```

```
        }
        for (ColumnInfo masterColumn : masterColumns) {
            ColumnInfo column = columns.stream().filter(c ->
StringUtils.equalsIgnoreCase(c.getColumnName(),
                masterColumn.getColumnName())).findFirst().orElse(null);
            if (column == null) {
                column = new ColumnInfo();
                column.setColumnName(masterColumn.getColumnName());//列名
                column.setAddColumn(true);//是否修改
            }
            if (column.hashCode() == masterColumn.hashCode()) {
                continue;
            }
            column.setTableName(tableName);//表名
            column.setColumnDef(masterColumn.getColumnDef());//是否默认值
            column.setIsNull(masterColumn.getIsNull());
            //是否允许为空(NO:不能为空;YES:允许为空)
            column.setColumnType(masterColumn.getColumnType());
            //字段类型(如 varchar(512)、text、bigint(20)、datetime)
            column.setComment(masterColumn.getComment());//字段备注
            column.setAlterName(masterColumn.getAlterName());//修改的列名
            //创建子表字段
            configDBMapper.alterTableColumn(column);
        }
    }
    return true;
}
/**
 * 主表索引同步子表
 * @param masterTableName 主表名
 * @return
 */
private Boolean syncAlterConfigIndex(String masterTableName) {
    String table = masterTableName + "%";
    //获取子表名
    List<String> tableInfoList = configDBMapper.getTableInfoList(table);
    if (tableInfoList.isEmpty()) {
        return false;
    }
    //获取所有索引
    List<String> allIndexFromTableName =
configDBMapper.getAllIndexNameFromTableName(masterTableName);
    if (CollectionUtils.isEmpty(allIndexFromTableName)) {
        return false;
    }
    for (String indexName : allIndexFromTableName) {
        //获取拥有索引的列名
        List<String> indexFromIndexName =
configDBMapper.getAllIndexFromTableName(masterTableName, indexName);
```

```
        for (String tableName : tableInfoList) {
            if (!tableName.startsWith(masterTableName)) {
                continue;
            }
            //获取索引名称
            List<String> addIndex = configDBMapper.findIndexFromTableName
(tableName, indexName);
            if (CollectionUtils.isEmpty(addIndex)) {
                //创建子表索引
                configDBMapper.commonCreatIndex(tableName, indexName,
indexFromIndexName);
            }
        }
    }
    return true;
}
```

查询 SQL 的 XML 文件，代码如下：

```
//第 8 章/8.9.2 根据主表生成子表的 SQL
<? xml version="1.0" encoding="UTF-8" ?>
<!DOCTYPE mapper PUBLIC "-//mybatis.org//DTD Mapper
3.0//EN""http://mybatis.org/dtd/mybatis-3-mapper.dtd">
<mapper
namespace="com.example.apacheshardingspheredemo.mapper.ConfigDBMapper">
<!--校验子表是否存在。这里 db_user 写死了数据库名称，后面可以根据实际情况调整-->
<select id="checkTable" resultType="java.lang.Integer">
        SELECT 1 FROM INFORMATION_SCHEMA.`TABLES` WHERE TABLE_SCHEMA =
#{databaseName} AND TABLE_NAME = #{tableName};
</select>
<!--创建子表结构-->
<update id="createConfigTable">
        CREATE TABLE `${newTableName}` LIKE `${sourceName}`;
</update>
<!--获取子表名-->
<select id="getTableInfoList" resultType="java.lang.String">
        SELECT `TABLE_NAME`
        FROM INFORMATION_SCHEMA.`TABLES`
        WHERE `TABLE_NAME` LIKE #{tableName};
</select>
<!--获取主/子表结构列信息。这里 db_user 写死了数据库名称,后面可以根据实际情况调整-->
<select id="getColumnInfoList"
resultType="com.example.apacheshardingspheredemo.entity.ColumnInfo">
        SELECT `COLUMN_NAME` AS columnName
            , COLUMN_DEFAULT AS columnDef        --是否为默认值
            , IS_NULLABLE AS isNull              --是否允许为空
            , COLUMN_TYPE AS columnType          --字段类型
            , COLUMN_COMMENT AS comment          --字段备注
```

```xml
            FROM INFORMATION_SCHEMA.`COLUMNS`
            WHERE TABLE_SCHEMA =#{databaseName}
              AND `TABLE_NAME` =#{tableName}
            ORDER BY ORDINAL_POSITION ASC;
</select>
<!--创建子表字段-->
<update id="alterTableColumn"
parameterType="com.example.apacheshardingspheredemo.entity.ColumnInfo">
        ALTER TABLE `${tableName}`
<choose>
<when test="addColumn">
                ADD COLUMN
</when >
<otherwise>
                MODIFY COLUMN
</otherwise>
</choose>
        ${columnName}
        ${columnType}
<choose>
<when test="isNull !=null and isNull =='NO'">
                NOT NULL
</when >
<otherwise>
                NULL
</otherwise>
</choose>
<if test="columnDef !=null and columnDef !=''">
            DEFAULT #{columnDef}
</if>
<if test="comment !=null and comment !=''">
            COMMENT #{comment}
</if>
<if test="alterName !=null and alterName !=''">
            AFTER ${alterName}
</if>
</update>
<!--获取所有索引-->
<select id="getAllIndexNameFromTableName" resultType="java.lang.String">
        SELECT DISTINCT index_name FROM information_schema.statistics WHERE
table_name =#{tableName} AND index_name !='PRIMARY'
</select>
<!--获取拥有索引的列名-->
<select id="getAllIndexFromTableName" resultType="java.lang.String">
        SELECT COLUMN_NAME FROM information_schema.statistics WHERE
table_name =#{tableName} AND index_name =#{idxName} AND index_name !='PRIMARY'
</select>
<!--获取索引名称-->
<select id="findIndexFromTableName" resultType="java.lang.String">
```

```
          SELECT index_name FROM information_schema.statistics WHERE table_name =
#{tableName} AND index_name =#{idxName}
</select>
<!--创建子表索引-->
<update id="commonCreatIndex">
          CREATE INDEX ${idxName} ON `${tableName}`
<foreach collection="list" item="item" open="(" close=")" separator=",">
               `${item}`
</foreach>;
</update>
</mapper>
```

8.10   广播表和绑定表

Apache ShardingSphere 是一个开源的数据库中间件，提供了数据库分片、读写分离、数据治理等功能。本节将深入剖析 ApacheShardingSphere 中的广播表与绑定表实现，并从源码级别进行解读。

8.10.1   广播表

广播表（Broadcast Table）是一种特殊的表，用于存储被多个分片数据库关联的数据。在查询时，每个分片数据库都会执行查询操作并将结果集广播给其他分片数据库，从而实现全局查询。当广播表的数据发生变化时，每个分片数据库都会执行更新操作并将结果集广播给其他分片数据库，从而确保全局数据的一致性。

以下是 Apache ShardingSphere 的广播表代码示例。

```
spring.shardingsphere.sharding.broadcast-tables=tb_area
spring.shardingsphere.sharding.tables.tb_area.key-generator.column=area_id
spring.shardingsphere.sharding.tables.tb_area.key-generator.type=SNOWFLAKE
```

8.10.2   绑定表

绑定表（Bind Table）是一种特殊的表，用于关联多个分片数据库。在查询时，分片数据库会将查询条件发送给绑定表，根据绑定表的关联关系，将查询范围缩小至指定的分片数据库，从而实现局部查询。在查询时，分片数据库会将查询条件发送给绑定表，根据绑定表的关联关系，将查询范围缩小至指定的分片数据库，从而实现局部查询。

一个简单的绑定表代码如下：

```
spring.shardingsphere.sharding.binding-tables[0]=tb_user,tb_status
```

编写查询 SQL，代码如下：

```
select u.user_name,s.status_name status from tb_user u left join tb_status s on u.
status =s.status_val
```

打印的日志,代码如下:

```
Logic SQL: select u.user_name,s.status_name status from tb_user u left join tb_
status s on u.status =s.status_val
Actual SQL: m1 ::: select u.user_name,s.status_name status from tb_user_1 u left
join tb_status_1 s on u.status =s.status_val
Actual SQL: m1 ::: select u.user_name,s.status_name status from tb_user_2 u left
join tb_status_2 s on u.status =s.status_val
TbUser(userId=null, areaId=null, userName=用户2, status=正常, age=null,
createTime=null, updateTime=null)
TbUser(userId=null, areaId=null, userName=用户4, status=正常, age=null,
createTime=null, updateTime=null)
TbUser(userId=null, areaId=null, userName=用户10, status=正常, age=null,
createTime=null, updateTime=null)
TbUser(userId=null, areaId=null, userName=用户8, status=不正常, age=null,
createTime=null, updateTime=null)
```

可以发现 tb_user 表的 status 绑定到 tb_status 表中 status_val,查询出来的结果会将 tb_status 表中 status_name 输出。

8.11 底层实现原理

Apache ShardingSphere 提供了数据库分片、读写分离和分布式事务等功能。以下是 Apache ShardingSphere 最重要功能的底层工作原理、实战案例的分析、优化策略的阐述。

8.11.1 底层工作原理

Apache ShardingSphere 的核心组件包括 SQL 解析、SQL 改写、SQL 路由、SQL 执行和数据分片等模块。这些模块协同工作,完成对数据库的分布式访问与管理。

(1) SQL 解析:负责将用户的 SQL 语句解析成解析树,以便后续处理。

(2) SQL 改写:在解析 SQL 的基础上,对其进行改写,以适应不同的数据库和分片策略。

(3) SQL 路由:根据 SQL 语句和分片规则,确定数据应存储在哪个数据库实例和表中。

(4) SQL 执行:在数据分片的基础上,执行 SQL 语句,完成数据的读写操作。

(5) 数据分片:根据预设的分片规则,将数据分散存储在多个数据库实例中,实现分布式管理。

1. SQL 解析

SQL 解析,它负责将复杂的 SQL 语句转换为底层的操作指令。下面对 SQL 解析进行阐述。

当用户向 ShardingSphere 发出一个查询请求时,ShardingSphere 会首先对 SQL 语句进行解析。这个过程就像是一场魔法般的神奇旅程。

在解析过程中，ShardingSphere 首先会对 SQL 语句进行词法分析。词法分析的目的是将 SQL 语句拆分成一个个独立的单词或字符。在这个阶段，ShardingSphere 会识别出 SELECT、FROM、WHERE 等关键字，以及表名、列名等实体。

接下来，ShardingSphere 会进行语法分析。语法分析的目的是检查 SQL 语句的语法是否正确。在这个阶段，ShardingSphere 会检查 SQL 语句中各部分的匹配规则，例如表名与列名的匹配、运算符的顺序等。

一旦 SQL 语句通过了词法分析和语法分析，ShardingSphere 会对 SQL 语句进行语义分析。语义分析的目的是确保 SQL 语句的语义正确。在这个阶段，ShardingSphere 会检查查询条件、数据表之间的关系等，以确保 SQL 语句能够正确地执行。

通过以上 3 个阶段的解析，ShardingSphere 成功地将 SQL 语句转换为底层的操作指令。这些操作指令可以让 ShardingSphere 理解用户的查询意图，并将查询任务分配给正确的数据节点。

在实际应用中，ShardingSphere 的 SQL 解析功能可以帮助企业解决各种复杂的数据库查询问题。无论是分库分表、跨库查询，还是查询优化，ShardingSphere 都能通过 SQL 解析为企业提供强大的支持。

2. SQL 改写

SQL 改写，它能够将原本复杂的 SQL 语句转换为更高效的执行方案。下面以故事的形式对 SQL 改写进行阐述。

在一个遥远的王国中，国王遇到了一个棘手的难题：如何确保他的王国中的每个子民都能平等地享受到教育资源。于是，他向 ShardingSphere 求助。

在接到国王的请求后，ShardingSphere 开始了 SQL 改写的魔法之旅。首先，ShardingSphere 分析了原有的 SQL 语句，发现它是在为王国中的每个子民分配教育资源，然而，这个 SQL 语句在执行时需要遍历整个王国的所有子民，效率低下。

为了解决这个问题，ShardingSphere 开始对 SQL 语句进行改写。在改写过程中，ShardingSphere 发现可以将 SQL 语句拆分为多个子任务，分别针对不同的子民进行资源分配。这样一来，原有的遍历整个王国的操作被分解为多个更高效的子任务。

接下来，ShardingSphere 利用自己的魔法，为各个子任务分配了合适的数据节点。在这个过程中，ShardingSphere 会根据子任务的特点，将其分配到不同的数据库或表上。

最后，ShardingSphere 将改写后的子任务组合在一起，形成了一个新的 SQL 语句。这个新的 SQL 语句可以更高效地为每个子民分配教育资源，从而确保都能平等地享受到教育资源。

在成功地完成了 SQL 改写后，ShardingSphere 将新的 SQL 语句返给国王。国王非常满意，他感激地将 ShardingSphere 视为王国的守护者，从此，ShardingSphere 在这个魔法世界中名声大噪。

3. SQL 路由

SQL 路由，它能够根据用户的查询需求，将 SQL 语句合理地分发到正确的数据节点。

下面以故事的形式对 SQL 路由进行阐述。

在遥远的国度中,一个富有智慧的魔法师遇到了一个棘手的问题:如何在图书馆中迅速找到他所需要的书籍。魔法师明白,找到一本特定的书籍需要遍历图书馆中的所有书架,对于他来讲时间是非常宝贵的。

于是,魔法师决定向 ShardingSphere 寻求帮助。在接到魔法师的请求后,ShardingSphere 开始了 SQL 路由的魔法之旅。

首先,ShardingSphere 通过对魔法师的查询需求进行分析,发现他需要找到一本关于风之魔法的书籍。随后,ShardingSphere 对查询语句进行细化,确定了书籍所在的书架和编号。

接下来,ShardingSphere 根据细化后的查询需求,将查询任务分发到正确的数据节点。在这个过程中,ShardingSphere 会根据书架和编号,将查询任务分配到相应的物理节点上。

最后,ShardingSphere 将各个物理节点的查询结果汇总,并将查询结果返给魔法师。在这个过程中,ShardingSphere 会确保查询结果的正确性和完整性,使魔法师能够迅速地找到他所需要的书籍。

当魔法师成功地找到了所需书籍后,他对 ShardingSphere 表达了由衷的感激。从此,ShardingSphere 在这个奇幻世界中名声大噪,成了无数魔法师和学者寻求帮助的首选工具。

4. SQL 执行

SQL 执行,能够将用户的查询请求转换为底层的操作指令,并确保操作的正确性和高效性。下面以故事的形式对 SQL 执行进行阐述。

在这个世界的一个小国中,有一个叫小明的年轻人,他最近接手了一个新的工作任务:负责维护一个由多种数据源组成的复杂数据库系统。这个数据库系统中的数据源之间存在相互依赖的关系,这让小明感到非常头疼。

于是,小明向 ShardingSphere 寻求帮助。在接到小明的请求后,ShardingSphere 开始了 SQL 执行的魔法之旅。

首先,ShardingSphere 对小明的查询请求进行了分析。它识别出小明需要获取所有数据源中的用户信息,而这些数据源又分布在不同的数据库中。

接下来,ShardingSphere 将查询任务分解成多个子任务。这些子任务分别负责从不同的数据库中获取相应的用户信息,并将这些信息整合在一起。

在执行子任务时,ShardingSphere 会根据数据库的特点,将它们分配到不同的物理节点上。在这个过程中,ShardingSphere 会确保数据的完整性和一致性,以避免数据的丢失或不一致。

最后,ShardingSphere 将各个子任务的结果整合在一起,生成了最终的查询结果。小明成功地从这个结果中获取了所有用户的信息,他对 ShardingSphere 的高效性和正确性表达了由衷的感激。

从那时起,小明便将 ShardingSphere 视为他工作中的得力助手,而 ShardingSphere 也因为它在 SQL 执行方面的卓越表现,在这个神秘的魔法世界中声名远扬。

5.数据分片

数据分片能够将一个庞大的数据库分割成多个独立的数据片段,从而实现对数据的高效管理和扩展。下面以故事的形式对数据分片进行阐述。

在一个繁荣的国度中,有一位名叫阿丽的年轻女商人。她的家族经营着一个大型的杂货店,但随着顾客数量的增加,店铺的库存管理成了一个难题。阿丽希望找到一种方法,能够更高效地管理库存数据。

于是,阿丽向 Apache ShardingSphere 寻求帮助。在接到阿丽的请求后,ShardingSphere 开始了数据分片的魔法之旅。

首先,ShardingSphere 对杂货店的库存数据进行了分析。它发现了一些潜在的分片规则,例如按照商品种类、商品价格或商品销售量等进行分片。

接下来,ShardingSphere 利用这些分片规则,将杂货店的库存数据划分为多个独立的数据片段。在这个过程中,ShardingSphere 会确保每个数据片段的大小适中,既不会浪费存储资源,也不会影响查询性能。

为了让数据分片更加灵活,ShardingSphere 允许阿丽根据实际需求,随时调整数据分片策略。当需要对某个数据片段进行扩容或缩容时,阿丽只需更改分片规则,ShardingSphere 便会自动进行调整。

最后,阿丽利用 ShardingSphere 提供的数据查询功能,轻松地获取了各个商品的库存信息。她对 ShardingSphere 的高效性和灵活性表示了由衷的感激。

自那以后,阿丽的杂货店凭借 ShardingSphere 的数据分片功能,成功地应对了顾客数量的增长,生意越做越大,而 ShardingSphere 也因为它在数据分片方面的卓越表现,在这个奇幻世界中名声大噪。

8.11.2 案例分析

在一个电子商务王国中,某电商平台在促销期间迎来了史无前例的用户访问量。为满足高并发需求,系统面临了巨大的数据库性能压力。为应对这一挑战,技术专家们实施了一系列数据库性能优化措施。

首先,技术专家们采用了数据分片技术,将用户的读写请求分散到不同的数据库上。这种方法有效地减轻了每个数据库的访问压力,从而提高了整个系统的并发处理能力,然而,数据分片带来了一系列问题,如数据一致性问题。为确保数据的一致性,技术专家们使用了一致性哈希算法,以确保数据分片的稳定性和一致性。此外,技术专家们还利用 Apache ShardingSphere 提供的读写分离功能,将读请求分配至从库,进一步减轻主库压力。在应对海量用户数据的扩展需求时,技术专家们采取了以下优化措施:

(1) 在数据分片前进行预分片,以确保数据分布的均衡性。这有效地缓解了数据迁移和数据一致性问题。

(2) 利用 Apache ShardingSphere 提供的数据迁移工具,自动化地将数据迁移到另一个数据库。这进一步确保了数据一致性和数据迁移问题得到妥善处理。

（3）Apache ShardingSphere 提供的分布式事务功能可确保分布式事务的一致性，从而在处理海量数据时确保系统的稳定性和可靠性。

通过这一系列优化措施，电子商务王国的数据库性能可以得到了显著提升。在未来的促销活动中，系统能够更加从容地应对高并发需求，为用户提供更优质的购物体验，而 Apache ShardingSphere 凭借其卓越性能，在这个电子商务王国中声名远扬。

8.11.3　优化策略

在一个高速发展的科技公司中，云兮项目团队在数据库优化方面面临着一系列挑战。云兮项目团队的主要工作是管理一个拥有大量用户数据的大型在线商城，这个商城每天都要处理数以万计的订单和用户交互，但是，由于数据库的性能问题，系统经常在高峰时段出现响应缓慢，甚至崩溃的情况。云兮项目团队决定采用 Apache ShardingSphere 进行数据库优化。

首先，通过高效的连接池实现，利用 ShardingSphere 的数据库连接池管理功能，合理设置最大连接数和最小连接数，避免了数据库连接数过载的情况，提升数据库连接的利用率和减少响应时间。

然后在高并发场景下的性能瓶颈问题上，通过调整 ShardingSphere 的分布式事务管理策略，确保分布式事务的一致性。

此外，还对数据库连接池、索引优化进行了进一步的调整和优化，以满足高并发场景下的性能需求。

在慢 SQL 问题上，利用 ShardingSphere 的慢 SQL 监控与诊断工具，找出并优化了慢 SQL 语句。很多时候问题出在查询条件设计不合理、SQL 语句编写不规范等方面。通过优化查询条件和 SQL 语句，系统的查询速度得到了显著提升。

接下来，根据实际业务场景和数据分布，选择合适的分区策略，如列表分区、范围分区、哈希分区、组合分区等。通过优化分区策略，提高了数据访问效率。

在数据一致性问题上，利用 ShardingSphere 提供的分布式事务、分布式锁等功能，确保了数据在分布式环境下的一致性。定期检查和修复数据一致性问题，确保系统的稳定运行。在数据迁移问题上，使用 ShardingSphere 提供的数据迁移工具，自动化地将数据迁移到另一个数据库。通过这种方式，避免了数据不一致、数据丢失等问题，提高了数据迁移的效率和可靠性。

在性能监控与故障排查困难问题上，利用 ShardingSphere 提供的性能监控和故障排查工具，如性能监控功能、SQL 执行计划优化、慢 SQL 诊断等，实时监控数据库与应用的性能指标，以及时发现性能瓶颈，快速、准确地定位和解决问题，提高了系统的可靠性。

在数据库容量不足问题上，利用 ShardingSphere 的数据库分片功能，将数据分片至多个数据库实例。通过水平扩展，有效地解决了数据库容量不足的问题，确保了系统的高可用性和扩展性。

在系统资源限制问题上，项目团队通过监控系统资源的使用情况，以及时调整资源分配策略。利用 ShardingSphere 的资源管理功能，实现了精细化资源管理，确保系统资源的合理分配和高效利用。在分布式系统复杂性问题上，项目团队充分利用 Apache ShardingSphere 的分布式系统管理功能，简化了分布式环境下的系统部署、配置和运维。通过学习和实践，提升了团队在分布式系统开发和维护方面的能力。

在数据库安全风险方面，项目团队利用 ShardingSphere 的数据库安全管理功能，如访问权限控制、数据加密等，确保了数据库的安全。定期进行安全审计，发现和修复潜在的安全漏洞，确保系统的安全性。

通过对以上各方面的优化，云兮项目团队取得了显著的成果。在线商城系统运行得更加稳定、高效，赢得了用户的广泛好评。团队也在数据库优化和分布式系统管理方面积累了丰富的经验，为公司未来的发展奠定了坚实的基础。

Elasticsearch＋Logstash＋

Kibana

昔日,在一个遥远的国度中,有一个名叫知识之城的地方。该地的居民对未知领域的求知欲旺盛,视知识为荣耀。为帮助这些居民更好地收集、分析与展示数据,国王派遣了三位得力助手: Elasticsearch(ES)与 Logstash(LS),以及 Kibana(KB)。

Elasticsearch 乃一位强大的搜索专家,擅长快速检索与分析大量数据,使居民能轻松地找到所需的知识。Logstash 则是一位勤奋的数据收集者,擅长整合各种数据源,使 Elasticsearch 从中汲取养分。Kibana 则是知识之城的数据展示大师,负责将 Elasticsearch 和 Logstash 收集的数据以美观且易于理解的方式展示给居民。她精通各种图表与图形,能以最直观的方式呈现数据,帮助居民更好地理解与运用知识。

在知识之城,居民们遇到了各种数据检索或数据分析问题。为解决这些问题,居民们寻求 Elasticsearch、Logstash 与 Kibana 的帮助。有一天,一位名为 Tom 的年轻人提出了一个问题:“如何找到上周在图书馆借书最多的前 10 名读者?”Elasticsearch 迅速查询图书馆的借书记录,找到相关数据,并将其推送给 Logstash。Logstash 整合这些数据后,将其发送给 Kibana。Kibana 根据这些数据,创建了一个美丽的柱状图,清晰地展示了上周借书最多的前 10 名读者。

通过 Elasticsearch、Logstash 与 Kibana 的紧密协作,知识之城的居民能轻松地找到所需的知识,分析数据并将结果以直观的方式展示。居民们的生活因此更加便捷高效,知识之城亦因此更加繁荣昌盛。

本节将详细介绍 ELK 技术,包括其介绍、安装与配置,以及底层实现原理等。希望通过本节,能够让读者全面了解 ELK 技术,并在实践中不断深入掌握和运用。

9.1 ELK 的介绍

ELK 是一个常用的开源日志管理和分析解决方案,由 Elasticsearch、Logstash 和 Kibana 共 3 个组件组成。ELK 提供了强大的日志搜索、分析和可视化功能,适用于各种规模和类型的应用程序。Elasticsearch 是一个非常强大的全文搜索引擎,可以快速地进行日志搜索和分析。Logstash 用于数据收集、过滤和格式化,可以将多种数据源整合到一起进行分析。Kibana 则提供了丰富的图表和仪表盘功能，可以方便地对日志进行可视化展示。ELK 的配置和部署相对较为复杂，需要对其原理和使用有一定了解。同时，ELK 也比较消耗系统资源，需要较高的硬件配置。ELK 可以轻松地处理各种类型的日志，提供实时的日志搜索、分析和可视化功能。

9.1.1　产品对比

Elasticsearch 是一种用于全文检索的开源工具，具有搜索、高亮和分词等功能。Logstash 是一个用于数据收集、过滤和格式化的开源工具，可与多种日志系统配合使用。Kibana 是基于 Elasticsearch 的开源日志分析和可视化平台，提供丰富的图表和仪表盘功能。Splunk 是一个强大的日志分析和监控解决方案，提供了丰富的日志索引、搜索和分析功能。Fluentd 是一个开源的数据收集器，可以将多种数据源（如日志、指标、事件等）整合到一起进行分析。Graylog 是一个开源的日志管理和分析系统，支持实时日志搜索、实时分析和实时报警。这些工具都有各自的特点和优势，选择哪个工具取决于具体的需求和场景。

9.1.2　案例分析

下面通过两个小故事加深对 ELK 的理解。

1. 初步使用

在一家科技公司中，有一个名为疾风的项目团队负责优化一个关键的网站。这个网站因其卓越的性能和用户友好特性，每日吸引数百万次访问，然而，随着流量的增长，网站性能逐渐出现问题，访问速度显著降低。

为解决这一问题，疾风项目团队开始采用 Elasticsearch 进行网站性能监控。在服务器上部署了 Elasticsearch，用于收集和分析 Web 服务器的日志数据。通过利用 Elasticsearch 强大的搜索和分析功能，项目团队能够快速定位并优化性能瓶颈。

同时，安全事件的日志数据对网站性能优化至关重要。项目团队决定引入 Logstash 来收集安全事件的日志数据，并将其传输至 Elasticsearch 进行处理和分析。Logstash 能够高效地解析各种格式的日志数据，并将其转换为 Elasticsearch 可读的数据格式。

为了提高实时日志分析能力，项目团队还引入了 Kibana。这是一个基于 Elasticsearch 的可视化工具，能将 Elasticsearch 中处理好的数据以直观的图表和仪表盘形式呈现，为安全团队提供实时分析和响应能力。通过 Kibana，安全团队可以迅速地发现潜在的安全威胁，并采取相应措施进行处理。

得益于 Elasticsearch、Logstash 和 Kibana 实时日志体系，疾风项目团队能够快速定位和优化网站性能，同时确保网站的安全性。这套实时日志体系在功能、性能和可扩展性方面具有优势，适用于大多数场景。在实际项目中，项目团队可以根据具体需求选择合适的实时日志体系，以提高数据处理和分析的效率。

2. 故障分析

在一家科技公司的运营中，一次生产环境故障引发了团队的关注。为了找出问题根源并解决问题,团队需要收集和存储所有生产环境服务器的日志。选择了 Elasticsearch、Logstash 和 Kibana 这套实时日志体系,以便快速地对日志数据进行实时分析和可视化。

在使用 Elasticsearch、Logstash 和 Kibana 的过程中,发现这个组合在日志收集、过滤和存储方面具有很强的能力,然而,由于部署与管理相对复杂,团队需要具备一定的技术背景。为了简化部署与管理过程,团队采用了简单的 Logstash 配置模板。随着生产环境逐渐恢复正常,团队也开始优化 Elasticsearch 和 Logstash。增加了集群节点数量,调整了分片与副本配置,以提升搜索与存储性能。

这一优化使 Elasticsearch、Logstash 和 Kibana 的组合在性能和稳定性方面得到了显著提升。不久后,团队面临另一个挑战:需要实时监控和告警在线教育平台应用程序所在服务器的各项指标。为了解决这个问题,再次利用 Elasticsearch、Logstash 和 Kibana 的组合,实现了强大的实时监控和告警功能。

在监控和告警方面,团队使用 Logstash 的 Beats 插件收集应用程序所在服务器的各项指标数据。使用 Kibana 的仪表盘功能配置实时监控和告警规则,如设置 CPU 使用率阈值和告警通知方式。同时利用 Elasticsearch 的集群健康检查功能确保集群的稳定性。

经过这次实战案例,Elasticsearch、Logstash 和 Kibana 的组合展示了其在日志收集、过滤、存储和分析方面的强大能力,以及实时监控和告警功能,然而,团队也意识到部署与管理的复杂性,通过简化配置和优化性能来解决这些问题。在未来的项目中,将继续利用这一组合来提高数据收集、分析和应用的效率。

9.2　ELK 的安装与配置

本节将详细介绍如何在 Docker 环境下安装和配置 ELK,并介绍一些常见的用例和最佳实践,使读者能够更加深入地了解 ELK 的原理和应用。本节假设读者已经具备基本的 Linux 系统管理和命令行操作能力,如果没有这些基础知识,则应先学习相关内容再进行阅读。希望本节能够对读者有所帮助,让读者更好地掌握 ELK 的使用和应用。

9.2.1　Elasticsearch 的安装与配置

在 Docker 环境下安装和配置 Elasticsearch 可以分为以下几个步骤。

(1) 安装 Docker:如果还没有在服务器上安装 Docker,则需要先安装 Docker。

(2) 拉取 Elasticsearch 镜像:通过在终端执行以下命令来拉取 Elasticsearch 镜像,代码如下:

```
docker pull elasticsearch:7.10.1
```

该命令将会拉取版本为 7.10.1 的 Elasticsearch 镜像,可以根据需要选择所需版本的镜像。

(3) 启动 Elasticsearch 容器:通过在终端执行以下命令来启动 Elasticsearch 容器,代码如下：

```
#使用 docker 运行容器
docker run
#-d 后台运行
-d
#--name 将容器命名为 elasticsearch
--name elasticsearch
#-p 将容器内部端口 9200 映射到主机上的 9200 端口
-p 9200:9200
#-e 以环境变量的形式传递属性值,将 discovery.type 设置为 single-node
-e "discovery.type=single-node"
#最后一个参数是镜像名称和版本,拉取 elasticsearch 镜像的版本为 7.10.1
elasticsearch:7.10.1
```

该命令将会在后台启动一个名为 Elasticsearch 的容器，并将主机的 9200 端口映射到容器的 9200 端口，同时设置单节点模式。

（4）验证 Elasticsearch 是否正常运行：可以通过浏览器或者 curl 命令来验证 Elasticsearch 是否正常运行。例如，在浏览器中输入以下网址 http://localhost:9200/。

如果返回以下响应示例，则表明 Elasticsearch 已经正常运行：

```
{
    "name" : "5255b6c6cb1f",
    "cluster_name" : "docker-cluster",
    "cluster_uuid" : "YwoGrgtlQJ6MEdr7Vajd1g",
    "version" : {
        "number" : "7.10.1",
        "build_flavor" : "default",
        "build_type" : "docker",
        "build_hash" : "1c34507e66d7db1211f66f3513706fdf548736aa",
        "build_date" : "2020-12-05T01:00:33.671820Z",
        "build_snapshot" : false,
        "lucene_version" : "8.7.0",
        "minimum_wire_compatibility_version" : "6.8.0",
        "minimum_index_compatibility_version" : "6.0.0-beta1"
    },
    "tagline" : "You Know, for Search"
}
```

（5）配置 Elasticsearch：可以通过修改容器中的 Elasticsearch 配置文件来配置 Elasticsearch。可以通过以下命令进入容器中的 bash 终端，代码如下：

```
docker exec -it elasticsearch /bin/bash
```

然后可以修改以下文件来配置 Elasticsearch：

/usr/share/elasticsearch/config/elasticsearch.yml 为 Elasticsearch 的主配置文件。

/usr/share/elasticsearch/config/jvm.options 为 Elasticsearch 的 JVM 配置文件。

修改后需要重新启动容器以使配置生效，代码如下：

```
docker restart elasticsearch
```

以上就是在 Docker 环境下安装和配置 Elasticsearch 的步骤,可以根据实际需求进行相应配置。

9.2.2　Logstash 的安装与配置

1. 下载 Logstash 镜像

执行以下命令下载最新版的 Logstash 镜像,代码如下:

```
docker pull docker.elastic.co/logstash/logstash:7.10.1
```

2. 配置 Logstash

在安装完成后,需要对 Logstash 进行配置以满足自己的需求,这里以从 Kafka 中读取数据并将数据输出到 Elasticsearch 为例。

首先,在 Logstash 的配置文件夹中创建一个名为 logstash.conf 的配置文件,代码如下:

```
//第 9 章/9.2.2 logstash.conf 的配置
input {
  kafka {
    bootstrap_servers =>"kafka:9092"
    topics =>["my_topic"]
    group_id =>"my_group"
    auto_offset_reset =>"earliest"
  }
}
filter {
    #将 JSON 格式的日志解析成具体的字段
    json {
        source =>"message"
    }
}
output {
  elasticsearch {
    hosts =>["elasticsearch:9200"]
    index =>"my_index"
  }
}
```

说明如下。

(1) input:用于指定从哪个源获取数据。

kafka:指定从 Kafka 中获取数据。

bootstrap_servers:指定 Kafka 的地址。

topics:指定要消费的主题。

group_id:指定消费组的 ID。

auto_offset_reset:由于可能存在已经消费的消息,所以此参数用于指定从哪里开始消费。

（2）filter：用于指定对数据进行处理的过程。

json：将 JSON 格式的日志解析成具体的字段。

（3）output：用于指定将数据输出到哪里。

elasticsearch：将数据输出到 Elasticsearch 中。

hosts：指定 Elasticsearch 的地址。

index：指定索引的名称。

注意：这里的 Kafka 和 Elasticsearch 的地址为容器名称，需要在后续步骤中进行配置。

---

3. 启动 Logstash 容器

执行以下命令启动 Logstash 容器，代码如下：

```
#-d:后台运行容器
#--name:指定容器的名称
#--network:指定容器所使用的网络,这里使用的是之前创建的名为my-network的网络
#-v:将主机上的配置文件挂载到容器中,使Logstash容器能够读取配置文件
#-p:将Logstash的管理界面端口映射到主机上,便于管理和监控
docker run -d --name logstash --network=my-network -v
/path/to/your/config:/usr/share/logstash/config -p 9600:9600
docker.elastic.co/logstash/logstash:7.10.1
```

4. 查看 Logstash 的状态

执行以下命令查看 Logstash 的状态，代码如下：

```
docker ps
```

5. 查看 Logstash 的日志

执行以下命令查看 Logstash 的日志，代码如下：

```
#-f参数用于跟踪日志的输出
docker logs -f logstash
```

6. 测试 Logstash

在 Kafka 中发送一些数据，可以使用 Kafka 自带的命令行工具 kafka-console-producer.sh 进行测试，代码如下：

```
kafka-console-producer.sh --broker-list kafka:9092 --topic my_topic
```

然后在 Elasticsearch 中查看数据是否已经被正确地输出。

9.2.3　Kibana 的安装与配置

1. 安装 Kibana

在 Docker Hub 上搜索 Kibana 的镜像，并拉取最新版的 Kibana 镜像，代码如下：

```
docker search kibana
docker pull kibana
```

创建 Kibana 容器,并挂载配置和数据目录,代码如下:

```
#创建路径为 /data/kibana/config,data 的目录,-p 参数表示如果父级目录不存在,则不会报
#错,直接创建
mkdir -p /data/kibana/{config,data}
#在 /data/kibana/config 目录下创建 kibana.yml 文件
touch /data/kibana/config/kibana.yml
#将 /data/kibana 目录及其子目录下的所有文件和文件夹权限设置为 777,即所有人都有读、写
#和执行(访问)权限
chmod -R 777 /data/kibana
```

执行以下命令运行 Kibana,代码如下:

```
#使用 Docker 运行 Kibana 容器
docker run -d \
#将容器名称指定为 kibana
--name kibana \
#将容器内部的 5601 端口映射到主机的 5601 端口上
-p 5601:5601 \
#设置 Elasticsearch 的主机地址
-e ELASTICSEARCH_HOSTS=http://<elasticsearch_ip>:9200 \
#将 Kibana 的配置文件挂载到指定目录
-v /data/kibana/config:/usr/share/kibana/config \
#将 Kibana 的数据挂载到指定目录
-v /data/kibana/data:/usr/share/kibana/data \
#使用指定版本的 Kibana 镜像
kibana:tag
```

其中,<elasticsearch_ip>为所运行的 Elasticsearch 容器的 IP 地址。

2. 配置 Kibana

编辑 Kibana 的配置文件/data/kibana/config/kibana.yml,进行一些基本配置,代码如下:

```
server.host: "0.0.0.0"
elasticsearch.hosts: ["http://<elasticsearch_ip>:9200"]
```

其中,server.host 用于配置 Kibana 的绑定地址,elasticsearch.hosts 用于配置连接的 Elasticsearch 地址。

3. 启动 Kibana

Kibana 容器启动后,即可通过浏览器访问 http://<kibana_ip>:5601 进行 Kibana 的使用和管理,代码如下:

```
docker start kibana
```

9.2.4　收集项目日志

ELK 是一个开源的日志分析平台,它可以帮助收集、聚合、搜索、可视化日志数据。对于 Spring Boot 项目的错误日志和打印日志的收集,可使用 ELK 实现。

下面是一个基本的配置示例。

在 Spring Boot 项目中添加以下依赖,代码如下:

```
<dependency>
    <groupId>net.logstash.logback</groupId>
    <artifactId>logstash-logback-encoder</artifactId>
    <version>6.6</version>
</dependency>
```

在 logback.xml 文件中配置 logstash-logback-encoder,代码如下:

```
//第 9 章/9.2.4 在 logback.xml 文件中配置 logstash-logback-encoder
<!--这段代码的作用是在 logback.xml 文件中为 logstash-logback-encoder 配置一个
Appender-->
<appender name="LOGSTASH"
class="net.logstash.logback.appender.LogstashTcpSocketAppender">
    <destination>your-logstash-host:your-logstash-port</destination><!--设
置 logstash 的地址和端口号-->
    <encoder class="net.logstash.logback.encoder.LogstashEncoder" /><!--使用
logstash 编码器对 Log 进行编码-->
</appender>
<root level="INFO">
    <appender-ref ref="CONSOLE" /><!--在控制台中输出日志,同时输出到 logstash-->
    <appender-ref ref="LOGSTASH" />
</root>
```

在 Logstash 中配置输入和过滤器,代码如下:

```
//第 9 章/9.2.4 在 Logstash 中配置输入和过滤器
#将输入端口定义为 5000,使用 json_lines 编解码
input {
  tcp {
    port =>5000
    codec =>json_lines
  }
}
#过滤器,当 type 等于"application"时执行
filter {
  if [type] =="application" {
    #通过正则表达式将 message 中的日志信息提取到不同的字段中
    grok {
      match =>{ "message" =>
"%{TIMESTAMP_ISO8601:timestamp} %{LOGLEVEL:loglevel}
\[%{DATA:thread}\] %{DATA:logger}\.%{DATA:method}\(\)
```

```
          -%{GREEDYDATA:message}" }
             overwrite =>[ "message" ]
          }
          #将 timestamp 转换为 date 类型
          date {
             match =>[ "timestamp", "yyyy-MM-dd HH:mm:ss.SSS" ]
          }
       }
    }
    #输出到 Elasticsearch,以日期为后缀进行索引
    output {
       elasticsearch {
          hosts =>["your-elasticsearch-host:your-elasticsearch-port"]
          index =>"your-index-name-%{+YYYY.MM.dd}"
       }
       #同时将输出结果打印在控制台上
       stdout {}
    }
```

logstash-logback-encoder 将 Spring Boot 应用程序中的日志记录成 JSON 格式,并发送
到 Logstash。Logstash 通过 TCP 监听 5000 端口,接收 JSON 格式的日志数据。Logstash
中的 grok 过滤器对日志进行解析,提取时间、日志级别、线程、类名、方法名和消息等信息。
date 过滤器将 timestamp 字段转换为日期时间格式。最后将日志数据输出到 Elasticsearch
和控制台。配置完成后,启动 Logstash 和 Elasticsearch 服务,并启动 Spring Boot 应用程
序。此时,应用程序中产生的日志将被发送到 Logstash,然后被解析、过滤、索引和可视化。

9.3　底层实现原理

Elasticsearch 是一个高度可扩展的搜索和分析引擎,它基于 Apache Lucene 库构建,提
供了分布式索引、搜索、聚合、分析等核心功能。

9.3.1　底层工作原理

本节将采用小故事的形式对 Elasticsearch 的索引结构、分片副本、索引/查询/聚合过
程、数据更新进行讲解,进一步加深对 Elasticsearch 底层工作原理的理解。

1. 索引结构

Elasticsearch 使用倒排索引(Inverted Index)作为数据存储结构。倒排索引将文档中
的单词映射到包含这些单词的文档列表。这种结构使 Elasticsearch 能够高效地进行全文
搜索和过滤。

下面通过一个小故事深入理解倒排索引:

在古老而神秘的 Elasticsearch 大陆上,倒排索引如同一位沉默的智者,静静守护着这
片广袤的知识森林。这位智者的智慧源于它独特的倒排索引结构,将森林中的每个文档巧

妙地映射到包含这些文档的词项列表。

在 Elasticsearch 大陆的核心地带，Lucene 的 IndexSearcher 之城，一位名叫 Elasticsearch 的年轻探险家正悄悄展开他的征程。他的目标是解开倒排索引之谜，为这片神秘大陆带来更强大的知识力量。

Elasticsearch 的探险之路从他的好友，内存缓存之灵 Kibana 开始。Kibana 将词项词典和倒排列表的信息存储在内存中，为 Elasticsearch 提供了迅速访问及查询所需数据的通道。

在一次深入知识森林的探险中，Elasticsearch 巧遇了词项词典的守护者——倒排索引之神。Elasticsearch 向倒排索引之神请教了倒排索引的奥秘。倒排索引之神告诉他，倒排索引的核心在于将文档中的词项映射到包含这些词项的文档列表。这种巧妙的映射结构使 Elasticsearch 能够轻松地进行全文搜索和过滤。

为了让 Elasticsearch 更好地理解倒排索引的奥秘，倒排索引之神向他展示了词项词典和倒排列表的构建过程。在这个过程中，Elasticsearch 惊叹于倒排索引的神奇力量。

最后，Elasticsearch 向倒排索引之神表示感谢，带着倒排索引的智慧，踏上了他的下一个征程。在接下来的探险中，他将使用倒排索引的力量，为这片神秘大陆的居民解开更多知识的奥秘，带来更多的智慧之光。

2. 分片和副本

Elasticsearch 将数据分散在多个节点上，每个数据分片可以在不同的节点上。这种结构使 Elasticsearch 具有很好的可扩展性和容错性。为了确保数据的可用性和性能，Elasticsearch 支持创建多个副本分片。

下面通过一个小故事深入理解分片和副本：

在古老而神秘的 Elasticsearch 大陆上，分片和副本犹如两位骁勇善战的守护者，携手捍卫这片知识森林的繁荣与安宁。

在 Elasticsearch 大陆广袤的知识森林中，每个节点都蕴藏着分片和副本的智慧。当森林中的探险家们需要寻求知识的力量时，可以借助分片和副本的力量，让知识在这片森林中生生不息。

分片的力量让知识得以传播，通过将数据分布在多个节点上，分片让知识在整个森林中得以传播。每当探险家们想要查找某个特定的知识时，分片将引导前往正确的节点，让知识迅速而准确地呈现。

副本的力量让知识得以传承，通过将数据复制多份以实现冗余和高可用性，副本让知识得以在森林中代代相传。副本不仅可以保证数据的可靠性，还能提高读取性能，让探险家们在寻求知识的道路上更加畅通无阻。

分片和副本共同守护着这片知识森林的繁荣与安宁。在探险家们的召唤下，不断调整自己的策略，以适应森林中的各种挑战。智慧之光照亮了探险家们前行的道路，在寻求知识的过程中不断突破自我，勇往直前。

3. 索引过程

当一个文档被添加到 Elasticsearch 时,它会被分配到一个或多个主分片上,然后 Elasticsearch 会将副本分片分配给主分片所在的节点。这个过程通常在索引操作完成后自动执行。

下面通过一个小故事深入理解索引过程:

在古老而神秘的 Elasticsearch 大陆上,索引过程犹如一位智慧而神秘的守护者,默默地守护着这片广袤森林的知识之源。

当探险家们投身于知识的探索及寻求关于这片森林的智慧之光时,守护者——索引过程悄然而至。在每个节点之上,它将文档转换为可索引的知识,以便在森林中传播和传承。

在文档添加过程中,守护者将文档拆解为一个个知识碎片,将它们融入知识的汪洋大海。在分析和存储阶段,它使用 Lucene 的强大解析能力,让知识在索引过程中得以浓缩和升华。

在搜索过程中,守护者为探险家们提供了探寻知识的线索。它解析查询语句,在索引文件中寻找包含匹配文档的段,并对查询结果进行排序和聚合。

为了提高索引和查询性能,守护者使用了一系列优化策略,如缓存、压缩和快速段合并。这些策略使探险家们能够迅速地找到所需的知识,让知识之光在森林中熠熠生辉。

在 Elasticsearch 大陆的知识森林中,守护者——索引过程始终默默地守护着这片森林的知识之源。它的智慧与力量,让探险家们能够在知识的世界中不断突破自我,勇往直前。

4. 查询过程与聚合过程

当用户执行搜索请求时,Elasticsearch 会在所有相关分片上执行查询操作。查询结果会被合并,然后返给用户。这个过程称为搜索合并(Search Merge),可以提高查询性能。

聚合是 Elasticsearch 用于分析数据的功能。聚合操作将一组文档组合成一个统计信息。聚合操作在单个分片上执行,但结果会被合并,以便更容易理解。

下面通过一个小故事深入理解查询与聚合过程:

当探险家们在知识森林中寻求智慧之光时,查询和聚合过程犹如两位英勇的骑士,引领着探险家们穿越知识的海洋,直抵知识的彼岸。查询过程为探险家们揭示了知识的脉络,而聚合过程则深入探索知识的奥秘。

在查询过程中,这两位英勇的骑士首先将探险家们的查询需求解析为查询对象,接着在 Lucene 的查询执行引擎中执行查询操作,并根据查询条件找到包含匹配文档的段。查询结果在这个过程中被排序和聚合,以便探险家们能够更好地理解和探索所需的知识。

在聚合过程中,这两位英勇的骑士对查询结果进行深入分析,执行各种聚合操作。使用过滤数据、计算指标和生成报告等技巧,帮助探险家们从海量的数据中挖掘出有价值的信息。

这两位英勇的骑士始终陪伴在探险家们身边,共同探索这片广袤的知识森林,沿着这两位英勇骑士的足迹,探索 Elasticsearch 大陆上的无尽知识宝藏,点亮智慧之光!

5. 数据更新

Elasticsearch 支持实时的文档更新操作。当文档被更新时，Elasticsearch 会重新索引整个文档，以便在搜索时获取最新的数据。为了优化性能，Elasticsearch 会尽量将数据缓存在内存中，以减少重新索引的开销。

下面通过一个小故事深入理解数据更新：

在古老而神秘的 Elasticsearch 大陆上，数据更新过程犹如一位睿智而稳重的长者，默默守护着这片广袤的知识森林的永恒智慧。

当探险家们在森林中寻求智慧的火花时，数据更新过程在每个节点上悄然发生，为知识宝库注入新的活力。它将新的文档融入知识之海，更新那些承载历史与智慧的旧文档，并在必要时将其从森林中删除。

在文档添加过程中，数据更新过程犹如一位技艺高超的工匠，将新的知识编织进森林的每个角落。它在 Lucene 的索引中为新文档创建一个新的段，将新的知识融入知识之海。

在文档更新过程中，数据更新过程犹如一位经验丰富的医者，为旧文档治愈知识的创伤。它在 Lucene 的索引中找到旧文档的段，修改其中的内容，并将修改后的知识回传给知识之海。

在文档删除过程中，数据更新过程犹如一位决断力十足的猎人，将过时的知识从知识森林中剔除。它在 Lucene 的索引中找到被删除的文档，标记为可删除，并在适当时将其从森林中抹去。

在数据合并过程中，数据更新过程犹如一位精明的商人，将多个段合并为一个更大的段。它选择合适的段进行合并，删除旧的段，并将新的知识写入磁盘。

在版本控制过程中，数据更新过程犹如一位守护智慧的卫士，为文档的每次变化留下珍贵的足迹。它保留文档的旧版本，确保探险家们在需要时可以随时回顾过往的知识。

在这片古老而神秘的 Elasticsearch 大陆上，数据更新过程始终默默地守护着这片知识森林的永恒智慧。它的智慧与力量，为探险家们在知识的海洋中探寻真理提供了源源不断的支持。

9.3.2 性能优化

在进行 Elasticsearch、Logstash 和 Kibana 的性能分析时开发者可以从以下几个方面入手。

（1）数据压缩和编码：Elasticsearch 使用 Gzip 压缩数据，提高了网络传输效率。Logstash 和 Kibana 使用特定的编码库（如 Protobuf）来优化数据的传输和存储，以降低延迟和减少内存消耗。

（2）缓存机制：Elasticsearch 和 Logstash 都有缓存机制，用于减少数据的读取和处理次数，从而提高性能。例如 Logstash 中的 Output 缓存可以用于缓存已处理过的数据，避免重复处理。

（3）批量处理：Elasticsearch 支持批量索引、批量删除和批量更新操作，以提高处理效率。Logstash 和 Kibana 也提供了批量数据处理的功能,如批量读取和批量输出。

（4）优化索引和查询：Elasticsearch 的 index_settings 字段可以设置文档的 fielddata 和 proximity fields 的缓存策略。Logstash 和 Kibana 通过调整参数（如 index.refresh_interval）来优化索引和查询速度。

（5）并发控制：Elasticsearch 支持集群级别的并发控制,以保证数据的一致性。Logstash 和 Kibana 也提供了线程池和任务调度机制,以支持并发处理和负载均衡。

（6）JVM 调优：Elasticsearch、Logstash 和 Kibana 都运行在 JVM 平台上。通过调整 JVM 的内存分配、垃圾回收器、CPU 亲和性等参数,可以优化它们的性能。

在大规模数据处理场景中,可以通过调整 Elasticsearch 的分片和副本数、优化索引策略等方法来提高性能。在高并发场景下,可以关注 Logstash 和 Kibana 的线程池配置和任务调度策略来保证系统的稳定性和性能。

（1）数据传输协议：优化 Logstash 和 Kibana 与 Elasticsearch 之间的通信协议,如使用 TCP 或 HTTP,选择合适的端口和超时时间等。

（2）资源隔离：在多租户环境下为 Elasticsearch、Logstash 和 Kibana 配置独立的线程池和资源隔离策略,避免资源竞争和系统瓶颈。

（3）硬件优化：根据实际需求,选择合适的硬件配置,如更高性能的 CPU、更大的内存、更快的磁盘等,以提高整个系统的性能。

（4）监控和告警：配置实时性能监控和告警功能,如 Elasticsearch 的集群健康检查、Logstash 的 CPU 和内存使用率监控等,及时发现并解决性能问题。

（5）开发和维护：对 Elasticsearch、Logstash 和 Kibana 进行持续开发和维护,修复已知的性能问题和 Bug,确保系统的稳定性和性能。

第 10 章

RocketMQ

本节将详细阐述 RocketMQ 底层分布式架构及包括 NameServer、Broker、Producer、Consumer 在内的多个角色和组件。在使用 RocketMQ 前，用户需先启动 NameServer 管理 Broker 的地址信息。随后，用户创建 Producer 将待发送消息发送至 Broker，并由 Broker 存储在对应 Topic 下的 Queue 中待消费。接着，用户创建 Consumer 订阅待处理消息。一旦消息到达 Broker，Consumer 将从 Broker 获取并处理。如果 Consumer 在消息处理过程中发生异常，RocketMQ 则会自动重新将消息发送到另一个 Consumer，以确保消息不会丢失。本书将详细解析 RocketMQ，以帮助读者在自己的项目中使用这种强大的消息队列技术。

本章节主要介绍 RocketMQ 的安装、配置、架构、基本原理及相关的高可用性、容错性、性能调优、监控方法等方面。通过阅读本书，读者将对 RocketMQ 的整体架构及其在实际应用中的具体使用有更深刻的理解。本章分为 11 节，每节都深入浅出地介绍了 RocketMQ 相关的知识点和技术细节。从 RocketMQ 的安装与配置，到消息存储机制、消息队列的分布式特性，再到事务消息、顺序消息、高可用性设计等方面都有详细的讲解。希望通过本节的介绍，让读者更深入地了解 RocketMQ 的架构与实现，从而在实际开发中更加得心应手。

10.1　RocketMQ 安装与配置

本节将介绍 RocketMQ 的安装与配置。

RocketMQ 运行版本的官方下载网址为 https://www.apache.org/dyn/closer.cgi?path=rocketmq/4.7.1/rocketmq-all-4.7.1-bin-release.zip。

RocketMQ 源码版本的官方下载网址为 https://www.apache.org/dyn/closer.cgi?path=rocketmq/4.7.1/rocketmq-all-4.7.1-source-release.zip。

查看 Linux 版本，代码如下：

```
uname -a
```

创建一个操作用户，用来运行自己的程序，与 root 用户区分开。使用 root 用户创建一个自定义的用户，并给他创建一个工作目录，代码如下：

```
#添加用户 liaozhiwei
useradd liaozhiwei
#给用户 liaozhiwei 设置密码
passwd liaozhiwei
#创建/opt/rocketmq 目录
mkdir /opt/rocketmq
#切换到/opt/rocketmq 目录
cd /opt/rocketmq
#将/opt/rocketmq 目录的拥有者和组都设置为 liaozhiwei
chown liaozhiwei:liaozhiwei /opt/rocketmq
```

运行 RocketMQ 需要先安装 JDK。采用目前最稳定的 JDK 1.8 版本。可以自行去 Oracle 官网上下载,然后用 FTP 或者 WSP 上传到 liaozhiwei 用户的工作目录下。由 liaozhiwei 用户解压到/opt/jdk 目录下,代码如下:

```
tar -zxvf jdk-8u301-Linux-x64.tar.gz
```

继续将 RocketMQ 上传到/opt/rocketmq 目录下,由于上传的包是 zip 包,解压需要通过解压工具,所以需要安装一个解压工具,代码如下:

```
yum install unzip zip
```

然后解压,代码如下:

```
unzip rocketmq-all-4.7.1-bin-release.zip
```

配置环境变量。使用 vim /etc/profile 编辑文件,在文件尾部添加以下内容,代码如下:

```
###Java 环境配置
export JAVA_HOME=/opt/jdk
export JRE_HOME=$JAVA_HOME/jre
export CLASSPATH=./:JAVA_HOME/lib:$JRE_HOME/lib
###RocketMQ 环境配置
export ROCKETMQ_HOME=/opt/rocketmq
###路径
export  PATH =/bin:/usr/bin:/sbin:/usr/sbin: $JAVA _ HOME/bin: $ROCKETMQ _ HOME/
bin:$PATH
```

在编辑完后,通过输入:wq 保存并退出,随后执行 source /etc/profile 以使环境变量生效。当输入 java -version 时,若能查看内容,则表明已成功安装 JDK。ROCKETMQ_HOME 的环境变量必须单独配置,否则启动 NameServer 和 Broker 时会出现错误。该环境变量的作用是加载 $ROCKETMQ_HOME/conf 下除了 broker.conf 以外的其他配置文件。尽管在实际情况中可以不遵循此配置,但一定需要能够找到配置文件。

1. 启动 NameServer

启动 RocketMQ 的 NameServer 服务的步骤如下:

(1) 进入 $ROCKETMQ_HOME/bin 目录,找到 mqnamesrv 脚本。

（2）直接执行 mqnamesrv 脚本，即可启动 RocketMQ 的 NameServer 服务。

需要注意的是，RocketMQ 默认预设的 JVM 内存是 4GB，这是 RocketMQ 给出的最佳配置，但是通常来讲，使用虚拟机，内存往往不足 4GB，因此需要调整 JVM 内存的大小。修改的方式是直接修改 runserver.sh 文件，代码如下：

```
vim /opt/rocketmq/bin/runserver.sh
```

（3）编辑这个脚本，修改 jdk 配置的路径，同时在脚本中将内存大小调整为 512MB，代码如下：

```
JAVA_OPT="${JAVA_OPT} -server -Xms512m -Xmx512m -Xmn256m -
XX:MetaspaceSize=128m -XX:MaxMetaspaceSize=320m"
```

（4）授权 mqnamesrv，代码如下：

```
chmod 777 /opt/rocketmq/bin/mqnamesrv
```

（5）然后用静默启动的方式启动 NameServer 服务，代码如下：

```
nohup /opt/rocketmq/bin/mqnamesrv >/opt/rocketmq/nameServerLog 2>&1 &
```

（6）启动完成后，如果在 nohup.out 里看到这一条关键日志就表明启动成功了，并且使用 jps 指令可以看到有一个 NamesrvStartup 进程，代码如下：

```
cat /opt/rocketmq/nameServerLog
```

注意：应尽量对文件夹的名字进行调整，不用多余的特殊字符。

2. 启动 Broker

（1）启动 Broker 的脚本是 runbroker.sh。Broker 的默认预设内存是 8GB，启动前，如果内存不够，则同样需要调整 JVM 内存，代码如下：

```
vim /opt/rocketmq/bin/runbroker.sh
```

（2）找到这一行，对内存进行调整，代码如下：

```
JAVA_OPT="${JAVA_OPT} -server -Xms512m -Xmx512m -Xmn256m"
```

（3）然后需要找到 $ROCKETMQ_HOME/conf/broker.conf，使用 vim 指令进行编辑，在最下面加入一个配置，代码如下：

```
vim /opt/rocketmq/conf/broker.conf
```

（4）配置示例，代码如下：

```
//第 10 章/10.1 broker.conf 配置
#定义 broker 集群名称
brokerClusterName=rocketmq-cluster
#定义 broker 名称
```

```
brokerName=broker-a
#定义 broker 的 id
brokerId=0
#定义 NameServer 的地址
namesrvAddr=192.168.160.128:9876
#定义 broker 的 IP 地址
brokerIP1=192.168.160.128
#定义默认主题队列数量
defaultTopicQueueNums=4
#启用自动创建主题
autoCreateTopicEnable=true
#启用自动创建订阅组
autoCreateSubscriptionGroup=true
#定义 broker 监听端口
listenPort=10911
#将文件保留时间设置为 04 小时
deleteWhen=04
#将文件保留时间设置为 120 秒
fileReservedTime=120
#将 commitLog 文件的大小设置为 1GB
mapedFileSizeCommitLog=1073741824
#将 consumeQueue 文件的大小设置为 300000
mapedFileSizeConsumeQueue=300000
#在强制销毁 mappedFile 时的命令间隔为 120000
destroyMapedFileIntervalForcibly=120000
#重新删除挂起文件的间隔为 120000
redeleteHangedFileInterval=120000
#将磁盘最大使用空间比率定义为 88%
diskMaxUsedSpaceRatio=88
#定义 rocketmq 的存储根目录
storePathRootDir=/opt/rocketmq/store
#定义 commitLog 存储路径
storePathCommitLog=/opt/rocketmq/store/commitlog
#定义 consumeQueue 存储路径
storePathConsumeQueue=/opt/rocketmq/store/consumequeue
#定义 index 存储路径
storePathIndex=/opt/rocketmq/store/index
#定义 checkpoint 存储路径
storeCheckpoint=/opt/rocketmq/store/checkpoint
#定义 abort 文件的存储路径
abortFile=/opt/rocketmq/store/abort
#将消息的最大大小定义为 65536 Bytes
maxMessageSize=65536
#将刷盘的最小页数定义为 4 页
flushCommitLogLeastPages=4
#将刷 ConsumeQueue 的最小页数定义为 2 页
flushConsumeQueueLeastPages=2
#将完全刷 commitLog 的时间间隔定义为 10000 毫秒
flushCommitLogThoroughInterval=10000
```

```
#将完全刷 ConsumeQueue 的时间间隔定义为 60000 毫秒
flushConsumeQueueThoroughInterval=60000
#将 broker 角色定义为同步主 broker
brokerRole=SYNC_MASTER
#将磁盘刷盘方式定义为同步刷盘
flushDiskType=SYNC_FLUSH
#关闭事务消息的检查
checkTransactionMessageEnable=false
#将发送消息线程池数量定义为 128 个线程
sendMessageThreadPoolNums=128
#将拉取消息线程池数量定义为 128 个线程
pullMessageThreadPoolNums=128
```

（5）授权 mqbroker，代码如下：

```
chmod 777 /opt/rocketmq/bin/mqbroker
```

（6）然后同样以静默启动的方式启动 runbroker.sh，代码如下：

```
nohup /opt/rocketmq/bin/mqbroker -c /opt/rocketmq/conf/broker.conf -n 192.168.
160.128:9876 >/opt/rocketmq/brokerlog 2>&1 &
```

（7）启动完成后，同样是检查 nohup.out 日志，如果有这一条关键日志就标识启动成功
了。并且 jps 指令可以看到一个 BrokerStartup 进程。

查看 brokerlog 日志文件，代码如下：

```
cat /opt/rocketmq/brokerlog
```

在观察 runserver.sh 和 runbroker.sh 时，可以查看 JVM 执行参数，这些参数都可以进
行定制。例如 nameServer 使用的是 CMS 垃圾回收器，而 Broker 使用的是 G1 垃圾回
收器。

3. 命令行快速验证

在 RocketMQ 的安装包中，提供了一个 tools.sh 工具可以用来在命令行快速验证
RocketMQ 服务。在 worker2 上进入 RocketMQ 的安装目录。

授权命令，代码如下：

```
chmod 777 /opt/rocketmq/bin/tools.sh
```

编辑 tool.sh 文件，代码如下：

```
vim /opt/rocketmq/bin/tools.sh
```

修改 jdk 配置路径，添加 NameServer 环境变量，代码如下：

```
export NAMESRV_ADDR=192.168.160.128:9876
```

然后启动消息生产者发送消息，默认会发 1000 条消息，代码如下：

```
/opt/rocketmq/bin/tools.sh org.apache.rocketmq.example.quickstart.Producer
```

启动消息消费者接收消息,代码如下:

```
export NAMESRV_ADDR=192.168.160.128:9876
/opt/rocketmq/bin/tools.sh
org.apache.rocketmq.example.quickstart.Consumer
```

启动后,就可以看到消费的消息。Consume 指令并不会结束,它会继续挂起,等待消费其他的消息。可以使用快捷键 Ctrl+C 停止该进程。

4. 关闭 RocketMQ 服务

要关闭 RocketMQ 服务可以通过 mqshutdown 脚本直接关闭。授权 mqshutdown,代码如下:

```
chmod 777 /opt/rocketmq/bin/mqshutdown
```

关闭 NameServer,代码如下:

```
sh /opt/rocketmq/bin/mqshutdown namesrv
```

关闭 Broker,代码如下:

```
sh /opt/rocketmq/bin/mqshutdown broker
```

在 RocketMQ 中,IsUserVIPChannel 是一个开关,用于控制是否启用 VIP 通道。VIP 通道是一个高优先级的网络通道,用于保证消息传输的稳定性和低延迟,特别适用于关键业务及高并发场景,但是,VIP 通道需要消耗额外的网络带宽和资源,同时会增加系统复杂度,因此在一些场景下可能并不适用。关闭 IsUserVIPChannel 按钮可以避免不必要的 VIP 通道的开销和负担,从而提高系统性能和效率,如图 10-1 所示。

图 10-1 关闭 IsUserVIPChannel

需要注意防火墙端口开放,代码如下:

```
#添加防火墙端口规则,10911代表端口号,tcp代表传输协议
firewall-cmd --add-port=10911/tcp --permanent
#添加防火墙端口规则,9876代表端口号,tcp代表传输协议
```

```
firewall-cmd --add-port=9876/tcp --permanent
#添加防火墙端口规则,10912 代表端口号,tcp 代表传输协议
firewall-cmd --add-port=10912/tcp --permanent
#添加防火墙端口规则,10909 代表端口号,tcp 代表传输协议
firewall-cmd --add-port=10909/tcp --permanent
#重新加载防火墙配置
firewall-cmd --reload
```

10.2　RocketMQ 的架构和基本原理

RocketMQ 是 Apache 的一个分布式消息系统,具有高可用性、高吞吐量和可靠性等特点。下面将对 RocketMQ 的架构和基本原理进行详细介绍。

10.2.1　架构

RocketMQ 的架构包含以下 4 个主要组件。

（1）NameServer：是 RocketMQ 的一个核心组件,用于管理 broker 实例的元数据信息,包括 topic、消费者组、路由信息等。

（2）Broker：是 RocketMQ 的存储和消息传递的核心组件。Broker 分为 Master 和 Slave 两种类型,Master 负责写入消息,Slave 则是 Master 的备份,负责消息的复制和同步。

（3）Producer：用于将消息发送到 RocketMQ 的组件,主要包括发送消息 API 和消息队列选择策略等。

（4）Consumer：用于接收消息,并消费其中的消息。Consumer 分为 Push Consumer 和 Pull Consumer 两种类型,Push Consumer 由 Broker 将消息推送给 Consumer,而 Pull Consumer,则需要主动从 Broker 拉取消息。

RocketMQ 的架构部分包含以下 4 个模块。

（1）生产者模块：生产者模块是 RocketMQ 的消息发送者,负责向指定的 Topic 发送消息。当生产者发送消息时,需要指定消息的 Topic 和 Tags,如果需要保证消息的可靠性,则需要使用同步发送方式。

下面是一个简单的生产者示例,代码如下：

```
//第 10 章/10.2.1 简单的生产者示例
import org.apache.rocketmq.client.exception.MQBrokerException;
import org.apache.rocketmq.client.exception.MQClientException;
import org.apache.rocketmq.client.producer.DefaultMQProducer;
import org.apache.rocketmq.client.producer.SendResult;
import org.apache.rocketmq.common.message.Message;
import org.apache.rocketmq.remoting.exception.RemotingException;

/**
 * 生产者类,用于发送消息到 RocketMQ
```

```
    */
public class Producer {
    public static void main (String [] args) throws MQClientException,
MQBrokerException, RemotingException, InterruptedException {
        //创建生产者实例,并指定生产者分组名称
        DefaultMQProducer producer =new DefaultMQProducer("producer_group");
        //设置 NameServer 的地址
        producer.setNamesrvAddr("127.0.0.1:9876");
        //启动生产者实例
        producer.start();
        //创建消息实例,参数依次为 Topic 名称、Tag 名称、消息体
        Message message =new Message("topic_test", "tag_test", "Hello RocketMQ".
getBytes());
        //发送消息,并获取发送结果
        SendResult result =producer.send(message);
        //打印发送结果
        System.out.println(result);
        //关闭生产者实例
        producer.shutdown();
    }
}
```

（2）消费者模块：消费者模块是 RocketMQ 的消息接收者，负责从指定的 Topic 中消费消息。消费者启动后，需要向指定的 Topic 订阅消息，同时在接收到消息后需要进行消息消费处理。

下面是一个简单的消费者示例，代码如下：

```
//第 10 章/10.2.1 简单的消费者示例
/**
 * 消费者类,用于消费 MQ 中的消息
 */
public class Consumer {
    public static void main(String[] args) throws MQClientException {
        //创建一个默认的推模式消费者,并将消费者组名指定为"consumer_group"
        DefaultMQPushConsumer consumer = new DefaultMQPushConsumer("consumer_
group");
        //设置 NameServer 的地址
        consumer.setNamesrvAddr("127.0.0.1:9876");
        //订阅一个 Topic,并且从所有的消息队列中消费
        consumer.subscribe("topic_test", "*");
        //注册用于处理消息的监听器,使用 Lambda 表达式实现
        consumer.registerMessageListener((MessageListenerConcurrently) (list,
context) ->{
            //循环遍历消息列表,并输出消息内容
            for (MessageExt message : list) {
                System.out.println(new String(message.getBody()));
            }
            //返回消费状态,表示消费成功
```

```
              return ConsumeConcurrentlyStatus.CONSUME_SUCCESS;
      });
      //启动消费者实例
      consumer.start();
      System.out.println("Consumer Started."); //输出启动消息
  }
}
```

（3）NameServer 模块：NameServer 模块是 RocketMQ 的服务注册中心，主要负责对消息生产者和消费者进行管理和调度。在 RocketMQ 中，每个 Broker 都需要向 NameServer 注册自己的信息，以便生产者和消费者能够找到对应的 Broker 并进行消息的发送和消费。

（4）Broker 模块：Broker 模块是 RocketMQ 的重要模块之一，重要职责是存储和转发消息。每个 Broker 负责管理多个 Topic 的消息，其中每个 Topic 都能设置多个 Queue 来存储消息，每个 Queue 都存储该 Topic 下一部分消息。Queue 的并行处理提高了消息处理效率。

下面是一个简单的 Broker 启动示例，代码如下：

```java
import org.apache.rocketmq.broker.BrokerController;
import org.apache.rocketmq.common.BrokerConfig;
import org.apache.rocketmq.remoting.netty.NettyClientConfig;
import org.apache.rocketmq.remoting.netty.NettyServerConfig;
import org.apache.rocketmq.store.config.MessageStoreConfig;

/**
 * Broker 类,作为主启动类
 */
public class Broker {
    /**
     * main 方法,程序的入口
     * @param args 命令行参数
     * @throws Exception 异常处理
     */
    public static void main(String[] args) throws Exception {
        //设置命令行参数
        String[] arg =new String[] {"-c", "conf/broker.conf"};
        //调用 main0 方法
        main0(arg);
    }
    /**
     * main0 方法,启动 BrokerController
     * @param args 命令行参数
     * @throws Exception 异常处理
     */
    public static void main0(String[] args) throws Exception {
        //创建 BrokerController 对象
```

```
        BrokerController controller =new BrokerController(
                new BrokerConfig(),
                new NettyServerConfig(),
                new NettyClientConfig(),
                new MessageStoreConfig());
        //启动 BrokerController
        controller.initialize();
        controller.start();
        //注册一个 JVM 关闭的钩子,用于在 JVM 关闭前关闭 BrokerController
        Runtime.getRuntime().addShutdownHook(new Thread(() ->{
                controller.shutdown();
        }));
        //使主线程休眠,保持程序运行
        Thread.sleep(Long.MAX_VALUE);
    }
}
```

以上就是 RocketMQ 的基本架构和原理,通过以上模块的协同,实现了消息的高可靠、高并发传输。

10.2.2 基本原理

RocketMQ 的消息传递基于发布/订阅模式,其中 Producer 用于将消息发布到特定的 Topic,而 Consumer 则用于从该 Topic 中消费消息。

1. 消息存储

Producer 发送的消息首先会存储到 Broker 的 Master 节点上,然后通过 Replication 机制同步到 Slave 节点,保证消息的可靠性和高可用性。Broker 中的消息使用 CommitLog 存储。

Broker 还会为每个 Topic 建立一个 TopicQueue,存储该 Topic 的消息。TopicQueue 由多个 MessageQueue 组成,每个 MessageQueue 只负责存储特定范围内的消息,以便 Broker 的负载均衡和扩展性。

2. 消息传递

在消息通信过程中,Producer 会将消息存储在一个选定的 MessageQueue 中,并将消息发送给 Broker 的 Master 节点。在等待 Master 节点返回确认消息后,消息就会被成功地存储在 Broker 中。

当 Consumer 需要消费消息时,它会先向 NameServer 请求消息队列的信息。接下来,Consumer 需要从 Broker 中拉取消息。对于 Push Consumer,Broker 会自动将消息推送给 Consumer,但对于 Pull Consumer,则需要 Consumer 自己从 Broker 中拉取消息。

3. 消息过滤

RocketMQ 提供基于 SQL 表达式的消息过滤机制,可以在 Consumer 端过滤掉不需要的消息。Consumer 可以通过指定 SQL 表达式来指定需要过滤掉的消息。

4. 事务消息

RocketMQ 具有事务消息的功能，Producer 在发送消息时可以开启事务，并在事务执行完成后进行事务的提交或回滚。这样一来，如果事务被成功提交，则相应的消息将会被发送到特定的 topic 中，否则消息将不会被发送。

10.3 Producer 和 Consumer 模型、发送和接收消息

RocketMQ 是阿里巴巴集团开发和维护的分布式消息队列系统。Producer 和 Consumer 是它的核心组件，用于消息的发送和接收。

10.3.1 Producer 模型

Producer 是用于发送消息的组件。Producer 将消息发送到 Topic，Topic 是消息的分类，用于区分不同类型的消息。Producer 可以发送同步、异步和单向消息。

1. 同步消息

同步消息是指一种阻塞式的消息发送方式。在同步消息发送过程中，发送者会向消息队列（MQ）发送一条消息，并等待 MQ 的响应。只有当 MQ 响应完成后，发送者才会继续执行自己的操作。在这个过程中，发送方的线程会被阻塞，无法执行其他操作，直到发送方收到确认消息为止。虽然同步消息能够保证消息的可靠性，但是它也会导致发送者的性能下降，因为发送者必须等待响应。以下是同步消息的示例，代码如下：

```
//第 10 章/10.3.1 同步消息的示例
//导入 RocketMQ 生产者相关的类库
import org.apache.rocketmq.client.producer.DefaultMQProducer;
import org.apache.rocketmq.common.message.Message;
import org.apache.rocketmq.common.protocol.ResponseCode;
import org.apache.rocketmq.remoting.exception.RemotingException;
//定义同步生产者类
public class SyncProducer {
    public static void main(String[] args) {
        try {
            //创建一个默认的生产者实例,并指定生产者组名
            DefaultMQProducer producer = new DefaultMQProducer("demo_group");
            //指定 NameServer 地址
            producer.setNamesrvAddr("localhost:9876");
            //启动生产者
            producer.start();
            //创建一条消息实例,指定消息主题、标签和内容
            Message message = new Message("demo_topic", "demo_tag", "Hello World".getBytes());
            //同步发送消息
            producer.send(message);
            //关闭生产者
```

```
            producer.shutdown();
        } catch (Exception e) {
            e.printStackTrace();
        }
    }
}
```

2. 异步消息

异步消息是一种非常流行的消息传递方式,它允许发送者向 MQ 发送消息,而不必等待 MQ 的响应。相反,发送者可以继续执行其操作,从而实现非阻塞式的消息传递。通过异步消息,发送方可以指定回调函数,在 MQ 返回结果时执行该函数。当 MQ 成功接收到消息后,将向发送者发送一个确认消息(Ack)。虽然异步消息可以提高发送者的性能,但它无法保证消息的可靠性,因为发送者无法得知消息是否成功发送,即以下是异步消息的示例,代码如下:

```
//第 10 章/10.3.1 异步消息的示例
//引入 RocketMQ 生产者类
import org.apache.rocketmq.client.producer.DefaultMQProducer;
//引入 RocketMQ 消息类
import org.apache.rocketmq.common.message.Message;
//引入 RocketMQ 远程通信异常类
import org.apache.rocketmq.remoting.exception.RemotingException;
public class AsyncProducer {
    public static void main(String[] args) {
        try {
            //创建生产者对象
            DefaultMQProducer producer = new DefaultMQProducer("demo_group");
            //设置 NameServer 地址
            producer.setNamesrvAddr("localhost:9876");
            //启动生产者
            producer.start();
            //创建消息对象
            Message message = new Message("demo_topic", "demo_tag", "Hello
World".getBytes());
            //异步发送消息,传入发送回调函数
            producer.send(message, new SendCallback() {
                @Override
                public void onSuccess(SendResult sendResult) {
                    //发送成功回调函数
                    System.out.printf("发送消息成功:%s%n", sendResult);
                }
                @Override
                public void onException(Throwable throwable) {
                    //发送失败回调函数
                    System.out.printf("发送消息失败:%s%n",
throwable.getMessage());
```

```
                }
            });
            //等待消息发送完成
            Thread.sleep(1000);
            //关闭生产者
            producer.shutdown();
        } catch (Exception e) {
            //打印异常信息
            e.printStackTrace();
        }
    }
}
```

3. 单向消息

单向消息是指发送者向 MQ 发送一条消息，不等待 MQ 的响应，也不关心消息是否成功发送。单向消息适用于不需要保证消息的可靠性的场景。单向消息是一种不需要等待消息服务器响应的消息发送方式，以下是单向消息的示例，代码如下：

```
//第 10 章/10.3.1 单向消息的示例
import org.apache.rocketmq.client.producer.DefaultMQProducer;
//导入 DefaultMQProducer 类
import org.apache.rocketmq.common.message.Message; //导入 Message 类
import org.apache.rocketmq.remoting.exception.RemotingException;
//导入 RemotingException 异常类
public class OnewayProducer {
    public static void main(String[] args) {
        try {
            DefaultMQProducer producer =new DefaultMQProducer("demo_group");
            //创建生产者
            producer.setNamesrvAddr("localhost:9876"); //设置 Name Server 地址
            producer.start(); //开启生产者
             Message message = new Message ("demo_topic", "demo_tag", "Hello
World".getBytes()); //创建消息对象
            //单向发送消息,不需要等待服务器响应
            producer.sendOneway(message);
            //等待消息发送完成
            Thread.sleep(1000);
            producer.shutdown(); //关闭生产者
        } catch (Exception e) {
            e.printStackTrace();
        }
    }
}
```

以上示例展示了如何使用 Java 编写 3 种 Producer 消息发送模式。

10.3.2　Consumer 模型

Consumer 是用于接收消息的组件。Consumer 从 Topic 中订阅消息，并在收到消息后对消息进行处理,然后向 MQ 发送 Ack 消息,告诉 MQ 已经成功接收到消息。RocketMQ 中的 Consumer 模型有两种模式:Pull 模式和 Push 模式。

1. Pull 模式

Pull 模式是一种消息获取方式,其核心思想是 Consumer 主动拉取 MQ 中的消息。在该模式下,Consumer 会发送 Pull 请求,MQ 则会将一定数量的消息返回给 Consumer。相较于其他的消息获取方式,Pull 模式具有更高的灵活性,可以随时控制消息的获取,但是,值得注意的是,由于需要 Consumer 主动发起请求,因此该模式存在一定的延迟。

Pull 模式是一种消息传递方式,其中 Consumer 主动从 Broker 中拉取消息。这种模式可以使用以下示例进行实现,代码如下:

```java
//第 10 章/10.3.2 Pull 模式
import org.apache.rocketmq.client.consumer.DefaultMQPullConsumer;
import org.apache.rocketmq.client.consumer.PullResult;
import org.apache.rocketmq.client.exception.MQBrokerException;
import org.apache.rocketmq.client.exception.MQClientException;
import org.apache.rocketmq.common.message.MessageExt;
import org.apache.rocketmq.common.message.MessageQueue;
import org.apache.rocketmq.remoting.exception.RemotingException;
import java.util.List;
import java.util.Set;

public class PullConsumer {
    public static void main(String[] args) throws MQClientException,
MQBrokerException, RemotingException, InterruptedException {
        //1. 创建消费者实例,需要指定消费者组名
        DefaultMQPullConsumer consumer =new
DefaultMQPullConsumer("group_name");
        //2. 设置 NameServer 地址
        consumer.setNamesrvAddr("localhost:9876");
        //3. 启动消费者实例
        consumer.start();
        //4. 获取指定 Topic 下的所有消息队列
        Set<MessageQueue>messageQueues =consumer.fetchSubscribeMessageQueues
("topic_name");
        //5. 遍历消息队列并拉取消息
        for (MessageQueue messageQueue : messageQueues) {
            //从指定队列中拉取偏移量为 0 开始的消息,最多 32 条
            PullResult pullResult =consumer.pull(messageQueue, "*", 0, 32);
            //处理拉取到的消息
            List<MessageExt>messageExtList =pullResult.getMsgFoundList();
            for (MessageExt messageExt : messageExtList) {
                System.out.println(new String(messageExt.getBody()));
            }
        }
        //6. 关闭消费者实例
```

```
        consumer.shutdown();
    }
}
```

在上述示例中，首先需要创建一个消费者实例，然后设置 NameServer 地址，启动实例，从指定 Topic 中拉取消息，然后处理拉取到的消息，最后关闭消费者实例。

2. Push 模式

Push 模式是指 MQ 向 Consumer 推送消息。MQ 发现有消息到达后，直接推送给 Consumer。Push 模式能够及时地将消息发送给 Consumer，但是可能会引发消息积压的问题。

Push 模式是 Broker 将消息推送给 Consumer 的方式，具体示例，代码如下：

```
//第 10 章/10.3.2 Push 模式
//定义一个名字为 PushConsumer 的类
public class PushConsumer {
    public static void main(String[] args) throws MQClientException {
        //1.创建一个消费者实例,需要给它一个消费者组名
        DefaultMQPushConsumer consumer = new DefaultMQPushConsumer ("group_
name");
        //2.设置 NameServer 的地址,也就是消息队列的服务地址(默认为 localhost:9876)
        consumer.setNamesrvAddr("localhost:9876");
        //3.订阅 Topic(主题)和 Tag(标签), * 代表所有的标签
        consumer.subscribe("topic_name", "*");
        //4.注册消息监听器,也就是处理消息的方法
        consumer.registerMessageListener(new MessageListenerConcurrently() {
            @Override
            public ConsumeConcurrentlyStatus consumeMessage(List<MessageExt>
messageExtList, ConsumeConcurrentlyContext context) {
                //对每条消息进行操作,此处只是简单地输出消息体
                for (MessageExt messageExt : messageExtList) {
                    System.out.println(new String(messageExt.getBody()));
                }
                return ConsumeConcurrentlyStatus.CONSUME_SUCCESS;
            }
        });
        //5.启动消费者实例
        consumer.start();
    }
}
```

在上述示例中，首先需要创建一个消费者实例，然后设置 NameServer 地址，订阅指定的 Topic 和 Tag，注册消息监听器，最后启动消费者实例。

总体来讲，Pull 模式适合于消费者有大量的业务逻辑需要处理，根据业务逻辑决定何时拉取消息；Push 模式适合于消费者只需简单地处理消息，而不需要耗费太多时间。

10.3.3 发送和接收消息

在使用 MQ 时，Producer 需要提供一些基本信息来发送消息，包括消息的 Topic、具体内容及属性等。当 Producer 发送消息时，MQ 会将消息封装成一个 Message 对象并进行传输。具体示例，代码如下：

```
//第 10 章/10.3.3 Producer 发送消息
import org.apache.rocketmq.client.consumer.DefaultMQPushConsumer;
import
org.apache.rocketmq.client.consumer.listener.ConsumeConcurrentlyContext;
import
org.apache.rocketmq.client.consumer.listener.ConsumeConcurrentlyStatus;
import org.apache.rocketmq.client.exception.MQClientException;
import org.apache.rocketmq.common.message.MessageExt;
import org.apache.rocketmq.common.protocol.heartbeat.MessageModel;
import org.slf4j.Logger;
import org.slf4j.LoggerFactory;

import java.util.List;
public class Consumer { //定义消费者类
    private static final Logger LOGGER =
LoggerFactory.getLogger(Consumer.class);   //定义日志
    private static final String NAMESRV_ADDR ="localhost:9876";
    //定义 NameServer 地址

    public static void main(String[] args) throws MQClientException {
        //程序主方法,可能会抛出 MQClientException 异常
        DefaultMQPushConsumer consumer =new
DefaultMQPushConsumer("ProducerGroupName");
        //创建消费者实例并指定 Producer Group 名称
        consumer.setNamesrvAddr(NAMESRV_ADDR); //设置 NameServer 地址
        consumer.subscribe("TopicName", "*"); //订阅 TopicName 主题和过滤条件
        consumer.setMessageModel(MessageModel.CLUSTERING);
        //设置消费消息模式为集群模式
        consumer.registerMessageListener((List<MessageExt>msgs,
ConsumeConcurrentlyContext context) ->{ //注册消息监听器
            //遍历消息列表并在日志中输出消息体
            for (MessageExt msg : msgs) {
                LOGGER.info("Received message: {}", new String(msg.getBody()));
            }
            return ConsumeConcurrentlyStatus.CONSUME_SUCCESS;
            //返回消息处理结果
        });
        consumer.start(); //启动消费者实例
        LOGGER.info("Consumer started."); //输出日志
        Runtime.getRuntime().addShutdownHook(new Thread(() ->{
            //注册钩子函数用于关闭消费者实例
            consumer.shutdown(); //关闭消费者
```

```
        LOGGER.info("Consumer shut down."); //输出日志
    }));
  }
}
```

当 Consumer 接收消息时，需要从 Topic 中订阅消息，并指定过滤条件。当有消息到达时，Consumer 会收到一个 Message 对象，并对消息进行处理。处理完成后，Consumer 向 MQ 发送 Ack 消息，告诉 MQ 已经成功接收到消息。具体示例，代码如下：

```
//第 10 章/10.3.3 Consumer 接收消息
import org.apache.rocketmq.client.consumer.DefaultMQPushConsumer;
//引入消费者相关类
import org.apache.rocketmq.client.exception.MQClientException;
//引入 RocketMQ 客户端异常类
import org.apache.rocketmq.client.impl.consumer.DefaultMQPushConsumerImpl;
//引入消费者实现类
import org.apache.rocketmq.client.impl.consumer.ProcessQueue;
//引入消息处理队列类
import org.apache.rocketmq.client.impl.consumer.ProcessQueueListener;
//引入消息处理队列监听器类
import org.apache.rocketmq.client.log.ClientLogger; //引入客户端日志类
import org.apache.rocketmq.common.message.Message; //引入消息类
import org.apache.rocketmq.common.message.MessageExt; //引入消息扩展类
import org.apache.rocketmq.common.protocol.heartbeat.MessageModel;
//引入消息模式枚举类
import org.slf4j.Logger; //引入日志类
import java.util.List; //引入列表类
public class Consumer { //定义消费者类
    private static final Logger LOGGER =ClientLogger.getLog(); //定义日志
    private static final String NAMESRV_ADDR ="localhost:9876";    //定义 NameServer 地址

    public static void main(String[] args) throws MQClientException {
    //程序主方法,可能会抛出 MQClientException 异常
        DefaultMQPushConsumer consumer =new
DefaultMQPushConsumer("ProducerGroupName");
        //创建消费者实例并指定 Producer Group 名称
        consumer.setNamesrvAddr(NAMESRV_ADDR); //设置 NameServer 地址
        consumer.subscribe("TopicName", "*"); //订阅 TopicName 主题和过滤条件
        consumer.setMessageModel(MessageModel.CLUSTERING);
        //将消费消息模式设置为集群模式
        consumer.registerMessageListener((List<MessageExt>msgs,
ConsumeConcurrentlyContext context) ->{ //注册消息监听器
            //遍历消息列表并在日志中输出消息体
            for (MessageExt msg : msgs) {
                LOGGER.info("Received message: {}", new String(msg.getBody()));
            }
```

```
            return ConsumeConcurrentlyStatus.CONSUME_SUCCESS; //返回消息处理结果
    });
    consumer.start(); //启动消费者实例
    LOGGER.info("Consumer started."); //输出日志
    Runtime.getRuntime().addShutdownHook(new Thread(() ->{
    //注册钩子函数,用于关闭消费者实例
        consumer.shutdown(); //关闭消费者
        LOGGER.info("Consumer shut down."); //输出日志
    }));
    }
}
```

　　本节介绍了如何使用 RocketMQ 的 DefaultMQPushConsumer 类进行消息订阅和消费。首先设置了 NameServer 的地址,然后订阅了 TopicName 主题并设置了过滤条件 * ,这样消费者就能接收到所有相关消息。接下来,注册了一条消息监听器(registerMessageListener)来处理收到的消息,并在控制台上打印出消息内容。最后,启动(start)了消费者,它会自动拉取消息并进行处理。该示例代码可以根据需要进行修改以满足业务需求。

　　当接收到一条消息时,RocketMQ 将创建一个 MessageExt 对象,该对象包含了消息的所有元数据和消息内容。在消息处理完成后,需要向 MQ 发送 Ack 消息,以告诉 MQ 已经成功接收到消息,这可以通过返回 ConsumeConcurrentlyStatus.CONSUME_SUCCESS 实现。在代码的最后,使用 addShutdownHook 方法注册了一个 JVM 关闭钩子,以便在应用程序关闭时调用消费者的 shutdown 方法来正确地停止消费者。

　　RocketMQ 的 Producer 和 Consumer 模型提供了非常灵活的消息发送和接收方式,能够满足各种不同场景下的需求。同时,RocketMQ 还提供了多种高级特性,如分布式事务、消息过滤、定时消息等,能够满足更加复杂的业务需求。RocketMQ 的 Producer 和 Consumer 模型分别用于发送和接收消息。Producer 将消息发送到 Broker,Consumer 从 Broker 消费消息。

10.4　消息存储机制和消息队列的分布式特性

　　RocketMQ 是一个可靠的跨语言消息队列系统,实现了高度的可扩展性和容错性能。该系统专注于每条消息的存储和分发,为消息传输提供了强大的支持。

10.4.1　存储机制

　　RocketMQ 使用了类似于数据库的存储方式：每个主题(Topic)对应一个日志文件(Log),每个日志文件由若干消息文件(Message File)组成,每个消息文件最大为 1GB。每个消息文件支持两种模式：顺序写入模式和随机读取模式。

　　在 RocketMQ 的消息传递过程中,Producer 将消息发送给 Broker,然后 Broker 会在内存缓存中保存消息,并将消息写入预分配的消息文件中。如果该消息文件已满,则会创建一个新的消息文件。当消息被成功传递时，Broker 会在 Commit Log 中记录消息的索引信息，并将消息状态设置为已发送。此外，Broker 还会为每个消费者维护一个消息消费队列，以便为每个消费者提供独立的消息订阅和消费位置。消费者在消费消息时，向 Broker 请求消息并根据消费位置在消息消费队列中查找消息索引信息。Broker 获取消息文件后，进行相应的读取和消费。当消息被消费完毕后，Broker 会将消息状态设置为已消费。

RocketMQ 的消息存储机制采用了内存映射文件（MappedByteBuffer）技术，实现了高效率的数据写入和读取。此外，RocketMQ 还支持主从同步和异步复制等方式来保证消息的可靠性。消息存储机制实现的具体步骤包括消息存储在 Broker 节点上，每个节点可以存储多个 Topic 的消息。每个 Topic 由多个 Queue 组成，每个 Queue 可以存储多条消息，消息的写入和读取都是按照顺序进行的。消息存储的位置和状态信息存储在 commitlog 和 consumequeue 文件中，其中 commitlog 文件用于记录所有消息的数据内容，consumequeue 文件用于记录每个消费组消费的进度信息。

RocketMQ 是一种开源的分布式消息传递系统，采用了高性能和可靠的消息存储机制。这个存储机制可以用一个富有启发性的故事来形容。在小村庄里，村民们通过写信来交流信息。每次写信时，会将信的内容放入信封中，并写上收信人和寄信人的地址，然后将信交给邮递员。邮递员会收集所有的信件，并将它们按照收件人的地址分类。接下来，他会将每个收件人的信件打包成信封，并将这些信封交给邮局。邮局会再次分类，并将每个收件人的信封放入邮箱中。当收件人到邮局领信时，邮局会从相应的邮箱中取出这个收件人的信封，并将信封交给这个收件人。收件人可以打开信封，读取信件的内容。

RocketMQ 的消息存储机制类似于这个故事。生产者将消息发送到指定的 Topic 中，消息会被打包成一个 Message，并包含 Topic 名称和消息内容，然后这个 Message 会被发送到 Broker 的一个队列里。Broker 会收集所有的消息，并将它们分类到相应的 Topic 和队列中。每个队列都有一个文件夹，只存储该队列的消息，文件夹的命名规则为"主题名称-队列 ID"。消息文件的命名规则为"消息序号-value"。

当消费者准备从队列中获取消息时，会从主题对应的队列文件夹中获取该队列的所有消息文件，然后按照消息序号的顺序读取每个消息文件，以避免消息丢失或重复。一旦消息被消费者读取，它就被认为是已经消费，Broker 不会再向该消费者发送该消息。RocketMQ 的消息存储机制使其能够实现高性能和可靠的消息传递。同时，Broker 管理了所有的消息，负责将消息分发给相应的消费者，类似于邮差和邮局。RocketMQ 的这种存储机制为分布式消息传递系统带来了更高的效率和可靠性。

RocketMQ 的消息存储主要由 CommitLog、ConsumeQueue、索引文件和定时消息文件等部分构成，其中，CommitLog 是核心组件，用于将消息持久化到磁盘。每个 Broker 节点都有自己的 CommitLog 以保证高可用性和故障恢复。每条消息包含一个偏移量（offset）和消息体（body），偏移量可以用于定位和读取消息，消息体是二进制数据。

1. ConsumeQueue

ConsumeQueue 是用于消费消息的数据结构,它保存了每个消费者已经消费到的消息偏移量,以便消费者重新启动后可以从上次消费的位置继续消费。ConsumeQueue 中的每个文件对应一条消息主题和消息队列。ConsumeQueue 文件中保存的是消息偏移量和消息大小等信息。代码如下:

```
//初始化 ConsumeQueue
ConsumeQueue consumeQueue =new ConsumeQueue("topic", "queueId", "path", false);
//添加消息偏移量
consumeQueue.putMessagePositionInfo(100, 1024);
consumeQueue.putMessagePositionInfo(200, 2048);
//获取消息偏移量
long offset =consumeQueue.getMessageOffset(100);
//删除消息偏移量
consumeQueue.removeMessagePositionInfo(100);
```

构造方法中的参数依次为消息主题、消息队列 ID、ConsumeQueue 文件存储路径和是否启用 MappedFile;putMessagePositionInfo 方法用于添加消息偏移量和消息大小;getMessageOffset 方法用于获取消息偏移量;removeMessagePositionInfo 方法用于删除消息偏移量。

2. 索引文件

索引文件是用于快速查询消息的数据结构,它保存了消息索引信息,包括消息偏移量、消息所在文件、消息大小等信息。索引文件中的每个条目都对应一个消息关键字,如消息主题、消息标签、消息属性等。消费者可以根据关键字快速查询消息,并根据消息偏移量定位消息位置。

3. 定时消息文件

定时消息文件是用于存储延时消息的数据结构,它保存了每个延时消息的到期时间和消息偏移量等信息。定时消息文件与 CommitLog 相似,但它会把延时消息写入不同的文件中,以便在消息到期后再次投递。示例,代码如下:

```
//第 10 章/10.4.1 定时消息文件的示例
//延迟偏移序列化封装类
public class DelayOffsetSerializeWrapper implements Serializable {
    private static final long serialVersionUID =-1995189057563275838L;
    //序列化版本号
    private final long offset; //偏移量
    private final long expireTime; //过期时间
    public DelayOffsetSerializeWrapper(long offset, long expireTime) {
    //构造方法
        this.offset =offset;
        this.expireTime =expireTime;
    }
    public long getOffset() { //获取偏移量
```

```
            return offset;
        }
        public long getExpireTime() { //获取过期时间
            return expireTime;
        }
        @Override
        public String toString() { //重写 toString 方法
            return "DelayOffsetSerializeWrapper{" +
                    "offset=" +offset +
                    ", expireTime=" +expireTime +
                    '}';
        }
    }
```

上述代码定义了一个名为 DelayOffsetSerializeWrapper 的类，它保存了延时消息的偏移量和过期时间。在 Rocketmq 中，每个延时消息都会被包装成 DelayOffsetSerializeWrapper 对象，并写入定时消息文件中。

10.4.2　分布式特性

RocketMQ 是一个分布式消息队列系统，其具有良好的分布式特性，能够支持消息的分布式存储和消费。

首先，RocketMQ 支持 Broker 的水平扩展，每个 Broker 都可以处理消息的发送、存储和消费，并且多个 Broker 之间可以进行负载均衡和故障转移，从而提高了系统的可用性和可扩展性。其次，每个主题可以配置不同的副本数，使消息在多个 Broker 之间进行备份，从而提高了系统的可靠性。最后，消费者可以通过分组实现消息的并行消费，每个消费者只消费一部分消息，并且 RocketMQ 还支持消费者的负载均衡，使消息在多个消费者之间进行均衡分配，从而提高了系统的性能和可扩展性。

综上所述，RocketMQ 的分布式特性保证了系统的高可靠性、高性能和可扩展性，使 RocketMQ 成为一个优秀的分布式消息队列系统。其采用 Master-Slave 架构、多命名服务器集群部署和负载均衡算法等技术手段，确保消息队列的分布式特性得到有效维护和提升。

RocketMQ 是一个分布式消息队列系统，它可用以下故事来描述：故事中有一个大型电商网站，每天有数百万的订单需要处理。为了高效可靠地处理这些订单，该网站采用了 RocketMQ 作为订单处理的消息队列。RocketMQ 具有高可靠性、高性能和高扩展性等特点，使其成为电商网站的首选。RocketMQ 采用了分布式架构，将订单消息存储在多个 Broker 节点上，而消费者客户端则分配到不同的消费组中。每当一个新订单产生时，它会被发送到 RocketMQ 的某个 Topic，并被分发到不同的 Broker 节点中。这些节点与 ZooKeeper 进行通信，以保持 Broker 集群的正常运行状态。如果某个 Broker 节点出现故障，则它将被 ZooKeeper 移除，而其他节点将接管其工作。在消费者端，每个消费组有多个消费者客户端，它们将从不同的队列中消费消息。消费者客户端也可以在多个进程或机器上运行，以加快消费速度和提高可用性。当一条消息被处理后，它将从队列中删除，确保每条消息只被消费一次。

　　RocketMQ 采用一种分布式的方式来处理消息,使它可以处理大量的消息并保证可靠传递。这种分布式方式也使 RocketMQ 能够在需要扩展时,只需添加更多的 Broker 节点,并且能够自动将消息分发到新的节点上,使 RocketMQ 成为一个非常强大的消息处理框架。

　　RocketMQ 的分布式特性主要包括 3 个方面。首先,RocketMQ 采用主从复制的方式来保证高可用性,每个主题的数据都会被复制到多个 Broker 上,这样即使发生 Broker 宕机,也可以自动切换到备用 Broker 上,从而保证消息的可靠传递。其次,RocketMQ 的消息存储是基于分布式文件系统实现的,可以存储海量的消息数据,这也为 RocketMQ 的高性能提供了基础保障。最后,RocketMQ 的生产者和消费者可以分布在不同的机器上,通过网络传输消息,从而实现分布式传输。

　　综上所述,RocketMQ 的分布式特性使它能够处理大量的消息并保证可靠传递,同时还具备高可用性、分布式存储和分布式传输等优势。这些优点也使 RocketMQ 成了一个非常适用于大规模应用和分布式场景下的消息处理框架。

　　以下是示例,演示 RocketMQ 分布式特性,代码如下:

```
//第 10 章/10.4.2 RocketMQ 分布式特性
//创建一个生产者实例
DefaultMQProducer producer =new DefaultMQProducer("producerGroup");
//创建名为 producerGroup 的生产者实例
producer.setNamesrvAddr("127.0.0.1:9876"); //设置 NameServer 的地址
producer.start(); //启动生产者实例
//创建一个消费者实例
DefaultMQPushConsumer consumer =new DefaultMQPushConsumer("consumerGroup");
//创建名为 consumerGroup 的消费者实例
consumer.setNamesrvAddr("127.0.0.1:9876"); //设置 NameServer 的地址
consumer.subscribe("topic1", "*"); //订阅名为 topic1 的主题,并且选择所有的消息
consumer.registerMessageListener(new MessageListenerConcurrently() {
    //注册一个并发消息监听器
     public ConsumeConcurrentlyStatus consumeMessage (List < MessageExt > msgs,
ConsumeConcurrentlyContext context) { //当有消息到达时会调用这种方法
        System.out.println("Receive New Messages: " +msgs); //打印收到的消息
        return ConsumeConcurrentlyStatus.CONSUME_SUCCESS; //返回消息消费状态
    }
});
consumer.start(); //启动消费者实例
//发送消息
for (int i =0; i <10; i++) {
    Message message = new Message("topic1", "tag1", ("Hello RocketMQ " + i).
getBytes());
    //创建一条消息,将主题设置为 topic1,标签为 tag1,消息内容为 Hello RocketMQ i
    producer.send(message); //发送消息
}
```

```
//关闭生产者和消费者实例
producer.shutdown(); //关闭生产者实例
consumer.shutdown(); //关闭消费者实例
```

在代码示例中,创建了一个生产者和消费者实例,并设置了 NameServer 的地址进行通信。生产者通过网络将消息发送到 Broker 上,消费者从 Broker 订阅并消费消息。在这个过程中,生产者和消费者可以分布在不同的机器上,通过网络连接实现分布式传输。如果 Broker 宕机,系统则可以自动切换到备用 Broker 上,实现高可用性。所有的消息数据存储在分布式文件系统中,实现消息的分布式存储。

10.5　消息订阅模式和消费者模式

RocketMQ 是一种分布式消息中间件,其中消息订阅模式和消费者模式是其中重要的组成部分。在下面的几节中,将详细介绍 RocketMQ 的这两种模式。

10.5.1　消息订阅模式

RocketMQ 是一种消息发布与订阅系统,其订阅模式主要分为发布/订阅模式和点对点模式。在发布/订阅模式中,所有消息订阅者都可以接收发布到主题的所有消息,而在点对点模式下,每条消息只会被一个消息订阅者接收到。RocketMQ 支持订阅者对消息进行过滤,例如根据主题、标签等类型进行筛选,只接收所需类型的消息。此外,RocketMQ 还支持广播模式,即每个消息订阅者都可以接收到发布到该主题下的所有消息。

1. 发布/订阅模式

RocketMQ 采用主题(Topic)为基础的消息订阅模式,实现了发布/订阅功能。具体可以使用以下 Java 代码进行发布/订阅。

发布者,代码如下:

```
//第 10 章/10.5.1 发布者
//导入 RocketMQ 客户端的 DefaultMQProducer 类
import org.apache.rocketmq.client.producer.DefaultMQProducer;
//导入 RocketMQ 消息类 Message
import org.apache.rocketmq.common.message.Message;
//Producer 类,用于将消息发送给 RocketMQ
public class Producer {
    //主函数
    public static void main(String[] args) throws Exception{
        //创建 DefaultMQProducer 实例,并将组名设置为 example_group
        DefaultMQProducer producer = new DefaultMQProducer("example_group");
        //设置 RocketMQ 的 nameserver 地址
        producer.setNamesrvAddr("localhost:9876");
        //启动 DefaultMQProducer 实例
        producer.start();
```

```
            //创建一条消息实例,Topic 为 example_topic,tag 为 example_tag,内容为"Hello
            //RocketMQ"
            Message message = new Message("example_topic", "example_tag", "Hello
RocketMQ".getBytes());
            //将消息发送到 RocketMQ
            producer.send(message);
            //关闭 DefaultMQProducer 实例
            producer.shutdown();
        }
}
```

订阅者,代码如下:

```
//第 10 章/10.5.1 订阅者
//引入 RocketMQ 的消费者 API 和消息监听器 API
import org.apache.rocketmq.client.consumer.DefaultMQPushConsumer;
import org.apache.rocketmq.client.consumer.listener.
MessageListenerConcurrently;
import org.apache.rocketmq.client.exception.MQClientException;
import org.apache.rocketmq.common.message.MessageExt;
//定义一个消费者类
public class Consumer {
    public static void main(String[] args) throws MQClientException {
        //创建一个默认的推送消费者实例,并指定消费者组名 example_group
        DefaultMQPushConsumer consumer = new
DefaultMQPushConsumer("example_group");
        //设置 NameServer 的地址
        consumer.setNamesrvAddr("localhost:9876");
        //订阅一个主题,这里使用通配符 *
        consumer.subscribe("example_topic", "*");
        //注册一条消息监听器,当消费者获取消息时会回调该方法
        consumer.registerMessageListener((MessageListenerConcurrently) (msgs,
context) -> {
            for (MessageExt msg : msgs) {
                //输出消息内容
                System.out.printf("%s Receive New Messages: %s %n", Thread.
currentThread().getName(), new String(msg.getBody()));
            }
            //返回消费状态
            return ConsumeConcurrentlyStatus.CONSUME_SUCCESS;
        });
        //启动消费者实例
        consumer.start();
        //输出启动成功的提示信息
        System.out.printf("Consumer Started.%n");
    }
}
```

在以上代码中,producer 将消息发送到名为 example_topic 的主题,consumer 订阅了这

个主题，当 producer 将消息发送到该主题时，consumer 就能接收到消息并处理。可以看出，RocketMQ 的发布/订阅模式是基于主题的，producer 将消息发送到主题，consumer 订阅主题并接收消息。

2. 点对点模式

RocketMQ 采用的点对点消息模式也被称为同步发送模式，意味着消息只能被单个消费者消费，具体实现如下。

生产者发送消息，设置消息的 Topic、Tag 和 Body 等属性，代码如下：

```
//第 10 章/10.5.1 生产者发送消息
//创建 DefaultMQProducer 实例,参数为 producer_group,可以理解为一个生产者组别名
DefaultMQProducer producer =new DefaultMQProducer("producer_group");
//将 NameServer 地址设置为 localhost:9876
producer.setNamesrvAddr("localhost:9876");
//启动生产者
producer.start();
//创建消息实例,topic 为"topic",tag 为"tag",消息内容为"Hello World"
Message message =new Message("topic", "tag", "Hello World".getBytes());
//发送消息并得到发送结果
SendResult result =producer.send(message);
//打印发送结果
System.out.println("SendResult: " +result);
//关闭生产者实例
producer.shutdown();
```

消费者订阅消息，设置消息的 Topic、Tag 和消费者组名，代码如下：

```
//第 10 章/10.5.1 消费者订阅消息
//创建一个名为 "consumer_group" 的推送消费者
DefaultMQPushConsumer consumer =new DefaultMQPushConsumer("consumer_group");
//将 NameServer 的地址指定为本地的 9876 端口
consumer.setNamesrvAddr("localhost:9876");
//订阅主题为 "topic"且标签为 "tag" 的消息
consumer.subscribe("topic", "tag");
//注册消息监听器,处理消息
consumer.registerMessageListener((MessageListenerConcurrently) (msgs,
context) ->{
    //输出线程名称和收到的消息内容
    System.out.printf(Thread.currentThread().getName() +" Receive Message: %s
%n", new String(msgs.get(0).getBody()));
    return ConsumeConcurrentlyStatus.CONSUME_SUCCESS;
});
//启动消费者
consumer.start();
//输出 "Consumer Started." 表示消费者已启动
System.out.printf("Consumer Started.%n");
```

消费者可以收到生产者发送的消息并进行消费，代码如下：

```
Consumer Started.
pool-1-thread-1 Receive Message: Hello World
```

在点对点模式下,同一个 Topic 可以被多个消费者订阅,但每条消息只能被其中的一个消费者消费。在此模式下,如果某个消费者宕机,则其他消费者仍然能够接收到该消费者未消费的消息。

10.5.2　消费者模式

RocketMQ 消费者模式允许消息订阅者通过消费者来接收消息。它包括两种模式,即集群消费模式和广播消费模式。

在集群消费模式下,多个消费者同时消费同一主题下的消息,每条消息只会被一个消费者接收到。这种模式可以提高消息消费的并发能力,因为多个消费者共同分担消费消息的压力。另外,在广播消费模式下,每个消费者都会接收到发布到该主题的所有消息。这种模式可以确保所有订阅者都能够接收到消息。

RocketMQ 的消费者模式是根据用户需求而定的,可以根据不同的场景选择不同的消费者模式。例如,如果需要提高消息消费的并发能力,则集群消费模式是更好的选择。如果需要将消息传递给所有的消费者,则可以选择广播消费模式。

RocketMQ 的消息订阅模式和消费者模式为用户提供了方便,可以根据订阅者的需求,灵活选择不同的模式,从而提高了中间件的可靠性和性能。

1. 集群消费模式

在 RocketMQ 的消费者模式中,集群消费模式是指多个消费者同时消费同一主题下的消息,每个消费者只消费部分消息。具体的实现代码如下。

首先,创建一个 DefaultMQPushConsumer 对象,并设置消费者组名和 NameServer 地址,代码如下:

```
//创建一个名为 "consumer_group" 的 DefaultMQPushConsumer 对象
DefaultMQPushConsumer consumer =new DefaultMQPushConsumer("consumer_group");
//将该消费者对象的 NameServer 地址设置为 "localhost:9876"
consumer.setNamesrvAddr("localhost:9876");
```

然后注册消息监听器、处理消息的回调函数,代码如下:

```
//第 10 章/10.5.2 注册消息监听器、处理消息的回调函数
//创建一条消息消费者,并注册一个并发消费消息的监听器
consumer.registerMessageListener(new MessageListenerConcurrently() {
    //实现接口中的方法,该方法会在消息到达时被调用
    @Override
     public ConsumeConcurrentlyStatus consumeMessage (List < MessageExt > msgs,
ConsumeConcurrentlyContext context) {
        for (MessageExt msg : msgs) {
            //在此处编写处理消息的逻辑
        }
```

```
            //返回消费状态,表示该消息是否被成功消费
        return ConsumeConcurrentlyStatus.CONSUME_SUCCESS;
    }
});
```

接下来,将消费者模式设置为集群模式,代码如下:

```
consumer.setMessageModel(MessageModel.CLUSTERING);
```

最后,启动消费者,代码如下:

```
consumer.start();
```

这样,创建一个 RocketMQ 集群消费模式的消费者。不同消费者可以共用同一消费者组名来消费同一主题下的消息,每个消费者只会消费其中的一部分消息。这种方式可以提高消息消费的效率和可靠性。

2. 广播消费模式

RocketMQ 消费者的广播模式是指每个消费者在同一时刻都可以消费相同的消息,消息在发送后,每个消费者接收到后都会进行消费。以下是一个简单的示例,代码如下:

```
//第 10 章/10.5.2 广播模式
import org.apache.rocketmq.client.consumer.DefaultMQPushConsumer;
//引入 DefaultMQPushConsumer 类
import org.apache.rocketmq.client.exception.MQClientException;
//引入 MQClientException 类
import org.apache.rocketmq.client.consumer.listener.*;//引入消息监听相关接口
import org.apache.rocketmq.common.message.MessageExt;//引入 MessageExt 类
public class BroadcastConsumer {//定义类 BroadcastConsumer
    public static void main (String [] args) throws InterruptedException,
MQClientException { //主函数入口
        DefaultMQPushConsumer consumer =new
DefaultMQPushConsumer("consumerGroup");
        //创建 consumer 对象,将消费组名指定为 consumerGroup
        consumer.setNamesrvAddr("localhost:9876");//设置 namesrv 的地址

        consumer.subscribe("myTopic", "*");//订阅 myTopic 主题下的所有消息
        consumer.registerMessageListener(new MessageListenerConcurrently() {
                                                        //注册消息监听器

            @Override
            public ConsumeConcurrentlyStatus consumeMessage(List<MessageExt>
list, ConsumeConcurrentlyContext context) {//重写接口中的 consumeMessage 方法
                for (MessageExt messageExt : list) {//遍历消息
                    System.out.println(Thread.currentThread().getName() + "
Received message: " +new String(messageExt.getBody()));
                    //输出当前线程名和接收的消息内容
                }
                return ConsumeConcurrentlyStatus.CONSUME_SUCCESS;
```

```
                       //返回消费成功状态
              }
      });
      consumer.start();//启动 consumer
      System.out.println("Broadcast Consumer Started.");
      //输出消费者启动成功的提示信息
      }
}
```

在这个示例中,创建了一个 DefaultMQPushConsumer 对象,指定了消费者组名和 NameServer 的地址,然后订阅了一个名为 myTopic 的 Topic,并使用通配符 * 来接收所有消息。最后,向 DefaultMQPushConsumer 对象注册了一个 MessageListenerConcurrently 对象,该对象定义了如何处理接收的消息。在这个示例中,简单地打印出接收的消息中的内容。

注意,示例中使用了 push 模式,但也可以采用 pull 模式。只需将 DefaultMQPushConsumer 改为 DefaultMQPullConsumer,然后相应地调整代码。

当有多个广播消费者连接到同一个 Topic 上时,它们都会接收到相同的消息,并且每个消费者都会独立地进行消费。这种广播模式非常适用于需要多个消费者同时接收消息的场景,例如日志记录和系统监控等任务。

10.6　消息过滤机制和消息重试机制

RocketMQ 是一种可靠的分布式消息队列系统,能够有效地处理海量消息,其中,其特有的消息过滤和消息重试机制,能够在消息传递过程中自动进行过滤和重试,从而提高消息传递的可靠性和稳定性。

10.6.1　消息过滤机制

RocketMQ 提供了消息过滤机制,可以使用 SQL 表达式对消息进行过滤。通过为每条消息设置 Tag 属性,消息发送者可以指定消息类型。接收者可以通过订阅主题和指定 Tag 属性来接收特定类型的消息,从而避免不必要的消息对系统带来的压力。

RocketMQ 还支持基于主题的过滤,发送者可以为每个主题设置一个 Filter 表达式,只有表达式为 true 的消息才会被接收者接收。这些表达式使用 SQL92 标准的表达式表示为一个字符串,称为 Message Selector。使用 RocketMQ 的消息选择器,生产者和消费者都可以过滤消息,从而提高系统的性能和效率。

下面是一个示例生产者代码片段,它使用消息选择器来过滤消息,代码如下:

```
//创建一个名为 message 的消息对象,其中包括主题、标签、键、消息体
Message message =new Message("topic", "tag", "key", "body".getBytes());
//向消息中添加用户属性 "property",值为 "value"
```

```
message.putUserProperty("property", "value");
//使用生产者将消息发送出去，并接收发送结果
SendResult result =producer.send(message, message1 ->{
    //判断消息中用户属性 "property" 的值是否为 "value",如果是,则返回 true,否则返
    //回 false
    if (message1.getUserProperty("property").equals("value")) {
        return true;
    }
    return false;
});
```

在这个示例中，向消息中添加了一个自定义属性 property，并使用了 send（Message，SelectorCallback）方法来发送消息和过滤消息。在 SelectorCallback 的 onMessage 方法中，检查了 property 属性是否等于 value，如果是，则允许消息发送，否则拒绝消息发送。

10.6.2　消息重试机制

RocketMQ 提供了自动消息重试机制，以应对可能发生的消息发送失败的情况。如果消息发送失败，则该消息将被加入延迟重试队列中，并根据延迟时间自动进行重试。在指定的重试次数内，如果消息能够被成功发送，则它将被正常消费。否则该消息将被移到死信队列中等待人工干预。

此外，RocketMQ 还提供了定时任务消息机制，允许发送者指定消息在特定时间后才能被消费。这种机制通常用于控制消息的顺序和时间，以实现更加复杂的业务逻辑。在某些场景下，例如抢购和秒杀等业务场景，延时消息可以很好地控制消息的顺序和时间。

RocketMQ 的消息重试机制是指在消费者消费消息失败时自动重试多次。每条消息默认最多可以重试 16 次，并且每次重试的时间间隔指数级增长。如果消息仍然无法被消费，则该消息将被移动到死信队列中以便进一步处理。

下面是一个示例消费者代码片段，它使用 MessageListenerConcurrently 接口实现消息消费并处理消费过程中可能发生的异常，代码如下：

```
//使用 MessageListenerConcurrently 接口实现消息消费并处理消费过程中可能发生的异常
consumer. registerMessageListener ((MessageListenerConcurrently) (messages,
context) ->{
    try {
        for (MessageExt message : messages) {
            //消费消息的逻辑
            System.out.println(new String(message.getBody()));
        }
        return ConsumeConcurrentlyStatus.CONSUME_SUCCESS;
    } catch (Exception e) {
        //消费消息异常,自动重试
        return ConsumeConcurrentlyStatus.RECONSUME_LATER;
    }
});
```

在这个示例中,采用异常处理机制实现消息自动重试。RocketMQ 在消息消费过程中,若发生异常,则会重新将消息发送到队列,等待一段时间后再次尝试消费。连续多次重试失败后,消息被标记为死信,移动到死信队列中。

10.7 事务消息和顺序消息

阿里巴巴团队开发的 RocketMQ 是一个分布式消息中间件,支持实现事务和顺序消息。

10.7.1 事务消息

事务消息是保证消息发送和消息处理具有原子性的消息,即消息发送后,只有在消息处理成功后才将消息标记为已提交,否则消息回滚。

RocketMQ 的事务消息的实现方式分为两个阶段:预备阶段和正式提交阶段。

在消息传输的预备阶段,消息发送者会将消息发送到 RocketMQ 系统中,此时消息的状态被称为半消息。半消息不会被消费者消费,也不会被 broker 转发到其他 broker。此时执行业务逻辑,如果出现异常,则直接回滚消息,否则发送消息以确认请求。

在正式提交阶段,RocketMQ 会向消息发送者发起确认请求,如果收到了消息发送者的确认,则消息将被提交,否则消息将被回滚。

10.7.2 顺序消息

RocketMQ 是一个消息队列系统,它支持顺序消息的实现。顺序消息指的是消息按照发送的顺序被消费者消费的消息。RocketMQ 提供了两种顺序消息的实现方式:消息队列分区和消息分组。

消息队列分区方式是将不同业务的消息放置在不同的队列中,每个队列按顺序被消费。这种方式在消息流量比较大的情况下可以保证消息的有序性,但是当消息流量较小时,可能会造成某些消息队列被一直闲置。

消息分组方式是将同一业务的消息放置在同一组内,每个分组内的消息按照顺序被消费。这种方式可以在不同的分组之间分配负载,保证消息处理的效率,但是可能会造成某个分组的消息积压。

在使用 RocketMQ 的事务消息和顺序消息的实现方式时,需要根据实际的业务场景进行选择,以提高消息的可靠性和有序性。

10.7.3 代码示例

RocketMQ 事务消息的实现方式,代码如下:

```
//RocketMQ 事务消息的实现方式
//创建事务消息生产者
```

```
TransactionMQProducer producer =new TransactionMQProducer("producer_group");
//设置事务监听器
producer.setTransactionListener(new TransactionListenerImpl());
//启动生产者
producer.start();
//创建事务消息
Message message =new Message("topic", "tag", "key", "body".getBytes());
//发送事务消息
TransactionSendResult result = producer. sendMessageInTransaction ( message,
null);
```

事务监听器实现，代码如下：

```
//第 10 章/10.7.3 事务监听器实现
Public class TransactionListenerImpl implements TransactionListener{
    @Override
     public LocalTransactionState executeLocalTransaction ( Message message,
Object o) {
        //执行本地事务,并返回事务执行结果
        return LocalTransactionState.UNKNOWN;
    }
    @Override
    public LocalTransactionState checkLocalTransaction(MessageExt messageExt) {
        //查询本地事务状态,并返回事务状态
        return LocalTransactionState.COMMIT_MESSAGE;
    }
}
```

RocketMQ 顺序消息的实现方式，代码如下：

```
//第 10 章/10.7.3 RocketMQ 顺序消息的实现方式
import org.apache.rocketmq.client.producer.DefaultMQProducer;
import org.apache.rocketmq.client.producer.MessageQueueSelector;
import org.apache.rocketmq.common.message.Message;
import org.apache.rocketmq.client.producer.SendResult;
import org.apache.rocketmq.common.message.MessageQueue;
import java.util.List;

public class OrderlyProducer {
    public static void main(String[] args) throws Exception {
        //创建有序消息生产者
        DefaultMQProducer producer =new DefaultMQProducer("producer_group");
        //启动生产者
        producer.start();
        //创建有序消息
        Message message =new Message("topic", "tag", "key", "body".getBytes());
        //发送有序消息
        SendResult result =producer.send(message, messageQueueSelector, "order_
key");
```

```
    }
    //消息队列选择器
    static MessageQueueSelector messageQueueSelector =new MessageQueueSelector() {
        @Override
        public MessageQueue select (List<MessageQueue> list, Message message,
Object o) {
            //根据业务需求,选择对应的消息队列
            int index =Math.abs(o.hashCode()) %list.size();
            return list.get(index);
        }
    };
}
```

10.8　高可用性和容错性设计

RocketMQ 是一个开源的分布式消息队列系统,它的高可用性和容错性设计是其受欢迎的主要原因之一。

10.8.1　消息数据持久化

RocketMQ 保证消息不会丢失,通过消息数据持久化到磁盘实现。RocketMQ 使用基于 Write Ahead Log 的存储方式,消息在发送前被写入磁盘文件。每个 Topic 将消息分成多个 1GB 文件进行存储,写满后自动切换到下一个文件。RocketMQ 的异步刷盘模式提高了消息吞吐量,而同步刷盘模式保证了消息的可靠性,开发者可以选择适合自己的模式。

RocketMQ 使用消息数据持久化机制,即使服务器宕机或重启,也能够恢复之前保存的消息数据。开发者可以按照以下步骤配置持久化机制:

(1) 在 broker.conf 文件中设置 flushDiskType＝ASYNC 或者 SYNC,选择刷盘模式。

(2) 设置 flushInterval 和 flushPageCache,调整刷盘频率和影响范围。

(3) 设置 storePathRootDir,指定存储路径。

通过以上配置,RocketMQ 可以更好地保证消息数据的可靠性和恢复性。

示例 broker.conf 配置,代码如下:

```
//第10章/10.8.1 broker.conf 配置持久化机制
#设置 broker 集群名称
brokerClusterName ="example-cluster"
#设置 broker 名称
brokerName ="example-broker"
#设置 broker ID
brokerId =0
#设置端口号
listenPort =10911
#设置存储路径的根目录
```

```
storePathRootDir ="/data/rocketmq/store"
#将 broker 角色设置为异步主节点
brokerRole ="ASYNC_MASTER"
#将磁盘刷新方式设置为异步刷新
flushDiskType ="ASYNC_FLUSH"
```

使用消息 producer 将消息发送到 broker，消息发送后将立即返回成功，无须等待 broker 确认收到消息。

使用消息 consumer 从 broker 消费消息，RocketMQ 提供多种消费模式，包括推消费（Push Consumer）和拉消费（Pull Consumer）两种模式。在推消费模式下，RocketMQ 会主动将消息推送给消费端，而在拉消费模式下，消费端需要主动拉取消息。

在 RocketMQ 的 broker.conf 配置文件中，可指定以下参数以启用消息持久化存储模式：storePathRootDir、storeCommitLogFileSize、deleteWhen、fileReservedTime、flushDiskType、flushIntervalDefault 及 maxTransferBytesOnMessageInMemory，其中，storePathRootDir 可以指定消息持久化存储的根目录，而 storeCommitLogFileSize 可以设置每个 CommitLog 文件的大小。deleteWhen 则设置了 CommitLog 和 Index 文件被删除的条件，包括 INTERVAL、SPACE 及 WHEN_NOT_IN_USE。fileReservedTime 则用于设置文件保留时间，即多长时间内未被访问，则可被删除。同时，用户还可以设置 flushDiskType 以指定数据同步方式，包括 SYNC_FLUSH 和 ASYNC_FLUSH。flushIntervalDefault 则用于设置数据刷盘间隔，单位为毫秒。最后，用户还可以通过 maxTransferBytesOnMessageInMemory 设置单次内存中转移消息的最大字节数。

示例 broker.conf 配置，代码如下：

```
//第 10 章/10.8.1 指定参数以启用消息持久化存储模式
#将 Broker 集群名称配置为 example-cluster
brokerClusterName =example-cluster
#将 Broker 名称配置为 example-broker
brokerName =example-broker
#将 Broker ID 配置为 0
brokerId =0
#将 Broker 监听端口配置为 10911
listenPort =10911
#将消息存储根目录配置为 /data/rocketmq/store
storePathRootDir =/data/rocketmq/store
#配置消息存储时每个 commit log 文件的大小为 1024 MB
storeCommitLogFileSize =1024
#将消息删除策略配置为每隔一定时间间隔删除消息,将时间间隔配置为 INTERVAL
deleteWhen =INTERVAL
#将消息存储文件保留时间配置为 72 小时
fileReservedTime =72
#将刷盘方式配置为异步刷盘
flushDiskType =ASYNC_FLUSH
#将消息发送时默认的刷盘间隔配置为 1000 ms
flushIntervalDefault =1000
```

```
#将在内存中缓存的单条消息最大大小配置为 65536 B
maxTransferBytesOnMessageInMemory=65536
```

10.8.2 主从复制机制

RocketMQ 使用主从复制机制确保消息队列的高可用性。主节点和从节点都存在于每个 Broker 节点中,这些节点会自动同步消息。如果主节点发生故障,则从节点可以升级为主节点。主从复制机制可以提高读取性能,因为每个从节点都可以作为独立的读取节点,从而提高了消息消费的吞吐量。

下面是 RocketMQ 使用主从复制机制的实现步骤和配置命令。

配置 Broker 的主从同步模式:在 rocketmq-broker 的 conf/broker.conf 配置文件中,找到主从同步配置项,代码如下:

```
#主从同步模式,ASYNC_MASTER 为异步复制,SYNC_MASTER 为同步复制,默认为异步复制
#ASYNC_MASTER:在异步复制模式下,主节点和从节点之间存在一定的数据延迟
#SYNC_MASTER:在同步复制模式下,主节点和从节点的数据完全一致,但是网络延迟会对整体响应
#时间产生影响,因为同步时需要等待从节点写入成功后才能返回主节点,因此,在选择主从同步
#模式时,需根据具体情况选择适合的模式
masterTransferMode=ASYNC_MASTER
```

配置 Broker 的主从同步节点:在 rocketmq-broker 的 conf/broker.conf 配置文件中,找到主从同步节点配置项,代码如下:

```
#主从同步节点配置,多个节点用逗号分隔
#格式:主节点名称和地址(格式为 brokerId@brokerName@brokerAddr:port),从节点名称和
#地址(格式为 brokerId@brokerName@brokerAddr:port)
#示例:1@broker-a@192.168.0.1:10911,2@broker-b@192.168.0.2:10911
masterAddress=1@broker-a@192.168.0.1:10911,2@broker-b@192.168.0.2:10911
```

其中,masterAddress 表示主节点和从节点的地址,格式为 brokerId @ brokerName @brokerAddr:port,多个节点用逗号分隔。

配置 Broker 的主从同步策略:在 rocketmq-broker 的 conf/broker.conf 配置文件中,找到主从同步策略配置项,代码如下:

```
#同步策略,ASYNC_FLUSH 表示在异步复制模式下写数据使用刷盘方式,SYNC_FLUSH 表示在同步
#复制模式下写数据使用刷盘方式
#ASYNC_FLUSH:主节点会将消息异步发送到从节点,并且不需要等待从节点确认,从而提高整个系
#统的写入性能
#SYNC_FLUSH:主节点会将消息同步发送到从节点,需要等待从节点确认,保证数据的强一致性
#但写入性能会受到影响
syncFlush=true
```

启动主从同步功能:启动 Broker 时,需要添加-m 参数,以便将当前 Broker 指定为主节点或从节点。例如,启动主节点,代码如下:

```
sh bin/mqbroker -c conf/broker.conf -n localhost:9876 -m master
```

启动从节点，代码如下：

```
sh bin/mqbroker -c conf/broker.conf -n localhost:9876 -m slave
```

监控主从同步状态：可以通过 RocketMQ 提供的 Admin API 查看主节点和从节点之间的同步状态。例如，通过获取 Broker 的 ClusterInfo 接口，可以获取当前 Broker 所在集群的主从关系和同步状态，代码如下：

```
curl http://localhost:8080/cluster/list
```

上述步骤和配置命令就是 RocketMQ 使用主从复制机制的基本实现方式。使用主从复制机制能够增强系统的可靠性和可用性，从而提高了系统的性能和稳定性。

10.8.3 自动容错和负载均衡

RocketMQ 的 Broker 节点管理通过 ZooKeeper 并利用 ZooKeeper 的 Watch 机制实现自动负载均衡和容错。如果 Broker 遇到故障或重启，ZooKeeper 则会更新其他节点的信息，让它们重新分配消息队列，以便实现故障转移和负载均衡。

RocketMQ 的负载均衡和自动容错是其最核心的功能之一。这意味着 RocketMQ 可以在出现故障或负载不均衡的情况下，保持高可用性。

RocketMQ 的自动容错使其在节点发生故障时，可以自动切换到备用节点以确保消息传输的可靠性。同时，负载均衡也可以自动调整节点负载，以避免集群出现瓶颈。

下面是 RocketMQ 自动容错和负载均衡的具体实现步骤：

（1）在 RocketMQ 集群中启动多个 Broker 节点，并配置好相应的主从关系。

（2）在 Producer 和 Consumer 客户端中配置好 RocketMQ 集群的地址，以便能够和集群中的对应 Broker 节点进行通信。

（3）在 RocketMQ 集群中启用自动容错和负载均衡功能，可以通过在 broker 配置文件中添加以下配置命令实现，代码如下：

```
//第 10 章/10.8.3 启用自动容错和负载均衡功能
#将自动创建 Topic 的开关设置为 true
autoCreateTopicEnable=true
#将自动创建订阅组的开关设置为 true
autoCreateSubscriptionGroup=true
#将 Broker 集群名称设置为 MyBrokerCluster
brokerClusterName=MyBrokerCluster
#将 Broker 名称设置为 MyBrokerName
brokerName=MyBrokerName
#将文件删除保留时间设置为 04h
deleteWhen=04
#将文件保留时间设置为 48h
fileReservedTime=48
```

其中,autoCreateTopicEnable 和 autoCreateSubscriptionGroup 用于启动自动创建 Topic 和 Subscription Group 功能,brokerClusterName 用于设置 Broker 集群的名称,brokerName 用于设置当前 Broker 节点的名称,deleteWhen 和 fileReservedTime 用于设置消息存储文件的删除时间和保留时间。

（4）在 Producer 和 Consumer 客户端代码中使用相应的 API 来发送和接收消息,同时可以设置消息的可靠性等级和负载均衡策略等。

（5）RocketMQ 集群能够自动检测节点的状态,并进行负载均衡和容错切换。例如,当一个 Broker 节点发生故障时,系统会自动将其切换到备用节点或者调整节点的负载。

需要注意的是,RocketMQ 自动容错和负载均衡功能只能在集群环境下使用,如果在单机模式下,则无法实现自动切换和负载均衡。此外,如果集群规模比较小,则可能出现负载均衡不够均匀的情况,此时可以通过手动调整节点负载来达到更好的负载均衡效果。

10.8.4　消费者重试机制

RocketMQ 的消费者重试机制是一项非常重要的功能。当消息消费失败时,它会自动尝试重新消费多次(默认为 16 次)。如果仍然无法成功,则该消息将被放置到一个特殊的死信队列中,等待人工处理。通过这种方式,RocketMQ 可以保证消息不会因消费失败而丢失,并提高消息的可靠性和用户体验。

此外,RocketMQ 还有其他高可用性和容错性的设计,包括消息数据持久化、主从复制机制、自动容错和负载均衡。这些设计都在不同程度上提高了 RocketMQ 在分布式系统中的稳定性和可靠性。对于开发者来讲,RocketMQ 是一种高效、可靠的消息通信解决方案,可以满足大规模分布式系统的通信需求。

下面是 RocketMQ 消费者重试机制的实现步骤:

对于需要设置重试次数的消费者,可以通过一些命令进行配置。在消费者启动时,需要考虑设置重试次数以确保消费者的有效性和数据的准确性。这里将介绍如何进行配置,代码如下:

```
//创建一个消费者,将消费者组名指定为"ConsumerGroup"
DefaultMQPushConsumer consumer =new DefaultMQPushConsumer("ConsumerGroup");
//将消息重试次数的最大值设置为 3 次
consumer.setMaxReconsumeTimes(3);
```

处理消费失败的回调函数。当消费者处理消息失败时,需要设置一个回调函数,用于处理消费失败的情况,例如记录日志、发送告警等。可以通过以下命令进行配置,代码如下:

```
//设置消费失败回调函数,创建一个消费者对象并设置消费失败回调函数,当消费者无法消费消息时
//会调用回调函数中的 onMessageFail 方法来处理消费失败情况
consumer.setConsumeFailCallback(new ConsumeFailCallback() {
    public void onMessageFail(MessageExt message) {
        //处理消费失败的情况
    }
});
```

启动消费者并消费消息。启动消费者后，可以通过以下命令开始消费消息，代码如下：

```
//第 10 章/10.8.4 启动消费者并消费消息
//消费者通过 subscribe 订阅 Topic 和 Tag
consumer.subscribe("Topic", "Tag");
//注册一条消息监听器，用于处理消费者监听到的消息
consumer.registerMessageListener(new MessageListenerConcurrently() {
    //实现 consumeMessage 方法，用来处理消息
    public ConsumeConcurrentlyStatus consumeMessage (List < MessageExt > msgs,
ConsumeConcurrentlyContext context) {
        //对于每条消息
        for (MessageExt message : msgs) {
            try {
                //进行消息处理
                //如果处理失败，则会自动重试
            } catch (Exception e) {
                //如果处理失败，则返回 RECONSUME_LATER(稍后重试)状态
                return ConsumeConcurrentlyStatus.RECONSUME_LATER;
            }
        }
        //处理成功，返回 CONSUME_SUCCESS(消费成功)状态
        return ConsumeConcurrentlyStatus.CONSUME_SUCCESS;
    }
});
//启动消费者
consumer.start();
```

当消费者处理消息失败时，会自动重试该消息，直到达到最大重试次数或消费成功为止。如果消费者达到最大重试次数仍然消费失败，则 RocketMQ 会把该消息放到一个死信队列中，避免消息丢失。

需要注意的是，消费者重试机制会对消费者的性能产生影响，因为每次重试都需要重新消费消息，因此，在设置消费者重试次数时，需要根据实际情况进行权衡，避免出现过多的重试次数导致性能下降。

10.9　消息轨迹功能

RocketMQ 的消息轨迹功能是指在消息发送和消费过程中，能够记录和追踪消息的具体路由和状态，包括消息生产者将消息发送到 Broker 的过程、消息在 Broker 之间转发的过程、消息消费者消费消息的过程等。通过消息轨迹功能，可以方便地追踪消息在整个系统中的传递路径和状态，从而帮助开发人员排查和解决消息传递过程中出现的问题。

10.9.1　消息轨迹的分类

消息轨迹可以分为 Producer 和 Consumer 两个方向，分别记录了消息从 Producer 到 Broker 和从 Consumer 到 Broker 的路由和状态信息。为了有效地记录和管理消息轨迹，消

息队列一般会提供相应的工具和 API,以方便用户查询和分析消息轨迹数据。同时,消息轨迹数据对于监控和排查消息队列问题也非常有帮助,可以帮助用户快速发现和解决各种异常情况,因此,在使用消息队列时,务必对消息轨迹进行充分了解和利用。

1. Producer 端的消息轨迹

对于 Producer 端来讲,消息轨迹包括发送消息的 IP 地址和端口号、发送消息的 topic 和 tag 信息、发送消息的时间戳、发送消息的 key、发送消息的类型(同步、异步、单向)、发送消息的结果(成功或失败)、发送消息的状态(发送成功、发送失败、发送超时等)及消息在 Broker 中的存储路径等信息。

2. Consumer 端的消息轨迹

对于 Consumer 端来讲,消息轨迹则包括 Consumer 消费消息的 IP 地址和端口号、Consumer 消费的 topic 和 tag 信息、Consumer 消费消息的时间戳、Consumer 消费消息的类型(集群消费、广播消费)、Consumer 消费消息的结果(成功或失败)及消息在 Broker 中的存储路径等信息。

10.9.2 消息轨迹的使用

1. Producer 端的消息轨迹

在 Producer 端使用消息轨迹功能的主要目的是方便开发人员追踪消息发送过程中出现的异常。当消息发送失败、发送超时或者 Broker 出现异常时,开发人员可以通过消息轨迹功能来查看消息的发送路径和状态,帮助排查问题。

2. Consumer 端的消息轨迹

在 Consumer 端使用消息轨迹功能的主要目的是方便开发人员追踪消息消费过程中出现的异常。当 Consumer 消费消息失败、消费超时或者 Broker 出现异常时,开发人员可以通过消息轨迹功能来查看消息的消费路径和状态,帮助排查问题。

10.9.3 消息轨迹的配置

在 RocketMQ 的配置文件中,可以通过设置以下两个参数来开启消息轨迹功能。

(1) enableMsgTrace:可以选择是否开启消息轨迹功能。该功能默认为关闭状态 (false)。

(2) msgTraceTopicName:消息轨迹的 topic 名称,默认为 RMQ_SYS_TRACE_TOPIC。

当开启消息轨迹功能后,Producer 和 Consumer 发送消息或者消费消息时,就会自动把消息轨迹记录到指定的 topic 中。

10.9.4 消息轨迹的扩展

RocketMQ 支持通过扩展消息轨迹插件来记录更为详细的消息轨迹信息。用户可以自定义消息轨迹插件来扩展消息轨迹功能,例如记录消息在系统中的流转时间、消息的发送者和接收者等信息。用户只需实现 RocketMQ 提供的 TraceHook 接口，然后将插件放到 classpath 下。

总之，RocketMQ 的消息轨迹功能能够为开发人员提供非常方便的消息追踪和问题排查手段，帮助开发人员快速定位和解决问题，从而提升系统的可靠性和稳定性。

10.9.5　代码示例

RocketMQ 的消息轨迹功能可以记录消息在生产者、Broker 和消费者之间的路由、存储和消费情况，以便消息追踪和问题排查。

以下是使用 RocketMQ Client API 来示例描述如何开启消息轨迹功能。

在生产者端，代码如下：

```
//设置消息轨迹的开关
producer.setTraceOn(true);
//设置消息轨迹的存储类型,支持文件和RocketMQ内置的存储方式
producer.setTraceDispatcher(new TraceDispatcherImpl(TraceDispatcher.Type.
FILE));
```

在消费者端，代码如下：

```
//将消息轨迹开关设置为开启状态
consumer.setTraceOn(true);
//将消息轨迹的存储类型设置为文件,并创建TraceDispatcherImpl对象
consumer.setTraceDispatcher(new TraceDispatcherImpl(TraceDispatcher.Type.
FILE));
```

通过设置 setTraceOn(true) 开启消息轨迹功能，在生产者和消费者端都需要设置。同时，还需要设置 setTraceDispatcher 以指定消息轨迹的存储类型。

10.10　身份验证和安全机制

RocketMQ 是一个流行的消息队列系统。它是一种开源的、分布式的系统，被广泛用于实际应用中。随着其使用率的不断增加，安全问题也日益受到关注。为了保护企业信息，RocketMQ 推出了一系列身份验证和安全机制。在本书中将对这些机制进行详细介绍。

10.10.1　身份验证

RocketMQ 支持多种身份验证方式，主要包括以下几种。

RocketMQ 支持多种身份验证方式，主要使用 AccessKey 和 SecretKey。

在 RocketMQ 系统中，每个用户都会有一组 AccessKey 和 SecretKey 用于身份验证。AccessKey 作为用户标识符，而 SecretKey 则充当密码。这种安全验证机制使 RocketMQ 能够确保用户的身份和权限，以便正常访问所需的 Topic。

使用 spring-cloud-starter-stream-rocketmq 代码示例描述 RocketMQ 使用 AccessKey

和 SecretKey 身份验证,代码如下:

```yaml
#配置 spring
spring:
  cloud:
    stream:
      default-binder: rocketmq #选择默认绑定器
      rocketmq:
        binder:
          #RocketMQ 的 NameServer 地址
          name-server: rmq-cn-lbj3fdu7v0f-vpc.cn-shanghai.rmq.aliyuncs.com:8080
          access-key: i9FLDM7y64IhEYd0
          secret-key: 91bk49IGxur57R7q
      binders: #可以绑定多条消息中间件
        rocketmq:
          #表示定义的名称,用于 binding 整合,名字可以自定义,在此处配置要绑定 rocket 的服
//务信息
          type: rocketmq
      bindings: #服务的整合处理
        rocketmqOutput: #通道名称
          #消息发往的目的地,对应的 topic 在发送消息的配置里,group 是不用配置的
          destination: rocket-destination
          #是否启用顺序消息,false 表示不启用
          consumer-orderly: false
          #设置消息类型,本次为 json,文本则设置为 text/plain,如果需要传输 json 的信息,那
//么在发送消息端需要设置 content-type 为 json(其实可以不写,默认 content-type 就是 json)
          content-type: application/json
          default-binder: rocketmq #如果没设定,则使用 default-binder 默认的
          #指定了消息分区的数量
          partitionCount: 2
          #指定分区键的表达式规则,可以根据实际的输出消息规则来配置 SpEL 生成合适的分区键
          partition-key-expression: headers.id3
        rocketmqInput:
          #消息发往的目的地,对应 topic
          destination: rocket-destination
          #设置消息类型,本次为 json,如果是文本,则设置为 text/plain
          content-type: application/json
          #设置要绑定的消息服务的具体设置
          default-binder: rocketmq
          #分组名称,在 rocket 中其实就是交换机绑定的队列名称
          group: my-rocketmq-group
          consumer:
            #初始/最少/空闲时消费者数量,默认为 1
            concurrency: 2
            #重试次数
            max-attempts: 3
            #通过该参数开启消费者分区功能
            partitioned: true
```

10.10.2　安全机制

RocketMQ 提供了多种安全机制，例如 Topic 访问权限、IP 白名单，以及 AccessKey 和 SecretKey 签名等，这些安全机制可以有效地保护 RocketMQ 消息传输的安全性，保障只有授权的用户和应用程序才能读取和发送消息。

在 RocketMQ 中，权限控制（ACL）被用来控制主题（Topic）资源的用户访问，以确保资源的机密性、完整性和可用性。如果对主题资源进行权限控制，则可以使用客户端的 RPCHook 注入 AccessKey 和 SecretKey 的签名，同时在配置文件（RocketMQ 的安装路径/conf/plain_acl.yml）中设置相应的权限控制属性，这些属性在 Broker 端对 AccessKey 的权限进行校验，如果权限校验未通过，将抛出异常。

在客户端中使用 RocketMQ 的 ACL 功能，需要引入一个依赖包，代码如下：

```xml
<dependency>
    <groupId>org.apache.rocketmq</groupId>
    <artifactId>rocketmq-acl</artifactId>
    <version>${rocketmq.version}</version>
</dependency>
```

Broker 端则需要进行配置，在 broker.conf 文件中打开 ACL 的标志：aclEnable=true，用 plain_acl.yml 进行权限配置，代码如下：

```yaml
#全局白名单,不受 ACL 控制
#通常需要将主从架构中的所有节点加进来
globalWhiteRemoteAddresses:
-192.168.122.129
-192.168.122.128
#账户信息
accounts:
#第 1 个账户
-accessKey: 123a45j678 #访问密钥
  secretKey: 123a45j678 #秘密密钥
  whiteRemoteAddress: #白名单 IP 地址,表示只有这些 IP 地址可以访问
  admin: false #是否拥有管理员权限
  defaultTopicPerm: DENY #默认 Topic 访问策略是拒绝
  defaultGroupPerm: SUB #默认 Group 访问策略是只允许订阅
  topicPerms: #Topic 访问权限,可以配置多个
  -topicA=DENY #topicA 拒绝
  -topicB=PUB|SUB #topicB 允许发布和订阅消息
  -topicC=SUB #topicC 只允许订阅
  groupPerms: #Group 访问权限,可以配置多个
      #将该组转换为重试 Topic
  -groupA=DENY
  -groupB=PUB|SUB
  -groupC=SUB
#第 2 个账户,只要是来自 192.168.122.* 的 IP,就可以访问所有资源
```

```
-accessKey: 023a45j678
  secretKey: 023a45j678
  whiteRemoteAddress: 192.168.122.*
  admin: true #如果是管理员,则可以访问所有资源
```

10.11　性能调优

RocketMQ 是一个优秀的消息队列系统,但在实际应用中,对其性能进行调优和监控是非常必要的。本书将详细介绍 RocketMQ 的性能调优和监控方法。

1. 增加 broker 数量

在处理高并发的情况下,单一 broker 往往无法满足消息处理的需求,因此,为了提高系统性能,增加 broker 数量便是解决方案之一。同时,需注意 broker 间的负载均衡。

假设现有 3 个 broker,每个 broker 配置为 4GB 内存和 4 个线程。需要增加一个 broker,配置为 8GB 内存和 8 个线程,同时调整消息存储路径和日志路径。

以下是执行此操作的步骤。

在 broker1、broker2 和 broker3 的配置文件中添加新的 broker 地址,代码如下:

```
broker1: localhost:10911
broker2: localhost:10912
broker3: localhost:10913
broker4: localhost:10914
```

复制 broker3 的配置文件,重命名为 broker4,并修改以下配置项,代码如下:

```
#将消息代理的名称设置为 broker4
brokerName=broker4
#监听端口为 10914
listenPort=10914
#将当前代理的 ID 设置为 4
brokerId=4
#将消息存储文件过期删除时间设置为 4 天
deleteWhen=04
#将消息存储文件保留时间设置为 48h
fileReservedTime=48
```

调整 JVM 参数,将 broker4 的内存设置为 8GB,代码如下:

```
JAVA_OPT="${JAVA_OPT} -server -Xms8g -Xmx8g -Xmn4g"
```

调整线程数,将 broker4 的线程数设置为 8,代码如下:

```
brokerProcessorThreadPoolNums=8
```

调整消息存储路径和日志路径,代码如下:

```
storePathRootDir=/data/rocketmq/broker4/store
storePathCommitLog=/data/rocketmq/broker4/store/commitlog
```

启动新的broker4，代码如下：

```
nohup sh bin/mqbroker -n localhost:9876 -c conf/broker.conf -d >/dev/null 2>&1 &
```

验证新的broker是否正常运行，代码如下：

```
bin/mqadmin clusterList -n localhost:9876
```

如果操作成功，则现在应该可以看到broker4加入了RocketMQ集群。这种方法可以提高RocketMQ群集的性能，通过添加更多的broker来扩展它。

2. 调整消费线程池参数

消费线程池可以实现对消费者并发消费的管理。在处理高并发情况下，需要对核心线程数、最大线程数、队列容量等参数进行适当调整。

RocketMQ的发送操作是阻塞的，如果直接在主线程发送，会增加主线程的压力，可能导致主线程阻塞和出现性能瓶颈，而使用全局线程池发送RocketMQ消息，则可以减小主线程的压力。在高并发的场景中，异步发送RocketMQ消息可以提高系统的吞吐量。由于异步发送RocketMQ消息时并不会阻塞主线程，因此可以在短时间内完成大量的消息发送，并发能力更强。在发送RocketMQ消息时，可能会发生一些异常，例如网络故障、消息队列已满等问题。如果在主线程中发送消息，会直接抛出异常并影响系统的稳定性，而采用异步发送方式，则可以通过添加错误处理机制，保证系统的可靠性。线程池提交任务发消息，代码如下：

```
@Resource
private StreamProducer straamProducer;
ThreadPoolExecutorUtil.getThreadPoolExecutor().execute(new Runnable() {
    @Override
    public void run() {
        straamProducer.sendMessage("发送消息");
    }
});
```

根据机器配置动态设置线程池参数，代码如下：

```
//第10章/10.11.1 动态设置线程池参数
import com.example.redpacketrain.enums.ThreadPoolEnum;
import java.util.Map;
import java.util.concurrent.*;
public class ThreadPoolExecutorUtil {
    //核心线程数
    public static int threadsum() {
        return Runtime.getRuntime().availableProcessors();
    }
    //享元模式,高并发场景下线程池的创建
```

```
        private static final Map<ThreadPoolEnum, ThreadPoolExecutor> strategyMaps = new
ConcurrentHashMap();
        //使用自定义线程池并行执行
        static org.apache.tomcat.util.threads.ThreadPoolExecutor executor = new
org.apache.tomcat.util.threads.ThreadPoolExecutor(
                threadsum() * 2,
        //核心线程数:io 类型的任务通常建议设置为 CPU 核心数的两倍左右
                (threadsum() * 2) * 4,
                //最大线程数:io 类型的任务建议设置为核心线程数的 2~4 倍
                60, //空闲线程存活时间
                TimeUnit.SECONDS, //时间单位
                new LinkedBlockingQueue<>(10000) //队列容量
        );
        //获取自定义线程池
        public static ThreadPoolExecutor getExecutor(ThreadPoolEnum
threadPoolEnum){
            ThreadPoolExecutor threadPoolExecutor =
strategyMaps.get(threadPoolEnum);
            if(threadPoolExecutor ==null) {
                strategyMaps.put(threadPoolEnum, executor);
                return strategyMaps.get(threadPoolEnum);
            }else {
                return threadPoolExecutor;
            }
        }
        //获取自定义线程池
        public static ThreadPoolExecutor getThreadPoolExecutor(){
            return getExecutor(ThreadPoolEnum.THREADPOOL);
        }
    }
}
```

3.调整消息存储参数

消息存储参数包括消息存储方式、文件数量、读写缓冲区大小等。可以通过调整这些参数,提高消息写入和读取的性能。

1) broker 配置文件

消息存储方式的代码如下:

```
#将消息存储到本地硬盘,可选的存储方式包括 RocketMQ、MySQL、PostgreSQL、Oracle 等
store.config.storePathRootDir=/data/rocketmq/store
store.config.storeType=RocketMQ
```

文件数量的代码如下:

```
#控制每个 CommitLog 文件的大小和数量
store.config.mapedFileSizeCommitLog=1073741824
store.config.deleteWhen=04
store.config.fileReservedTime=12
store.config.maxIndexNum=10
```

读写缓冲区大小，代码如下：

```
#控制消息读写缓冲区的大小,以及缓冲区的实现方式
store.config.flushDiskType=ASYNC_FLUSH
store.config.checkTransactionMessageEnable=false
store.config.bufferSize=131072
store.config.maxMessageSize=4194304
```

2）Linux 内核参数

设置 ulimit，代码如下：

```
ulimit -n 655350
```

设置 vm.extra_free_kBytes，代码如下：

```
echo "vm.extra_free_kBytes=4096">>/etc/sysctl.conf
sysctl -p
```

设置 vm.min_free_kBytes，代码如下：

```
echo "vm.min_free_kBytes=4096">>/etc/sysctl.conf
sysctl -p
```

设置 vm.max_map_count，代码如下：

```
echo "vm.max_map_count=262144">>/etc/sysctl.conf
sysctl -p
```

设置 vm.swappiness，代码如下：

```
echo "vm.swappiness=10">>/etc/sysctl.conf
sysctl -p
```

设置 file descriptor limits，代码如下：

```
echo "* soft nofile 655350">>/etc/security/limits.conf
echo "* hard nofile 655350">>/etc/security/limits.conf
```

4. 避免消息堆积

消息堆积可能导致系统性能下降，因此需要及时清理消息堆积。可以通过配置合适的消息存储容量和及时消费消息等方式来避免消息堆积。RocketMQ 避免消息堆积需要从多个方面进行优化，下面是一些示例。

1）设置消费者的最大线程数

消费者的最大线程数应该与队列数相符，避免出现消息堆积的情况。可以通过如下代码设置消费者的最大线程数，代码如下：

```
//创建一个 DefaultMQPushConsumer 对象,构造方法中的参数是消费者组的名称
consumer =DefaultMQPushConsumer("consumer-group")
//设置消费线程的最大数量,queueCount 是一个变量,用于控制线程数量
consumer.setConsumeThreadMax(queueCount)
```

2）设置消息处理的最大并发数

当消费者处理消息速度缓慢时，队列中就会积累大量的消息。可以通过设置消息处理的最大并发数来提升消费者的处理能力，代码如下：

```
//创建 DefaultMQPushConsumer 实例，consumer-group 为消费者组名
DefaultMQPushConsumer consumer =new DefaultMQPushConsumer("consumer-group");
//将最大消费线程数设置为 queueCount
consumer.setConsumeThreadMax(queueCount);
//将批量消费消息的最大数设置为 batchSize
consumer.setConsumeMessageBatchMaxSize(batchSize);
```

3）设置消费者重试次数

当消费者处理消息失败时，可以通过设置消费者的重试次数来尝试重新消费消息，代码如下：

```
//创建一个 DefaultMQPushConsumer 对象，参数为消费者组名
DefaultMQPushConsumer consumer =new DefaultMQPushConsumer("consumer-group");
//设置消费线程的最大数量
consumer.setConsumeThreadMax(queueCount);
//设置消息重试的最大次数
consumer.setMaxReconsumeTimes(maxRetryTimes);
```

4）设置消息存储时间

设置消息存储时间可能有助于减少队列中积压的消息。通过设定存储时间，可以使消息在一段时间内仍然保留在队列中，但过了设定的时间后，消息将被自动删除，从而避免了消息在队列中长时间堆积的问题。

在实际应用中，由于消息产生的速度可能会快于消费的速度，因此在消息队列中可能会出现大量的积压消息。这些消息不仅会对消息队列的性能造成影响，还可能导致消息处理的延迟或者消息丢失等问题，因此，针对这个问题，可以采取一些措施来降低消息积压的风险，如设置消息存储时间。通过设置消息存储时间，可以确保不必要的消息在队列中不会长时间停留，从而提高消息处理的效率和可靠性，代码如下：

```
//创建一个 Message 对象，传入的参数分别为消息主题、消息标签、消息关键词、消息体(以字节数
//组形式表示)
Message message =new Message("topic", "tag", "key", "body".getBytes());
//设置消息的延迟级别，即消息发送后多长时间才能被消费者接收到
message.setDelayTimeLevel(delayLevel);
//通过生产者对象发送消息，将刚才创建的消息对象传入方法中
producer.send(message);
```

5）监测消费者的消费速度

通过监控消费者消费速度和队列积压情况来判断是否需要添加多个消费者进行消费，提升消费速度，减少消息积压的情况。

5. 调整网络参数

网络参数是影响消息传输性能的关键因素，包括 TCP 连接数、心跳机制和网络带宽等。

通过调整这些参数，可以有效地提高消息传输的性能。在使用 RocketMQ 时，也可以通过调整网络参数来提高生产者和消费者的性能。通过调整 TCP 连接数和心跳机制，可以优化 RocketMQ 的网络通信，从而提高消息传输的速度和稳定性，而通过优化网络带宽，可以提高大量消息的传输效率，更好地满足业务需求，因此，在使用 RocketMQ 时，调整网络参数是非常重要的一步，可以有效地提升整个系统的性能，具体步骤如下：

在打开的系统配置文件/etc/sysctl.conf 中，可以添加以下内容，代码如下：

```
//第 10 章/10.11.1 /etc/sysctl.conf 配置
#net.ipv4.tcp_fin_timeout 表示 TCP 连接关闭时需要等待多少时间才能最终关闭这个 TCP 连
#接。这个值的单位为秒。在这里，设置为 30s，也就是说，当 TCP 连接被关闭时，需要等待 30s 后
#才能最终关闭这个连接
net.ipv4.tcp_fin_timeout = 30
#表示开启重用。允许将 TIME-WAIT sockets 重新用于新的 TCP 连接，默认为 0，表示关闭
net.ipv4.tcp_tw_reuse = 1
#开启 TCP 连接中 TIME-WAIT sockets 的快速回收，默认为 0，表示关闭
net.ipv4.tcp_tw_recycle = 1
#开启 TCP SYN Cookies 防护措施，防止 SYN 洪泛攻击
net.ipv4.tcp_synCookies = 1
#设置操作系统最大的监听队列，用于存放待处理的 SYN 包
net.ipv4.tcp_max_syn_backlog = 8192
#设置网络核心参数 somaxconn，somaxconn 表示系统中每个套接字最多可以排队等待连接的个
#数，在这里设置为 4096，即最多可以排队等待 4096 个连接请求
net.core.somaxconn = 4096
#设置虚拟内存是否允许过度提交
vm.overcommit_memory = 1
#设置最大允许映射内存的数量
vm.max_map_count = 262144
```

执行 sysctl -p 命令更新内核设置。

调整 RocketMQ 默认的网络参数。可以通过在生产者和消费者的启动脚本中添加特定的参数实现一些额外的功能，代码如下：

```
#将 RocketMQ 客户端发送消息的最大大小设置为 65536 字节
-Drocketmq.client.maxMessageSize=65536
#将 RocketMQ 客户端发送消息的套接字发送缓冲区大小设置为 65536 字节
-Drocketmq.client.socket.sndbuf.size=65536
#将 RocketMQ 客户端接收消息的套接字接收缓冲区大小设置为 65536 字节
-Drocketmq.client.socket.rcvbuf.size=65536
```

根据需要调整消息发送和接收的线程数。可以通过在生产者和消费者的启动脚本中添加特定的参数实现一些额外的功能，代码如下：

```
#将消息发送线程池的队列容量设置为 100000
-Drocketmq.client.sendThreadPoolQueueCapacity=100000
#将消息发送线程池的线程数设置为 32
-Drocketmq.client.sendThreadPoolNums=32
#将消息接收线程池队列的容量设置为 100000
```

```
-Drocketmq.client.receiveThreadPoolQueueCapacity=100000
#将消费线程池的最小线程数设置为 64
-Drocketmq.client.consumeThreadMin=64
#将消费线程池的最大线程数设置为 64
-Drocketmq.client.consumeThreadMax=64
```

以上是一些常用的 RocketMQ 调整网络参数进行性能调优的方法。可以根据实际情况进行调整。

图 书 推 荐

书 名	作 者
深度探索 Vue.js——原理剖析与实战应用	张云鹏
剑指大前端全栈工程师	贾志杰、史广、赵东彦
Flink 原理深入与编程实战——Scala＋Java(微课视频版)	辛立伟
Spark 原理深入与编程实战(微课视频版)	辛立伟、张帆、张会娟
PySpark 原理深入与编程实战(微课视频版)	辛立伟、辛雨桐
HarmonyOS 移动应用开发(ArkTS 版)	刘安战、余雨萍、陈争艳 等
HarmonyOS 应用开发实战(JavaScript 版)	徐礼文
HarmonyOS 原子化服务卡片原理与实战	李洋
鸿蒙操作系统开发入门经典	徐礼文
鸿蒙应用程序开发	董昱
鸿蒙操作系统应用开发实践	陈美汝、郑森文、武延军、吴敬征
HarmonyOS 移动应用开发	刘安战、余雨萍、李勇军 等
HarmonyOS App 开发从 0 到 1	张诏添、李凯杰
HarmonyOS 从入门到精通 40 例	戈帅
JavaScript 基础语法详解	张旭乾
华为方舟编译器之美——基于开源代码的架构分析与实现	史宁宁
Android Runtime 源码解析	史宁宁
数字 IC 设计入门(微课视频版)	白栎旸
数字电路设计与验证快速入门——Verilog＋SystemVerilog	马骁
鲲鹏架构入门与实战	张磊
鲲鹏开发套件应用快速入门	张磊
华为 HCIA 路由与交换技术实战	江礼教
华为 HCIP 路由与交换技术实战	江礼教
openEuler 操作系统管理入门	陈争艳、刘安战、贾玉祥 等
5G 核心网原理与实践	易飞、何宇、刘子琦
恶意代码逆向分析基础详解	刘晓阳
深度探索 Go 语言——对象模型与 runtime 的原理、特性及应用	封幼林
深入理解 Go 语言	刘丹冰
Spring Boot 3.0 开发实战	李西明、陈立为
Flutter 组件精讲与实战	赵龙
Flutter 组件详解与实战	[加]王浩然(Bradley Wang)
Flutter 跨平台移动开发实战	董运成
Dart 语言实战——基于 Flutter 框架的程序开发(第 2 版)	亢少军
Dart 语言实战——基于 Angular 框架的 Web 开发	刘仕文
IntelliJ IDEA 软件开发与应用	乔国辉
Vue＋Spring Boot 前后端分离开发实战	贾志杰
Python 量化交易实战——使用 vn.py 构建交易系统	欧阳鹏程
Python 从入门到全栈开发	钱超
Python 全栈开发——基础入门	夏正东
Python 全栈开发——高阶编程	夏正东
Python 全栈开发——数据分析	夏正东
Python 编程与科学计算(微课视频版)	李志远、黄化人、姚明菊 等
Python 游戏编程项目开发实战	李志远
编程改变生活——用 Python 提升你的能力(基础篇·微课视频版)	邢世通
编程改变生活——用 Python 提升你的能力(进阶篇·微课视频版)	邢世通
Python 数据分析实战——从 Excel 轻松入门 Pandas	曾贤志

书　名	作　者
Python 人工智能——原理、实践及应用	杨博雄 主编,于营、肖衡、潘玉霞、高华玲、梁志勇 副主编
Python 概率统计	李爽
Python 数据分析从 0 到 1	邓立文、俞心宇、牛瑶
从数据科学看懂数字化转型——数据如何改变世界	刘通
FFmpeg 入门详解——音视频原理及应用	梅会东
FFmpeg 入门详解——SDK 二次开发与直播美颜原理及应用	梅会东
FFmpeg 入门详解——流媒体直播原理及应用	梅会东
FFmpeg 入门详解——命令行与音视频特效原理及应用	梅会东
FFmpeg 入门详解——音视频流媒体播放器原理及应用	梅会东
Python Web 数据分析可视化——基于 Django 框架的开发实战	韩伟、赵盼
Python 玩转数学问题——轻松学习 NumPy、SciPy 和 Matplotlib	张骞
Pandas 通关实战	黄福星
深入浅出 Power Query M 语言	黄福星
深入浅出 DAX——Excel Power Pivot 和 Power BI 高效数据分析	黄福星
云原生开发实践	高尚衡
云计算管理配置与实战	杨昌家
虚拟化 KVM 极速入门	陈涛
虚拟化 KVM 进阶实践	陈涛
边缘计算	方娟、陆帅冰
LiteOS 轻量级物联网操作系统实战(微课视频版)	魏杰
物联网——嵌入式开发实战	连志安
动手学推荐系统——基于 PyTorch 的算法实现(微课视频版)	於方仁
人工智能算法——原理、技巧及应用	韩龙、张娜、汝洪芳
跟我一起学机器学习	王成、黄晓辉
深度强化学习理论与实践	龙强、章胜
自然语言处理——原理、方法与应用	王志立、雷鹏斌、吴宇凡
TensorFlow 计算机视觉原理与实战	欧阳鹏程、任浩然
计算机视觉——基于 OpenCV 与 TensorFlow 的深度学习方法	余海林、翟中华
深度学习——理论、方法与 PyTorch 实践	翟中华、孟翔宇
HuggingFace 自然语言处理详解——基于 BERT 中文模型的任务实战	李福林
Java+OpenCV 高效入门	姚利民
AR Foundation 增强现实开发实战(ARKit 版)	汪祥春
AR Foundation 增强现实开发实战(ARCore 版)	汪祥春
ARKit 原生开发入门精粹——RealityKit+Swift+SwiftUI	汪祥春
HoloLens 2 开发入门精要——基于 Unity 和 MRTK	汪祥春
巧学易用单片机——从零基础入门到项目实战	王良升
Altium Designer 20 PCB 设计实战(视频微课版)	白军杰
Cadence 高速 PCB 设计——基于手机高阶板的案例分析与实现	李卫国、张彬、林超文
Octave 程序设计	于红博
Octave GUI 开发实战	于红博
ANSYS 19.0 实例详解	李大勇、周宝
ANSYS Workbench 结构有限元分析详解	汤晖
全栈 UI 自动化测试实战	胡胜强、单镜石、李睿
pytest 框架与自动化测试应用	房荔枝、梁丽丽